Les Bêtes chez Elles

et dans le Monde

Henri Coupin

Docteur ès Sciences
Lauréat de l'Institut

Les Bêtes chez Elles
et dans le Monde

Pages choisies des naturalistes
sur les mœurs les plus intéressantes des animaux

PARIS

VUIBERT et NONY, ÉDITEURS

63, BOULEVARD SAINT-GERMAIN, 63

1906

AVANT-PROPOS

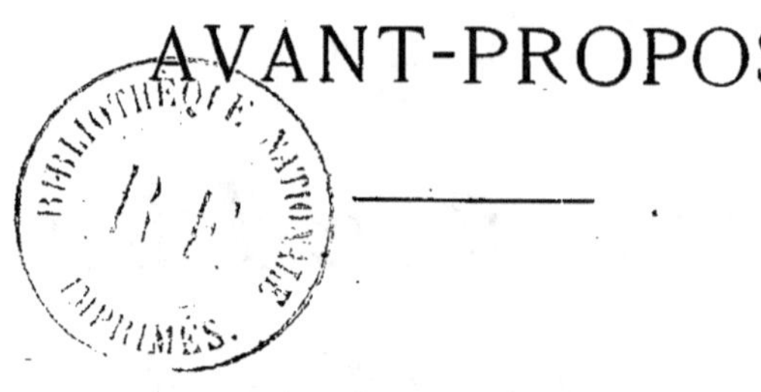

Dans cet ouvrage j'ai rassemblé un grand nombre de faits concernant la vie des animaux ; les auteurs auxquels ces faits sont empruntés sont des naturalistes généralement connus, souvent même illustres, et leurs récits ont ainsi une grande valeur documentaire.

Je me suis attaché à ne choisir que les récits les plus pittoresques, les plus intéressants et les plus variés de manière à en faire un ensemble bien « vivant » et susceptible de laisser dans l'esprit du lecteur une notion exacte du monde animal tel qu'on le rencontre et qu'on doit l'observer dans la nature.

Les quelques termes exceptionnels que l'on rencontre au cours de cet ouvrage de vulgarisation ont été expliqués en note et ne sont pas inutiles à connaître pour ceux qui veulent augmenter la richesse de leur vocabulaire et la culture générale de leur esprit : car, s'il est bon de lire, il est encore plus utile de comprendre ce qu'on lit.

Chaque paragraphe est précédé d'une petite introduction en quelques lignes, qui facilite l'intelligence de ce qui suit.

H. C.

I

LES MAMMIFÈRES

Les singes.

La patrie du gorille.

Le gorille est, parmi les singes, un de ceux qui, au point de vue de l'anatomie, se rapprochent le plus de l'espèce humaine, bien qu'ils en soient éloignés par toute la distance qui sépare la brute d'un être intelligent. Le gorille habite les régions boisées de l'Afrique occidentale, en particulier dans les bassins du Congo et de l'Ogooué. Mais partout il est fort rare, et ses mœurs sont peu connues. Il vit surtout dans les forêts les plus touffues dont voici une description très exacte.

Ces forêts ne répondent pas à l'idée que nous nous faisons d'une forêt vierge tropicale et désenchanteraient peut-être un voyageur de l'Amérique méridionale, car elles ressemblent davantage à nos bois de haute futaie. Les lianes des forêts vierges tropicales, qui envahissent tout, qui forment un second dôme de feuillage dans les masses verdoyantes des cimes d'arbres contiguës et ne permettent au voyageur d'avancer que la hache à la main, y sont excessivement rares ; elles ne font toutefois pas entièrement défaut, comme le prouve la liane à caoutchouc, si

FIG. 1. — La patrie du gorille : au milieu des fougères arborescentes.

abondante autrefois et actuellement presque détruite ; mais elles sont peu nombreuses et permettent de voir dans toute leur beauté la venue des troncs élevés, semblables à des troncs de hêtres. Les broussailles de nos grands bois sont ici, en grande partie, remplacées par les puissants végétaux de la famille des scitaminées [1], dont les principaux représentants sont appelés *matombe* par les indigènes. On y trouve aussi des fougères, même des fougères arborescentes [2] (*fig.* 1). En beaucoup d'endroits on marche sur des feuilles sèches. Jamais la hache n'entame les troncs de cette forêt, si ce n'est lorsqu'il s'agit de défricher pour établir un nouveau village. Les troncs tombent et demeurent tels qu'ils sont tombés, même quand l'étroit sentier qui traverse le fourré se trouve barré pendant des années. Une demi-obscurité éternelle y règne sans cesse, et, par des journées très sombres, on pourrait croire à une éclipse de soleil. Un air humide, comme celui d'une serre chaude, remplit l'atmosphère et pèse, comme un fardeau insolite, sur l'esprit et le corps. Le silence solennel qui règne en ces lieux n'est que très rarement interrompu par le cri plaintif d'un oiseau. Lorsqu'on a cheminé des heures entières à travers ces bois, toujours par monts et par vaux, jamais en plaine, par des chemins qui paraissent impraticables pour un homme blanc [3], couverts partout de racines lisses, glissantes, lorsqu'à tout instant on a les pieds embarrassés dans des branches et des lianes, qu'on est accroché par les vêtements à d'autres branches, qu'on a le visage fouetté par d'autres encore, on soupire après le mouvement libre et sans entraves, après l'air et la lumière.

R. HARTMANN [4].

---

1. C'est à cette famille qu'appartiennent les cannas ou balisiers, si souvent cultivés dans les jardins.

2. Comme aspect, les fougères arborescentes ressemblent un peu à des palmiers. Elles ne croissent que dans les pays chauds, ou, chez nous, dans les serres.

3. Les nègres, habitués à vivre au milieu de ces obstacles, savent bien plus facilement les surmonter.

4. *Les singes anthropoïdes et l'homme.* Paris, 1886.

La rencontre d'un gorille.

Les voyageurs qui ont pu examiner des gorilles dans leur habitat naturel (fig. 2) sont rares. La description la plus complète que nous possédions est due à un voyageur, du Chaillu, qui le représente comme un animal terrible, alors que d'autres naturalistes le considèrent plutôt comme doux et timide. Aussi ses récits ont-ils été mis en doute. On ne peut cependant s'empêcher de reconnaître qu'ils ont, ainsi qu'on va le voir, l'accent de la vérité.

Pendant que nous rampions au milieu d'un silence tel que notre respiration en sortait bruyante, la forêt tout entière retentit du terrible cri du gorille.

Puis les broussailles s'écartèrent des deux côtés et soudain nous fûmes en présence d'un énorme gorille mâle. Il avait traversé le fourré à quatre pattes ; mais quand il nous aperçut il se redressa de toute sa hauteur et nous regarda hardiment en face. Il se tenait à une quinzaine de pas de nous. C'est une apparition que je n'oublierai jamais. Il paraissait avoir près de six pieds[1] ; son corps était immense, sa poitrine, monstrueuse, ses bras, d'une incroyable énergie musculaire. Ses grands yeux gris et enfoncés brillaient d'un éclat sauvage et sa face avait une expression diabolique. Tel apparut devant nous ce roi des forêts de l'Afrique.

Notre vue ne l'effraya point. Il se tenait là à la même place et se battait la poitrine avec ses poings démesurés, qui la faisaient résonner comme un immense tambour. C'est leur manière de défier leurs ennemis. En même temps il poussait rugissement sur rugissement.

Le rugissement du gorille est le son le plus étrange et le plus effrayant qu'on puisse entendre dans ces forêts. Cela commence par une sorte d'aboiement saccadé, comme celui d'un chien irrité, puis se change en un grondement sourd qui ressem-

---

1. Il s'agit ici du « pied » anglais, qui est d'un peu plus de 30 centimètres, soit de 2 centimètres environ plus petit que l'ancien « pied » français.

ble littéralement au roulement lointain du tonnerre, si bien

Fig. 2. — Gorille faisant son nid et scrutant l'horizon où il lui semble deviner l'approche d'un danger.

que j'ai été parfois tenté de croire qu'il tonnait quand j'entendais cet animal sans le voir. La sonorité de ce rugissement est si

profonde qu'il a l'air de sortir moins de la bouche et de la gorge
que des spacieuses cavités de la poitrine et du ventre.

Ses yeux s'allumaient d'une flamme ardente pendant que nous
restions immobiles, sur la défensive. Les poils ras du sommet de
sa tête se hérissèrent [1] et commencèrent à se mouvoir rapidement, tandis qu'il découvrait ses canines puissantes en poussant
de nouveaux rugissements de tonnerre. Il avança de quelques
pas, puis s'arrêta pour pousser un épouvantable rugissement ; il
avança encore et s'arrêta de nouveau à dix pas de nous, et, comme
il commençait à rugir en se battant la poitrine avec fureur, nous
fîmes feu et le tuâmes.

Le râle qu'il fit entendre tenait à la fois de l'homme et de la
bête. Il tomba la face contre terre. Le corps trembla convulsive-
ment pendant quelques minutes, les membres s'agitèrent avec
effort, puis tout devint immobile.

Il est de principe chez tous les chasseurs qui savent leur métier, qu'il faut réserver son feu jusqu'au dernier moment. Soit
que la bête furieuse prenne la détonation du fusil pour un défi
menaçant, soit pour toute autre cause inconnue, si le chasseur
tire et manque son coup, le gorille s'élance sur lui et personne
ne peut résister à ce terrible assaut. Un seul coup de son énorme
pied [2] armé d'ongles, éventre un homme, lui brise la poitrine
ou lui écrase la tête. On a vu des nègres, en pareille situation,
réduits au désespoir par l'épouvante, faire face au gorille et le
frapper avec leur fusil déchargé ; mais ils n'avaient pas même
le temps de porter un coup inoffensif ; le bras de leur ennemi
tombait sur eux de tout son poids, brisant à la fois le fusil et
le corps des malheureux. Je crois qu'il n'y a pas d'animal dont
l'attaque soit si fatale à l'homme, par la raison même qu'il se

1. Ce hérissement des poils est produit par le raccourcissement, la con-
traction d'une lame musculaire qui
se trouve sous la peau. Le cheval
peut aussi contracter sa peau pour
chasser les mouches qui viennent
l'agacer : rien n'est plus facile à voir.

2. Il serait plus exact de dire
« main » parce que, chez les singes,
les pattes de derrière sont aussi bien
des mains que celles des membres de
devant, d'où le nom de « quadrumanes » qu'on donne à ces animaux.

pose devant lui face à face, avec ses bras pour armes offensives, absolument comme un boxeur, excepté qu'il a les bras bien plus longs et une vigueur bien autrement grande que celle du champion le plus vigoureux que le monde ait jamais vu.

Quelquefois il s'assied pour se battre la poitrine et pour rugir en regardant son adversaire avec fureur ; puis il marche en se dandinant de droite et de gauche, car ses jambes de derrière, qui sont très courtes, paraissent suffire à peine pour supporter la masse de son énorme corps. Il prend son équilibre en balançant ses bras comme les matelots sur le pont d'un navire [1] ; son large ventre, sa tête grossièrement plantée sur le tronc, sans aucune attache apparente du cou, ses gros membres musculeux et sa poitrine caverneuse, tout cela donne à son dandinement une gaucherie hideuse qui ajoute à son air de férocité. En même temps ses yeux gris enfoncés dans leurs orbites jettent des éclairs sinistres, ses traits contractés se sillonnent de rides affreuses et ses lèvres minces, en se séparant, laissent voir de longs crochets et des mâchoires formidables, entre lesquels les membres d'un homme seraient broyés comme du biscuit.

Paul du CHAILLU [2].

Le chimpanzé captif.

Les singes — on l'a vu à la lecture précédente — deviennent terribles quand on les attaque et qu'on cherche à les tuer. Mais, pris avec quelques précautions — surtout s'ils sont jeunes — ils arrivent très facilement à s'accoutumer à l'homme, à vivre de sa vie et à le prendre en amitié. Les exemples montrant cette bonne nature abondent ; nous n'en citerons que deux, qui feront voir que si le chimpanzé (fig. 3) a quelques qualités, il a aussi ses défauts.

---

1. Les matelots se « dandinent » ainsi pour garder leur équilibre et échapper en partie aux effets du roulis et du tangage, c'est-à-dire des mouvements du navire. Même à terre, ils gardent cette manière de marcher qui les caractérise.

2. *Voyages et aventures dans l'Afrique équatoriale*. **Paris, 1863.**

Le Dr Traill, de Liverpool, reçut du Gabon un chimpanzé femelle
qui, arrivé sur le navire, tendit la main [1] à quelques matelots et
demeura en bons termes avec tout l'équipage, à l'exception d'un
jeune mousse [2]. Lorsque les matelots prenaient leur repas, le singe

Fig. 3. — Chimpanzé assez avancé en âge : quand il est jeune, il a l'air
beaucoup plus éveillé.

était toujours présent et mendiait sa part. Quand il se mettait en
colère, il aboyait à peu près comme un chien ; une fois, il se
mit à crier comme un enfant capricieux et en même temps il se
gratta violemment. Dans les régions chaudes, il se montrait gai
et vif ; mais plus le vaisseau se rapprochait des latitudes septen-

---

1. Ce détail est certainement exa-
géré, si même il n'a pas été inventé | par le narrateur.

2. Apprenti matelot.

trionales [1], plus il devenait paresseux ; il aimait à s'envelopper
dans une couverture chaude. La station verticale paraissait l'incommoder et, dans cette attitude, il appuyait ses mains sur ses
cuisses. Il avait beaucoup de force dans les mains et pouvait,
suspendu à une corde, se balancer une heure entière sans interruption. Il apprit peu à peu à aimer le vin ; un jour il en déroba
une bouteille et la déboucha avec ses dents. Il aimait le café et
les sucreries. Il mangeait avec une cuiller, buvait dans un verre
et imitait bien les manières de l'homme. Les métaux brillants
l'attiraient ; il paraissait aimer les vêtements et se coiffait souvent d'un chapeau. Il était d'un naturel timide.

D'après la relation du capitaine Grandpré, un chimpanzé
femelle, transporté sur son navire, chauffait le four à cuire et
prenait grand soin d'empêcher les charbons ardents de tomber
sur le plancher ; il remarquait parfaitement le moment où le
four avait atteint la température nécessaire et prévenait alors
immédiatement le boulanger. Ce singe remplissait toutes les
fonctions d'un matelot ; il tournait le cabestan [2], ferlait [3] les
voiles et les attachait. Il supporta patiemment les mauvais traitements du premier pilote qui était un homme brutal. Il levait
les mains, en suppliant, pour se garantir des coups que cet
homme lui porta un jour. Mais, à partir du moment où il fut
ainsi maltraité, il refusa toute nourriture et mourut, cinq jours
après, de faim et de chagrin.

R. HARTMANN [4].

La douceur de l'orang-outan [5].

*Pas plus que les chimpanzés dont nous venons de rapporter l'histoire,
l'orang-outan ou « homme des bois » (fig. 4) n'est un animal difficile à*

---

1. C'est-à-dire se dirigeait vers le nord et allait par conséquent de plus en plus dans des régions froides.

2. Tourniquet servant sur les navires à rouler ou dérouler les câbles.

3. C'est-à-dire : relevait les voiles pli par pli sur la vergue.

4. *Les singes anthropoïdes et l'homme.* Paris, 1886.

5. Le mot orang-outan est formé

*garder en captivité et à apprivoiser : s'il n'était presque impossible de
le conserver chez nous bien vivant (il contracte trop facilement la tuber-
culose), on pourrait certainement lui apprendre un métier. Frédéric Cuvier — le frère du grand Georges Cuvier qui fut le créateur de l'anatomie comparée — a raconté l'histoire de l'un d'eux, âgé de dix mois
et dans l'intimité duquel il put vivre pendant un mois, ainsi que d'un
autre orang élevé par un de ses amis, M. Decaen.*

Cet orang-outan était entièrement conformé pour grimper et
pour faire des arbres sa principale habitation. En effet, autant il
grimpait avec facilité, autant il marchait péniblement : lorsqu'il
voulait monter à un arbre, il en empoignait le tronc et les branches avec ses mains et ses pieds et ne se servait ni de ses bras
ni de ses cuisses. Il passait facilement d'un arbre à un autre
lorsque les branches se touchaient, de sorte que, dans une forêt
un peu épaisse, il n'y aurait eu aucune raison pour qu'il descen-
dît jamais à terre où il marchait difficilement. En général tous
ses mouvements avaient de la lenteur ; mais ils semblaient être
pénibles lorsqu'il voulait se transporter sur terre d'un lieu à un
autre, d'abord il appuyait ses deux mains fermées sur le sol, puis il
se soulevait sur ses longs bras. Dans son état de repos il s'asseyait,
ayant les jambes reployées sous lui à la manière des Orientaux.
Il se couchait indistinctement sur le dos ou sur les côtés, en reti-
rant ses jambes à lui et en croisant ses bras sur sa poitrine ; alors il
aimait à être couvert, et, pour cet effet, il prenait toutes les étoffes,
tous les linges qui se trouvaient près de lui.

Cet animal employait ses mains comme nous employons généralement les nôtres, et l'on voyait qu'il ne lui manquait que de l'expérience pour en faire l'usage que nous en faisons dans un très
grand nombre de cas particuliers. Il portait le plus souvent les
aliments à sa bouche avec ses doigts ; mais quelquefois aussi, il
les saisissait avec ses longues lèvres, et c'était en humant [2] qu'il
buvait, comme le font tous les animaux dont les lèvres peuvent

---

de deux mots malais: *orang* (homme)
et *outan* (sylvestre), autrement dit
« homme des bois ». — Orthogra-
phié, comme on le fait souvent : *orang-outang*, ce nom voudrait dire
« homme coupable », ce qui n'a pas
de sens.

2. En aspirant.

s'allonger. Il se servait de son odorat pour juger de la nature des aliments qu'on lui présentait et qu'il ne connaissait pas, et il paraissait consulter ce sens avec beaucoup de soin. Il mangeait presque indistinctement des fruits, des légumes, des œufs, du lait, de la viande ; il aimait beaucoup le pain, le café et les

FIG. 4. — Orang-outan : bien que désigné souvent sous le nom d' « homme des bois », il faut avouer qu'il ne rappelle que de loin l'espèce humaine.

oranges ; et une fois il vida, sans en être incommodé, un encrier qui tomba sous sa main[1]. Il ne mettait aucun ordre dans ses repas et pouvait manger à toute heure comme les enfants.

Pour se défendre, notre orang-outan mordait et frappait de la main ; mais ce n'était qu'envers les enfants qu'il montrait de la

---

1. Inutile de dire aux écoliers de ne pas en faire autant. S'il est quelques encres inoffensives ou du moins peu nuisibles, la plupart — surtout celles à base d'aniline — sont de véritables poisons.

méchanceté[1], et c'était toujours par impatience plutôt que par
colère. En général il était doux et affectueux et il éprouvait un
besoin naturel de vivre en société. Il aimait à être caressé et
donnait de véritables baisers. Son cri était guttural et aigu, il ne
le faisait entendre que lorsqu'il désirait vivement quelque chose.
Alors tous ses signes étaient expressifs : il secouait la tête pour
montrer sa désapprobation, il boudait lorsqu'on ne lui obéissait
pas et, quand il était en colère, il criait très fort en se roulant par
terre. Alors son cou se gonflait singulièrement.

M. Decaen, de son côté, a observé un orang, vivant en liberté,
qui avait coutume, dans les beaux jours, de se transporter dans
un jardin où il trouvait un air pur et les moyens de se donner
quelques mouvements ; alors il grimpait aux arbres et se plaisait
à rester assis entre les branches. Un jour qu'il était ainsi perché
on parut vouloir monter après lui pour le prendre ; mais aussitôt
il saisit les branches auxquelles on s'accrochait et les secoua de
toute sa force comme si son intention était d'effrayer la personne
qui faisait semblant de monter. Dès qu'on se retirait, il cessait
de secouer les branches ; mais il recommençait dès qu'on paraissait vouloir monter de nouveau et il accompagnait ce geste de
tant d'autres signes d'impatience ou de crainte, que son intention
d'éloigner par le danger d'une chute, ou par une chute même
celui qui menaçait de le prendre, fut évidente pour toutes les
personnes qui se trouvaient en ce moment-là près de lui.

Un des principaux besoins de l'orang est de vivre en société et
de s'attacher aux personnes qui le traitent avec bienveillance. Il
avait pour M. Decaen une affection presque exclusive, et il lui en
donna plusieurs fois des témoignages remarquables. Un jour cet
animal entra chez son maître pendant qu'il était encore au lit et,
dans sa joie, il se jeta sur lui, l'embrassa avec force, et lui appliquant ses lèvres sur la poitrine, il se mit à lui lécher la peau
comme il faisait souvent à la main des personnes qui lui plai-
saient. Dans une autre occasion cet animal donna à M. Decaen

---

1. Les enfants ont la mauvaise habitude de taquiner les bêtes.

une preuve plus forte encore de son attachement. Il avait l'habitude de venir à l'heure des repas, qu'il connaissait fort bien, demander à son maître quelques friandises. Pour cet effet il grimpait par derrière à la chaise sur laquelle M. Decaen était assis ; là, perché, il recevait ce qu'on voulait bien lui donner. Un jour M. Decaen fut obligé de s'absenter, et un autre officier de vaisseau le remplaça à table. L'orang-outan, comme à son ordinaire, entra dans la chambre et vint se placer sur le dos de la chaise sur laquelle il croyait que son maître était assis ; mais aussitôt qu'il s'aperçut de sa méprise et de l'absence de M. Decaen, il refusa toute nourriture, se jeta à terre et poussa des cris de douleur en se frappant la tête.

Ce besoin d'affection portait ordinairement notre orang à rechercher les personnes qu'il connaissait et à fuir la solitude qui paraissait beaucoup lui déplaire ; et il le poussa un jour à employer encore son intelligence d'une manière très remarquable. On le tenait dans une pièce voisine du salon où l'on se rassemblait habituellement ; plusieurs fois il était monté sur une chaise pour ouvrir la porte du salon ; la place ordinaire de la chaise était près de cette porte et la serrure se fermait avec un pêne. Une fois, pour l'empêcher d'entrer, on avait ôté la chaise du voisinage de la porte ; mais à peine celle-ci fut-elle fermée qu'on la vit s'ouvrir et l'orang-outan descendre de cette même chaise qu'il avait apportée pour s'élever au niveau de la serrure.

Les hommes, du reste, ne sont pas les seuls êtres, différents des orangs, auxquels ceux-ci peuvent s'attacher : notre animal avait pris pour deux petits chats une affection qui ne lui était pas toujours agréable : il tenait ordinairement l'un ou l'autre sous son bras, et d'autres fois il se plaisait à les placer sur sa tête ; mais comme dans ces divers mouvements les chats éprouvaient souvent la crainte de tomber, ils s'accrochaient avec leurs griffes à la peau de l'orang, qui souffrait avec beaucoup de patience les douleurs qu'il en ressentait.

Frédéric CUVIER [1].

---

[1]. *Histoire naturelle des mammifères.* Paris, 1826.

La vie sociale des singes à longue queue.

Beaucoup de singes vivent en bandes très unies où chacun est toujours disposé à venir en aide à un camarade dans le besoin. Si, au point de vue de l'histoire naturelle, ces associations sont fort intéressantes, il n'en est pas de même au point de vue pratique, car elles mettent tout leur astuce à piller les plantations et savent échapper avec une grande habileté à ceux qui ont charge de les empêcher de commettre des larcins. Tel est le cas des cercopithèques (fig. 5), singes à longue queue que l'on ne rencontre que sur le continent africain. Le célèbre voyageur naturaliste Brehm en a donné une description très vivante.

L'observateur qui est assez heureux pour surprendre une bande allant à la maraude jouit d'un spectacle vraiment intéressant. C'est toujours sous la conduite d'un vieux mâle, très rusé et très expérimenté, que ces audacieux pillards envahissent les champs couverts de céréales ; les femelles qui ont des petits les portent suspendus au-dessous du ventre ; par excès de précaution, les petits enroulent l'extrémité de leur queue autour de celle de la mère. La bande s'avance d'abord avec prudence, autant que possible en passant d'une cime sur l'autre. Un vieux mâle marche en tête, le reste de la troupe le suit pas à pas, sautant sur les mêmes arbres et souvent sur les mêmes branches. De temps en temps, le guide, prudent, monte tout au sommet d'un grand arbre et, du haut de cet observatoire, examine chaque objet d'alentour ; lorsque le résultat de l'examen est satisfaisant, il l'apprend à ses sujets en faisant entendre des sons gutturaux particuliers ; en cas de danger, il les avertit par un cri spécial [1]. Arrivé sur un des arbres les plus voisins du champ, la bande descend à terre, et alors commence un véritable *steeple-chase* [2] pour attendre le lieu de promission. Il s'agit avant tout de se pourvoir de munitions. Ils arrachent aussi rapidement que pos-

---

1. C'est un fait assez général que, chez les animaux vivant en troupes, la conduite du troupeau soit confiée par eux à un mâle déjà vieux et, par suite, expérimenté.

2. Expression anglaise signifiant : *course d'animaux* où ceux-ci doivent sauter par-dessus des obstacles avant d'arriver au but (prononcer : *stiple-tchèce*).

sible les tiges de maïs et de sorgho [1], ils détachent les grains et en bourrent le plus qu'ils peuvent leurs abajoues [2]. Lorsque ces garde-manger sont remplis, ils se donnent un peu plus de loisir et deviennent de plus en plus difficiles sur le choix de la nourri-

Fig. 5. — Cercopithèques : remarquer celui de gauche qui porte un gentil petit singe sous son ventre.

ture. Maintenant ils flairent soigneusement toutes les tiges et tous les épis qu'ils arrachent; s'ils ne les trouvent pas de leur

---

1. Grande plante de la famille des graminées, assez analogue comme aspect à un pied de maïs. On la cultive surtout en Amérique et en Afrique; de sa tige, on retire du sucre.

2. Les abajoues sont des poches que les singes possèdent dans l'épaisseur des joues et qui leur servent de réservoir pour mettre en réserve la nourriture qu'ils n'ont pas le temps de manger.

goût, ils les jettent ; on voit par là combien tous ces singes sont gaspilleurs. On peut estimer que sur dix épis ils en mangent à peine un. En général ils sont tellement difficiles, qu'ils enlèvent seulement quelques grains de chaque épi et délaissent le reste. C'est à cette habitude qu'il faut attribuer la haine infinie que les indigènes leur ont vouée.

Lorsque la troupe se sent parfaitement en sûreté dans un champ de maïs, les mères permettent à leurs petits de les quitter et d'aller jouer avec les autres singes de leur âge. La surveillance active des mères pour leurs petits ne cesse pas pour cela ; chacune d'elles observe attentivement son nourrisson, mais aucune ne s'occupe de la sûreté du reste de la bande : tous se fient à la surveillance du chef. Celui-ci se place de temps en temps sur ses pieds de derrière et regarde dans tous les sens. Après chacune de ces inspections, si rien d'inquiétant ne se manifeste, il fait entendre des sons rassurants ; dans le cas contraire, il pousse un cri inimitable, tremblant et chevrotant. Immédiatement tous s'assemblent, chaque mère appelle son enfant ; en un clin d'œil la bande entière est prête à fuir, et chaque individu se hâte d'arracher encore autant de fruits qu'il croit pouvoir en emporter. J'ai souvent vu des singes chargés de cinq grands épis de maïs. Ils en tenaient deux dans la main droite antérieure, et un dans chacune des autres mains[1], de façon à se poser sur ces épis en marchant. Lorsque le danger devient sérieux, ils jettent à grand regret un épi après l'autre ; quant au dernier, ils ne l'abandonnent que si l'ennemi les serre de près, et si, pour échapper, ils ont besoin de se servir des quatre mains pour grimper.

Dans leur fuite, ils se dirigent toujours vers le premier arbre venu. Dès qu'ils ont atteint la forêt il leur est facile de se soustraire à la vue. Ils ne connaissent pas d'obstacle à leur fuite. Les épines les plus terribles, les broussailles les plus épaisses, des distances considérables entre les arbres, rien ne les arrête, cha-

---

1. N'oublions pas que les singes sont des quadrumanes, c'est-à-dire qu'ils possèdent quatre mains également préhensiles.

cun de leurs sauts est exécuté avec une assurance extraordinaire.
Grâce à leur queue, qui leur sert de gouvernail, ils peuvent lorsqu'ils sont déjà lancés dans l'espace, changer la direction de
leur saut ; lorsqu'ils manquent une branche ils en saisissent une
autre ; du sommet d'un arbre ils se jettent sur l'extrémité de la
branche la plus voisine du sol, qui, en se relevant, les lance au
loin ; d'un seul bond ils descendent de la cime sur la terre ; ils
volent pour ainsi dire à travers les fossés, gagnent un autre
arbre, y grimpent avec la rapidité d'une flèche, fuient de nouveau
et mettent ainsi une distance de plus en plus grande entre eux et
le danger qui les menaçait. Le chef de la bande est continuellement en tête, et hâte ou ralentit la course par un grognement
particulier, très expressif. Jamais l'individu en fuite ne se
montre craintif ni abattu ; au contraire, il donne à chaque instant des preuves d'intelligence. On peut dire sans exagérer qu'il
n'y a pour ainsi dire aucun danger sérieux pour ces singes. Le
chasseur, avec ses armes à longue portée, peut seul s'en rendre
maître ; ils échappent facilement aux carnassiers et savent se
défendre contre les oiseaux de proie lorsque la nécessité les y
force.

Quand le chef le juge convenable, il s'arrête, monte rapidement au faîte d'un arbre, s'assure que tout danger est passé et
fait entendre des sons rassurants qui réunissent de nouveau sa
bande. Une opération importante devient alors nécessaire.
Comme dans leur fuite précipitée à travers des arbustes ou des
arbres épineux il ne leur a pas été possible d'éviter les épines,
leur pelage en est ordinairement parsemé ; souvent même il en
est qui pénètrent profondément dans la peau. La troupe se met
immédiatement en mesure de se débarrasser de ces appendices
incommodes et procède à un nettoyage complet. L'un s'étend
sur une branche, l'autre s'assied à côté de lui, examine con-
sciencieusement les coins et recoins de la peau. Toutes les épines
sont soigneusement arrachées ; et si, pendant l'opération, un
parasite se montre, vite il est poursuivi, pris et croqué avec un
véritable bonheur.

Après cette opération, la bande retourne de nouveau au champ de maïs et renouvelle ses dégâts.

BREHM [1].

Une chasse aux hamadryas.

Les cynocéphales hamadryas (fig. 6) habitent les montagnes de l'Abyssinie. Ce sont des animaux assez déplaisants, qui paraissent moitié singes et moitié chiens. Ils vivent toujours en bandes et sont très courageux ; on va voir qu'ils sont aussi susceptibles d'un grand attachement pour leurs petits.

Fig. 6. — Hamadryas. On trouve ce singe souvent figuré sur les monuments d'Egypte, pays où jadis il était adoré à l'instar d'un dieu.

Nous rencontrâmes la bande au premier détour de la vallée qu'ils étaient sur le point de traverser pour chercher un refuge sur les hauteurs du côté opposé. Une bonne partie du troupeau avait gagné l'autre bord, mais le gros de la bande restait encore en arrière. En voyant cette multitude de singes en mouvement, nos chiens reculèrent un instant ; mais bientôt ils se précipitèrent au milieu de la bande, en aboyant hautement. Nous vîmes alors un spectacle qu'il nous a été rarement donné de voir. Dès que les chiens approchèrent, les vieux mâles sautèrent des rochers, formèrent un cercle autour d'eux, poussèrent des cris terribles en grinçant des dents et en frappant le sol de leurs

1. *L'homme et les animaux.* Trad. de Gerbe.

mains. Ils regardèrent leurs adversaires avec des yeux tellement étincelants de fureur que nos animaux, d'ordinaire si courageux et si avides de luttes, reculèrent avec effroi et vinrent chercher un abri auprès de nous. Naturellement nous les excitâmes de nouveau au combat, et nous réussîmes à remonter leur courage. Pendant ce temps, le spectacle avait changé : les singes victorieux avaient atteint le côté vers lequel ils se dirigeaient. Lorsque les chiens revinrent à la charge, il n'y avait plus que quelques retardataires au fond de la vallée, parmi lesquels se trouvait un jeune de six mois environ. Il poussa des cris en apercevant les chiens et se sauva rapidement sur un rocher, où les chiens le tinrent en arrêt. Nous nous flattions déjà de nous emparer de ce singe ; mais il n'en fut rien. Fier et plein de dignité, un des mâles les plus vigoureux apparut de l'autre côté de la vallée, s'avança vers les chiens sans se presser et sans faire attention à nous, leur jeta des regards qui suffirent pour les tenir en respect, monta lentement sur le bloc de rochers, caressa le petit singe et retourna avec lui en passant devant les chiens tellement ébahis qu'ils le laissèrent tranquillement aller avec son protégé. Cet acte héroïque du chef de la bande nous remplit d'admiration et aucun de nous ne songea à faire feu, malgré la grande proximité à laquelle il se trouvait.

Brehm.

La chasse aux ouistitis.

Quelques chroniqueurs modernes se sont attachés à imiter le style emphatique, les phrases à grand effet de Buffon. M. Fulbert-Dumonteil est un de ceux qui l'ont approché de plus près. Mais, souvent, l'auteur est lui-même entraîné par les tableaux qu'il trace de la vie des bêtes et tombe alors dans la fantaisie. Parmi ses écrits, choisissons l'un des plus modérés à ce point de vue.

Elle n'est vraiment pas meurtrière la chasse que l'on fait à ces jolis petits singes de la Guyane et du Brésil (*fig.* 7), mais plutôt amusante et curieuse. Les ouistitis que l'on chasse sont les plus mignons, les plus gracieux, les plus coquets et les plus charmants de la race : le samairi et le singe-lion. Parlons d'abord du samairi.

C'est l'Apollon[1] des singes, un tout petit Apollon qui ne dé-

Fig. 7. — Ouistiti : c'est une gentille petite bête, mais qui, malheureusement, pousse des cris aigus, désagréables à nombre de personnes.

passe pas une coudée[2] d'enfant. Mais par sa délicatesse exquise, son élégance, son esprit, sa douceur, sa gentillesse, ce singe de Lilliput[3] est un abrégé vivant des merveilles de la nature. La Guyane est son berceau, mais il a un pied à terre — ou plutôt sur la branche — dans les vastes forêts du Brésil.

Exilé de ses grands bois qu'il ne quitte jamais, il s'attriste et meurt. Il n'est pas de friandises et d'honneurs qui puissent lui faire oublier la liberté. Il n'est pas de toque de soie, de grelot d'or ou d'écuelle d'argent qui puissent lui faire oublier la liberté, dis-je, ou le distraire de son exil.

Là-bas, dans les hauts palmiers, sa vie n'est qu'un bond joyeux. Il naît, il saute, il meurt, il sort du berceau par une gambade et c'est par une gambade qu'il entre dans la tombe.

Lorsqu'il bondit, le samairi est un oiseau qui vole ; quand il siffle, on dirait un merle sous la feuillée. Quand, sa tête inclinée et ses petits bras pendants, il se balance, endormi, aux branches flexibles, on croirait une miniature[4] de nain qui sommeille. Il tient à son arbre comme on s'attache à son foyer. Sur l'arbre

---

1. C'est-à-dire le plus beau des singes.

2. La longueur de l'avant-bras.

3. Pays imaginé par le romancier anglais Swift et dont les habitants sont extrêmement petits.

4. Portrait, peinture de petite dimension.

qu'il a choisi, le samairi a tout sous la main : le fruit qui le
nourrit, les sucs qui le désaltèrent, le feuillage qui l'abrite, l'insecte qui fourmille, le papillon qui passe, la branche où il cabriole, la verte alcôve où il dort.

C'est là son garde-manger, son trapèze, son hamac, sa maison,
son monde, sa vie.

Rien n'égale la souplesse de son corps, la nonchalance de ses
tours, la gentillesse de sa tête ronde, l'éclat mutin[1] de ses yeux
noirs, la finesse de sa robe[2] tantôt brune et tantôt blanche, moitié velours et moitié satin, toute semée de perles grises, sa bouche mignonne et spirituelle, faite pour croquer une mouche d'or
ou une fourmi d'argent. J'oubliais une main charmante pressant
dans ses doigts légers un scarabée ou un papillon, une queue
fine et souple dont il entoure son cou moucheté comme d'un
collier de velours.

L'intelligence du samairi dépasse sa grâce et sa beauté, il ne
comprend pas, il devine.

Lorsque, d'un geste qui lui est familier, il appuie son pouce
sur son petit front, il semble dire : « Il y a quelque chose ici ! »

C'est un observateur de premier ordre : de Humboldt avait
un samairi apprivoisé qui reconnaissait parfaitement les portraits
d'insectes, les distinguait sur des gravures, même en noir, et faisait mille efforts comiques pour les saisir.

Comprenant enfin que ce n'était là qu'une vaine image, qu'une
ombre mensongère, il écartait les faux insectes d'une main dédaigneuse et baissait sa petite tête d'un air confus.

C'est encore de Humboldt qui raconte ce fait étrange, souvent
observé : lorsqu'on parle à un samairi, il regarde son interlocuteur avec des yeux perçants comme s'il voulait le magnétiser, et
dans l'inquiétude de son regard presque humain, on lit aisément
son impuissant désir de comprendre. Sa petite tête dans les
mains il vous fixe, vous dévisage, vous écoute, cherche à déchiffrer[3] votre pensée.

---

1. **Vif, éveillé.**
2. **Son pelage.**

3. **Connaître.**

Puis, tout à coup, il avance doucement la main, touche vos lèvres comme s'il voulait cueillir vos paroles et prendre, ainsi qu'un papillon, votre pensée au vol.

Vains efforts ! tout cela n'est qu'un son pour lui. La parole humaine ne se ramasse pas comme un fruit sauvage et le pauvre singe reste confondu dans son impuissance. — Le problème est trop fort pour lui.

La gentillesse et l'intelligence du samairi le font également rechercher de l'indigène et de l'Européen. Il est l'hôte choyé[1] de la cabane de l'Indien et des salons de la créole[2] qui lui prodigue ses caresses aristocratiques.

Aussi bien s'acharne-t-on à la capture du samairi, qui est en butte à toute sorte de pièges ingénieux.

Prendre la mère, c'est aussi prendre l'enfant qui s'attache à elle, la serre, la presse, l'embrasse en gémissant, cherche à la consoler par un sifflement triste et doux, se laisse saisir comme un oiseau au nid. Il ne saurait s'enfuir, sa mère est là !

On se gardera bien de les séparer. L'un sans l'autre ne saurait vivre. Et tous les deux auront dans la même cage les mêmes soins, les mêmes caresses.

J'ai dit que ce petit singe pleure. Écoutez de Humboldt : « La physionomie du samairi, dit le grand naturaliste, est, en tous points, celle d'un petit enfant. C'est la même expression d'innocence, la même rapidité dans le passage de la joie à la tristesse. Les Indiens assurent qu'il pleure et cette observation est très exacte. Qu'il éprouve de l'inquiétude ou de la crainte, ses beaux yeux noirs se mouillent de larmes. »

De Humboldt a raison. Le visage si expressif et si doux du samairi est le plus fidèle miroir de ses impressions et de ses sentiments. On lit dans ses traits, on devine dans ses yeux. Si sa langue est muette, sa figure parle.

Il n'y a peut-être pas de créature plus impressionnable que ce

---

1. Soigné avec amour.

2. Personne de race blanche née aux colonies.

petit singe. Un rien l'attriste, un rien le console. Un nuage qui passe, la brise qui murmure, l'oiseau qui crie, l'insecte qui s'échappe de sa main, un fruit qui tombe, une feuille qu'emporte le vent frappent, inquiètent, effraient, désolent cette délicate et charmante petite bête.

Alors le samairi s'approche de sa mère, qui l'enlace de sa queue veloutée, passe ses bras d'or autour de son cou, le berce, le rassure, le console, semble lui dire en un murmure d'une douceur infinie : « Voyons, mon enfant, ne pleure pas. Y a-t-il de quoi se désoler parce que le vent des savanes[1] chante dans les palmiers ou parce que tu as laissé s'envoler de ta main un pauvre papillon ? »

Passons à notre second ouistiti : le singe-lion.

La nature a parfois des fantaisies bizarres, des ironies charmantes : quand elle a voulu créer le plus mignon, le plus délicat, le plus frêle, le plus doux des ouistitis, elle l'a fait à l'image du plus terrible et du plus fort des carnassiers, du roi des fauves : le lion !

En effet, le singe-lion est la miniature saisissante et coquette du géant africain.

C'est la même face somnolente[2] et hautaine[3], la même crinière épaisse et fauve, la même queue flexible et noueuse, la même majesté, le même regard impassible et souverain, la même gueule fendue pour le carnage....

C'est le lion de Lilliput. Mais cette crinière d'un beau doré, fourrure précieuse et rare, ne ferait pas un manchon de poupée. Cette queue qui bat des flancs moins larges qu'une main d'enfant n'assommerait pas une abeille ; cette mâchoire ne saurait briser une amande et cette bouche avalerait à peine une fraise des bois.

Doux, familier, intelligent, plein de vivacité et de grâce, animal favori des élégantes créoles, le singe-lion s'attache à sa maî-

---

1. Immenses plaines couvertes de hautes herbes.

2. Ayant l'air de dormir.
3. Orgueilleux.

tresse, la suit, la caresse, joue avec une fleur, un ruban, un rayon de soleil, une feuille que fait tournoyer le vent.

Quand, fatigué, il s'endort dans une corbeille à ouvrage, sa petite main pendante et un bras arrondi sous sa crinière d'or, on dirait un lion-poupée qui repose.....

De toutes les fourrures précieuses que peut convoiter l'élégante, il n'en est pas de plus fine et de plus jolie que celle du singe-lion. Elle a des éclats fauves incomparables, un velouté d'une beauté sans rivale, des teintes lumineuses comme si elle était, même dans l'ombre, tout ensoleillée.

Mais il est si petit, si mignon, ce singe, qu'il faudrait bien quatre ou cinq peaux pour façonner un toquet[1] d'enfant.

Comment arrive-t-on à capturer ces petits singes, ces charmantes créatures, si vives, si agiles qu'elles semblent dans le feuillage des oiseaux de feu? Par un stratagème bien simple, dont l'innocence du petit singe-lion est presque toujours la dupe.

La gourmandise est le péché mignon[2] de ce gracieux ouistiti. Le chasseur indigène, qui le sait fort bien, creuse un trou habilement géométrique dans le tronc d'un arbre, suspend à l'intérieur de ce trou circulaire un sachet de riz dont le quadrumane est très friand.

Le singe-lion, qui a tout épié du haut des branches, arrive en sautillant comme une bergeronnette[3], introduit sa main dans le trou séducteur, prend une poignée de riz et se trouve captif comme si l'arbre lui-même le tenait serré au poignet.

Pour retirer sa main, il n'aurait qu'à l'ouvrir, qu'à lâcher son butin ; le voilà libre ; mais cette idée si simple ne viendra jamais à son esprit de singe. La friandise qui le fait prisonnier c'est sa perte.

Le petit singe se lamente et crie ; le chasseur apparaît, s'approche et ne délivre le captif que pour s'en emparer.

---

1. Une petite casquette sans visière.
2. Un petit défaut.
3. Voir plus loin un passage relatif à cet oiseau.

Là mère du singe-lion porte son petit dans les bras, comme une bonne nourrice, l'allaite[1] avec une sollicitude extrême, balançant sa petite tête de lionne et faisant entendre un murmure cadencé, sorte de gloussement harmonieux rappelant les « berceuses[2] » qui endorment les petits enfants.

Cette mère brave la mort pour sauver son petit, et son petit ne la quitte même pas quand elle a cessé de vivre. On le prend toujours sur le cadavre de sa mère.

Lorsqu'on montre au lion ce charmant ouistiti qui est comme son portrait-carte, il demeure interdit, s'étonne, puis rugit, semble dire : « Quelle est donc cette mauvaise plaisanterie? qu'on éloigne ce pygmée[3], cet avorton[4], cette petite caricature !

« Est-ce qu'on parodie le lion ? »

FULBERT-DUMONTEIL[5].

Les lémuriens.

Les propithèques de Madagascar.

A Madagascar, il n'y a pas de singes, mais ceux-ci sont remplacés par des lémuriens (fig. 8) qui en sont très voisins au point de vue anatomique. Comme exemple de leurs mœurs, nous allons relater celles des propithèques, que nous empruntons à M. Grandidier, le savant voyageur qui a si bien exploré et décrit notre nouvelle colonie.

Ce sont des animaux diurnes[6]. On les voit le matin et le soir,

---

1. Lui donne à teter.
2. Chants doux avec lesquels on endort les petits enfants.
3. Être petit.
4. Être mal formé et resté petit.

5. *Le Chasseur français.* 1903.
6. C'est-à-dire actifs pendant le jour. La plupart des autres lémuriens sont plutôt nocturnes.

lorsque la chaleur n'est pas trop forte, sauter dans les forêts d'arbre en arbre en quête de leur nourriture. Souvent on les surprend, au soleil levant, accroupis à la bifurcation de deux branches, leurs longues jambes ramassées sous eux et touchant le menton, leurs mains appuyées sur les genoux, ou bien entr'ouvrant les bras et allongeant tous leurs membres, afin de ne perdre aucun des rayons bienfaisants de l'astre naissant. Pendant le fort de la chaleur, ils restent cachés dans les hauteurs des futaies. Pour se reposer ou pour dormir ils inclinent la tête sur la poitrine et la cachent entre leurs bras, et leur queue enroulée sur elle-même en spirale disparaît entièrement entre les jambes ; autrement elle tombe toute droite.

Fig. 8. — Un lémurien dans une attitude qui lui est familière, la vivacité n'étant pas — loin de là — le trait distinctif de son caractère.

Le régime[1] des propithèques est uniquement végétal. Ils ne recherchent pas, comme les autres lémuriens, les petits oiseaux, les lézards, les insectes ; les jeunes pousses des arbres, les fleurs, les baies forment leur nourriture. Leurs incisives pectiniformes[2] leur servent à enlever un lambeau de peau aux fruits qu'ils veulent manger, puis à prendre par cette ouverture comme avec une cuiller la pulpe intérieure ; ces animaux semblent en effet préférer les fruits verts aux fruits mûrs et ils rejettent toujours la peau. Quant aux feuilles et aux fleurs, ils les mâchent de côté avec leurs molaires.

---

1. L'alimentation.

2. Disposées comme les dents d'un peigne.

Les propithèques sont créés pour une vie tout aérienne. Leurs muscles pectoraux[1] et cruraux[2] sont sensiblement puissants ; ils ont, en outre, une membrane brachiale[3], qui fait, jusqu'à un certain point, l'office de parachute et qui est recouverte d'un poil épais et long formant comme une frange. Aussi ces animaux font-ils souvent des bonds de 8 à 10 mètres sans effort apparent ; ils semblent voler à travers l'air. Ils ne marchent pas à quatre pattes comme les singes et les lémuriens proprement dits ; leurs bras si courts, que terminent des mains grêles et longues, ne leur permettent pas habituellement une station quadrupède ; ils sont forcés, toutes les fois qu'ils quittent les grands bois, ce qui est assez rare, d'avancer par sauts. A les voir debout, plantés sur leurs énormes pieds, levant à chaque bond les bras en l'air, on dirait des enfants s'amusant entre eux à qui sautera le plus loin à pieds joints ; rien de plus comique qu'une troupe de propithèques allant ainsi, à travers champs, à la recherche de quelque arbre dont ils aiment plus particulièrement les jeunes fleurs ou les fruits.

Si leurs longues mains ne servent pas à la marche, elles ne servent guère non plus à la préhension[4]. Les propithèques ne peuvent, en effet, ramasser un objet comme les quadrumanes[5]. Lorsqu'on dépose auprès d'eux une banane[6] ou une patate[7], ils se baissent pour la prendre avec la bouche et la saisissent avec la main, entre la paume et les doigts, sans se servir du pouce. Ces mains, si peu utiles à la préhension, sont admirablement conformées, ainsi que leurs pieds, pour l'ascension aux arbres sur lesquels ces lémuriens passent leur vie, soit à brouter les feuilles, soit à dormir.

D'un naturel triste et doux, les propithèques ne cherchent pas à mordre, à moins qu'on ne leur fasse du mal, et encore leur

---

1. De la poitrine.
2. Des jambes.
3. Réunissant les membres de chaque côté.
4. Action de prendre.
5. Les singes.

6. Fruit long, tendre, de saveur douce, très estimé dans les pays chauds.
7. Sorte de pomme de terre sucrée croissant dans les pays chauds.

morsure n'est-elle pas à craindre comme celle des macaques [1] ordinaires.

Ils ne font pas, comme les autres lémuriens, retentir les bois de leurs cris et ils restent d'ordinaire silencieux ; ce n'est guère que lorsqu'ils sont effrayés ou en colère qu'ils poussent un petit cri rappelant un peu le gloussement d'une poule.

Lorsqu'on tire sur un propithèque et qu'on le blesse, tous les animaux de la même troupe attendent d'ordinaire sans bouger, avec une certaine curiosité, sinon avec anxiété, le dénouement de l'aventure ; il y en a même quelquefois qui se rapprochent du blessé ; mais lorsque, après plusieurs coups de fusil, car il en faut presque toujours plusieurs, tant ces animaux sont bien conformés pour se cramponner aux branches, celui-ci vient à tomber, ils passent aussitôt d'arbre en arbre et disparaissent.

Les Malgaches [2], grands admirateurs du merveilleux comme tout peuple sauvage, racontent que, lorsqu'une femelle de propithèque est surprise avec un petit par un chasseur, sur un arbre isolé d'où elle ne peut gagner les bois, elle le met sur son dos et présente sa poitrine au fusil ou à la sagaie. Il ne faut point chercher dans ce fait, vrai du reste, une preuve intelligente d'amour maternel : à la moindre alerte, le jeune propithèque se réfugie toujours sur le dos de sa mère, et celle-ci, curieuse et inquiète, tourne la tête et par conséquent la poitrine vers le chasseur, semblant ainsi s'exposer aux coups pour sauver sa progéniture [3].

G. Grandidier.

---

1. Autres lémuriens vivant à Madagascar.

2. Indigènes de Madagascar.
3. Son petit.

Les chauves-souris.

Les mœurs de l'oreillard.

Notre pays renferme un grand nombre d'espèces de chauves-souris, toutes très utiles à l'agriculture par la grande quantité d'insectes qu'elles dévorent. Quand on les aperçoit voler à la tombée de la nuit, leur aspect paraît quelque peu bizarre et effrayant. Mais si l'on se donne la peine de les examiner de près et de les élever en captivité, on voit que ce sont de charmantes petites bêtes, dignes d'être aimées autant pour elles-mêmes que pour les services qu'elles nous rendent.

L'oreillard [1] (*fig.* 9), vole souvent dans les clairières [2] et sur la bordure des forêts, dans les chemins forestiers [3], les vergers et les allées. En été, il se tient dans les arbres creux et dort en hiver dans les vieux édifices. Ses oreilles servent à sa vie nocturne [4] et ont probablement les mêmes usages que les appendices nasaux [5] d'autres chauves-souris, c'est-à-dire qu'ils sont des organes tactiles [6] très fins, qui l'avertissent, si, dans son vol, il s'approche de certains objets.

Il ne sort de sa retraite [7] que très tard le soir, mais aussi il prolonge son vol, car on entend son cri à toute heure de la nuit. Ce cri particulier ne peut être confondu avec celui d'aucune autre chauve-souris : il est aigu et perçant, mais pas très fort.

Pendant le repos, ses oreilles, proportionnellement plus gran-

---

1. Chauve-souris ainsi nommée à cause de ses larges oreilles.
2. Places dégarnies d'arbres dans une forêt.
3. Chemins dans les forêts.
4. Sa vie pendant la nuit.

5. Plusieurs chauves-souris ont des replis quelquefois très compliqués sur le museau.
6. Organes pour le sens du toucher.
7. L'endroit où il se cache.

des que chez les autres mammifères, se replient de telle sorte que le tragus [1] reste droit et devient visible extérieurement. L'animal évite ainsi de froisser ses pavillons [2].

Ses lieux de repos en été sont les trous, les greniers des édifices ou des maisons isolées, où on le trouve en grand nombre. tandis que, pour l'hiver, il a la précaution de choisir soigneusement des endroits secs et bien protégés contre les vents. L'oreillard marche sur la terre avec facilité ; il peut même grimper contre les vieux murs avec autant d'agilité qu'une souris.

L'oreillard est, de tous les chéiroptères [3], celui qui supporte le

Fig. 9. — Oreillard au vol : ses larges oreilles, douées d'une grande finesse de tact lui sont très utiles pour se diriger dans l'air et éviter les obstacles.

plus longtemps la captivité ; lorsqu'on le soigne bien, il peut vivre plusieurs mois ou même quelques années privé de liberté. C'est pour cela qu'on le choisit ordinairement lorsqu'on veut faire des observations sur les chauves-souris. On peut, jusqu'à un certain point, l'apprivoiser et lui apprendre à connaître son maître.

Un oreillard a été observé très attentivement pendant plusieurs semaines par Frédéric Faber. Il était très éveillé, surtout le soir ; prenait quelquefois son essor [4] pendant le jour, mais se reposait régulièrement vers le milieu de la nuit. Il volait avec la plus grande facilité dans une chambre, ayant presque toujours les

---

1. Lamelle placée en avant de l'orifice des oreilles.
2. Ses larges oreilles.

3. Synonyme de chauves-souris.
4. Il s'envolait.

ailes immobiles[1] ; cependant il lui arrivait aussi de les fermer et de les étendre pendant le vol. Lorsqu'il voulait éviter un obstacle, il décrivait un arc[2] ; il courait rapidement sur le sol et s'élevait sans grande difficulté dans l'air. Il grimpait très bien sur les murs, grâce à la griffe dont le pouce est armé. Au moindre bruit, il remuait ses longues oreilles, les dressait comme les chevaux, ou les tordait comme des cornes de bélier lorsque le bruit continuait ou devenait trop fort. Au repos, il rabattait toujours ses oreilles en arrière, tournait souvent la tête, se léchait et flairait[3]. Comme toutes les chauves-souris, il était souvent tourmenté par des parasites et se grattait fréquemment la tête avec les ongles.

Faisait-il froid, il restait immobile ; dès que le soleil l'échauffait de ses rayons, il s'éveillait et courait dans sa prison. Il n'avait rien perdu de sa voracité naturelle : lorsqu'on plaçait des mouches dans sa cage, il leur faisait immédiatement la chasse, et il lui en fallait une soixantaine pour calmer sa faim. Il digérait aussi rapidement qu'il mangeait. Il ne voyait pas sa proie, il l'entendait et la sentait. Dès que des mouches volaient dans son voisinage, il devenait inquiet, voltigeait en flairant dans tous les sens, dressait les oreilles, s'arrêtait devant une de ces mouches, se précipitait aussitôt sur elle, faisait en sorte de la couvrir de ses ailes étendues et la prenait ensuite entre ses dents. Lorsque la mouche était très grande, il courbait la tête presque sous la poitrine pour mieux la saisir. Il mâchait très vite sa nourriture, la léchait avec sa langue, et savait très bien rejeter les jambes et les ailes qu'il n'aimait pas à avaler. Ce n'est que pressé par la faim qu'il touchait aux mouches mortes ; il se précipitait avidement, au contraire, sur celles qui se mouvaient[4]. Après chacun de ses repas, il se reposait.

A. Ménégaux[5].

---

1. Comme une hirondelle qui « plane ».

2. Une courbe.

3. Sentait avec son nez.

4. Qui marchaient.

5. *La vie des animaux illustrée.* Paris, 1903.

Les insectivores.

Le hérisson qui grimpe.

L'aspect du hérisson (fig. 10) ne prête pas beaucoup en faveur de son intelligence. Malgré son air un peu « lourdaud », il est très malin. Aidé de sa carapace de piquants et de ses fines dents, il sait très bien échapper à ses ennemis, dévorer les œufs, manger des vipères. Il est même capable de faire des exercices acrobatiques dont on le croirait incapable, comme, par exemple, de grimper le long des murs.

L'animal en question (le hérisson) avait passé quatre mois d'hiver engourdi dans un clapier[1] ; réveillé au commencement d'avril[2], il ne fit pas mine de s'évader jusqu'aux premiers jours de mai, époque à laquelle il manifesta une certaine agitation et un désir évident de reprendre la clef des champs. Bien que le jardin où il vivait librement fût entièrement clôturé de murs de $2^m,50$ de haut, il parvint à s'échapper et, un beau matin, je constatai la disparition de mon petit prisonnier. A force de chercher partout, je découvris dans un angle de murs les traces incontestables du chemin qu'il avait suivi. Le mortier, disjoint par la gelée, avait été arraché en maints endroits et les morceaux détachés couvraient le sol. Les fougères et les capucines qui occupaient ce coin du jardin portaient des traces de dégradation, indiquant que l'animal n'avait pas réussi à la première tentative d'évasion et avait dû faire plus d'une chute avant d'atteindre au sommet de la muraille, d'où il s'était vraisemblablement laissé choir dans le jardin contigu. Je n'eus pas de peine à le retrouver chez le voisin et je le réintégrai dans son clapier...

---

1. Trou fait par l'animal dans le sol et qui lui sert de gîte.
2. Le hérisson s'endort en hiver ; il passe toute la mauvaise saison engourdi.

Le hérisson est un grand calomnié. L'homme ne sait qu'inventer pour discréditer ce pauvre petit être, dont la physionomie si douce n'inspire pourtant que de la sympathie. On l'accuse de s'attacher au pis des vaches et des chèvres pour y teter le lait et rendre les mamelles stériles. On prétend, qu'à l'instar de certains rongeurs, il accumule, pour passer l'hiver, des provisions qu'il

Fig. 10. — Hérisson : ses piquants le défendent très efficacement contre ses ennemis, surtout lorsqu'il se met « en boule ».

dérobe aux cultures. On va même jusqu'à affirmer qu'il grimpe aux arbres pour en faire choir les fruits ; puis qu'il se roule ensuite sur les pommes, les poires ou les prunes tombées, à seule fin de les embrocher avec ses piquants pour les transporter dans ses cachettes et les y manger tout à son aise. Ce sont là des préjugés, établis, comme la plupart des croyances populaires du reste, sur un fondement de réalité, sur une apparence de vérité, l'imagination puérile et l'esprit d'exagération des habitants de la campagne se complaisant à amplifier et à contrefaire au point de dénaturer complètement les faits. De ce que le hérisson aime le lait et ne se fait pas faute de gruger [1] un fruit bien mûr ; du fait qu'il possède certains talents de grimpeur et qu'il s'engourdit pour passer l'hiver, on n'hésite pas à lui faire endosser [2] tous les méfaits précités.

Non, trop crédule cultivateur ! il n'amasse point de provisions au détriment de vos récoltes, puisque, en liberté, il ne se réveille pas de tout l'hiver. Non, brave fermier ! il ne rend pas les mamelles stériles, car il est trop peureux pour oser s'approcher d'une vache ou d'une chèvre, fût-elle même endormie. On le voit, aucune de ces accusations ne résiste à un examen sérieux, à une analyse consciencieuse des faits. La vérité est que nous n'avons aucun reproche grave à formuler contre l'intéressant et méconnu mammifère ; tandis que nous avons bien des louanges à lui adresser, bien des remerciements à lui voter.

Le hérisson, en effet, n'est-il pas un grand destructeur de larves et d'insectes nuisibles, de limaces ravageuses ? A ce titre, chaque jardin bien clôturé devrait renfermer un ou deux de ces vigilants gardiens, qui, dans leur ronde nocturne, croquent des légions d'ennemis de nos légumes et de nos arbres fruitiers, sans porter à la végétation de préjudice appréciable. Il est une autre raison qui milite en faveur de cette domestication : l'éloignement des rats et des souris auxquels le hérisson inspire une sainte panique. Depuis qu'un de ces insectivores habite mon jardin, je suis entièrement débarrassé des rongeurs qui ne laissaient pas de m'incommoder sérieusement. Les habitants d'Astrakan [3] se sont depuis longtemps déjà aperçus de cette antipathie, car ils emploient le hérisson en guise de chat pour donner la chasse aux petits rongeurs de leur pays. Mais c'est surtout dans les contrées infestées de vipères que le hérisson devrait être protégé, voire même introduit s'il ne s'y trouve déjà, tout comme l'oiseau serpentaire [4] à la Martinique.

Arthur MANSION [5].

---

1. Avaler.
2. Mettre sur son compte.
3. Ville de Russie.

4. Oiseau d'assez grande taille qui se nourrit surtout de serpents.
5. *Revue scientifique*. 1901.

Les rongeurs.

La gentillesse de l'écureuil.

Buffon (1707-1788) a donné des animaux de fort jolies descriptions. Son style est très soigné, trop soigné même, parce que souvent, par un excès d'élégance, il devient presque ampoulé et maniëré. Son tableau de l'écureuil est un des mieux réussis et le plus digne d'être connu.

L'écureuil est un joli petit animal qui n'est qu'à demi sauvage, et qui, par sa gentillesse, par sa docilité, par l'innocence même de ses mœurs, mériterait d'être épargné : il n'est ni carnassier ni nuisible, quoiqu'il saisisse quelquefois des oiseaux ; sa nourriture ordinaire sont des fruits, des amandes, des noisettes, de la faine [1] et du gland [2]. Il est propre, leste, vif, très alerte, très éveillé, très industrieux ; il a les yeux pleins de feu, la physionomie fine, le corps nerveux, les membres très dispos ; sa jolie figure est encore rehaussée, parée, par une belle queue en forme de panache, qu'il relève presque dessus sa tête, et sous laquelle il se met à l'ombre [3]. Il est pour ainsi dire moins quadrupède que les autres ; il se tient ordinairement assis, presque debout, et se sert de ses pieds de devant comme d'une main pour porter la nourriture à sa bouche. Au lieu de se cacher sous terre, il est toujours en l'air ; il approche des oiseaux par sa légèreté ; il demeure comme eux sur la cime des arbres (*fig.* 11), parcourt les forêts en sautant de l'un à l'autre, y fait aussi son nid ; cueille des graines, boit la rosée et ne descend à terre que quand les arbres sont agités par la violence des vents. On ne le trouve point dans les

---

1. Fruit du hêtre.
2. Fruit du chêne. │ 3. Cela est sans doute exagéré.

champs, dans les lieux découverts, dans les pays de plaine ; il
n'approche jamais des habitations ; il ne reste point dans les taillis [1] mais dans les bois de hauteur, sur les vieux arbres des plus
belles futaies. Il craint l'eau plus encore que la terre, et l'on
assure que, lorsqu'il faut la passer, il se sert d'une écorce pour
vaisseau et de sa queue pour voile et pour gouvernail [2]. Il ne s'en-

Fig. 11. — Écureuils sur le seuil de leur logis : ce sont des êtres charmants,
toujours gais, et dont la gentillesse fait presque oublier les petits dégâts
qu'ils causent dans nos forêts.

gourdit pas comme le loir pendant l'hiver ; il est en tout temps
très éveillé ; et pour peu que l'on touche au pied de l'arbre sur
lequel il repose, il sort de sa petite bauge [3], fuit sur un autre
arbre, ou se cache à l'abri d'une branche. Il ramasse des noisettes
pendant l'été, en remplit les troncs, les fentes des vieux arbres,
et a recours en hiver à sa provision ; il les cherche aussi sous la
neige, qu'il retourne en grattant. Il a la voix éclatante et plus
perçante encore que celle de la fouine ; il a de plus un murmure

---

1. Bois que l'on taille souvent.
2. C'est une pure invention.
3. Nid.

à bouche fermée, un petit grognement de mécontentement qu'il fait entendre toutes les fois qu'on l'irrite. Il est trop léger pour marcher ; il va ordinairement par petits sauts et quelquefois par bonds ; il a les ongles si pointus et les mouvements si prompts qu'il grimpe en un instant sur un hêtre dont l'écorce est fort lisse.

On entend les écureuils, pendant les belles nuits d'été, crier en courant sur les arbres les uns après les autres ; ils semblent craindre l'ardeur du soleil ; ils demeurent pendant le jour à l'abri dans leur domicile, dont ils sortent le soir pour s'exercer, jouer et manger. Le domicile est propre, chaud et impénétrable à la pluie : c'est ordinairement sur l'enfourchure d'un arbre qu'ils l'établissent ; ils commencent par transporter des branchettes, qu'ils mêlent, qu'ils entrelacent avec de la mousse ; là ils la serrent ensuite ; ils la foulent et donnent assez de capacité et de solidité à leur ouverture pour y être à l'aise et en sûreté avec leurs petits : il n'y a qu'une ouverture vers le haut [1], juste, étroite, et qui suffit à peine pour passer ; au-dessus de l'ouverture est une espèce de couvert en cône qui met le tout à l'abri et fait que la pluie s'écoule par les côtés et ne pénètre pas.

BUFFON [2].

La marmotte dans les Alpes.

On voyait autrefois, au commencement de l'hiver, les petits Savoyards venir quêter chez nous en faisant vaguement « travailler » des marmottes captives qui n'avaient d'autre attrait que d'être d'une grande douceur. Ces bêtes sont bien plus intéressantes à étudier lorsqu'elles vivent à l'état sauvage. Tschudi, qui les a observées souvent dans les Alpes, en a donné un gracieux tableau.

L'été s'écoule gaiement pour elles. A la pointe du jour, les vieilles sortent de leurs terriers [3], avancent la tête avec précau-

---

1. Ou plutôt sur le côté.
2. *OEuvres complètes.*

3. Les trous qu'elles creusent dans le sol.

tion, prêtent l'oreille et guettent de tous côtés pour s'assurer s'il ne se passe rien d'extraordinaire dans le voisinage : elles se hasardent enfin à faire quelques pas et se mettent à déjeuner. Le repas est promptement expédié [1] ; l'herbe verte et surtout les jolies fleurs des Alpes en font les principaux frais, et on les voit disparaître rapidement autour des établissements des marmottes. Les jeunes suivent de près les parents. Dès qu'elles sont toutes rassasiées, elles se rangent en cercle sur une pierre plate, bien exposée au soleil et aussi rapprochée que possible de leur demeure. Alors elles commencent leurs jeux et leurs plaisirs, qui consistent à se peigner, à se gratter, à faire leur toilette, à se taquiner les unes les autres et à faire les belles en se dressant sur leurs jambes de derrière (*fig. 12*). Pendant que les jeunes se livrent ainsi à leur humeur folâtre, les vieilles marmottes

Fig. 12. — Marmottes : en été, elles sont sans cesse sur le qui-vive et s'avertissent mutuellement à l'approche d'un danger.

font sentinelle [2], et dès que paraît quelque chose de suspect, un homme, un oiseau de proie ou un renard, fût-ce à des lieues de distance, le sifflet se fait entendre clair, fort, retentissant. Ce son, quoique aigu et perçant, a quelque chose de plaintif et de profond. Le reste de la troupe, n'ayant pas vu l'ennemi, ne répond pas au signal de la sentinelle, mais s'attache à suivre tous les mouvements de celle-ci, restant tant qu'elle reste, fuyant quand elle fuit. Les avertissements se renouvellent de moment en moment ; mises ainsi sur leurs gardes, toutes les marmottes de la montagne cherchent à découvrir l'ennemi, et, quand elles

---

1. Absorbé. | 2. Veillent.

y sont parvenues, elles sifflent à leur tour, et bientôt de tous
côtés des vigilantes sentinelles sont à leur poste. Si l'ennemi se
cache ou s'arrête, les signaux cessent, mais la surveillance
ne se relâche pas ; à l'approche du danger, elles se précipitent
toutes dans leurs demeures et ne se hasardent à sortir de nouveau
que quand tout sujet de crainte a disparu. Celles qui n'ont pas
vu l'ennemi sont les premières à reparaître.

TSCHUDI [1].

Les carnivores.

La capture d'un lion.

*Si noble que soit le lion (fig. 13), on lui fait une chasse acharnée
parce que non content de s'attaquer à l'homme, quand il le rencontre, il
enlève un grand nombre d'animaux domestiques. On le capture souvent
à l'aide de fosses où il vient tomber et dont il ne peut sortir. J. Gérard,
qui s'est fait la réputation d'un tueur de lions émérite, a narré un grand
nombre de ces chasses souvent émouvantes. Nous lui empruntons un de
ces récits.*

Dans les contrées où le lion se trouve ordinairement, les Arabes,
trop paresseux pour travailler eux-mêmes, font venir des Ka-
byles, qui, pour une somme assez modique, creusent une fosse
de 10 mètres de profondeur, sur une largeur de 4 à 5 mètres, en
forme de puits, et plus étroite à l'orifice qu'à la base. Cette
fosse est toujours établie sur l'emplacement que le douar [2] doit
occuper pendant la saison d'hiver. Les tentes sont dressées en
rond-point autour de la fosse de manière qu'elle se trouve en
amont par rapport au centre du douar.

---

1. *Les Alpes.* Berne, 1859.

2. Réunion des tentes des Arabes placées autour de leurs troupeaux.

L'enceinte ayant été entourée extérieurement d'une haie de 2 à 3 mètres, formée avec des arbres coupés à cet effet, la fosse se trouve cachée à qui regarde du dehors.

Afin que les troupeaux ne tombent point dans la fosse pendant la nuit, on a soin de l'entourer, en aval, d'une seconde haie intérieuré qui se relie aux tentes. Le soir venu, les troupeaux sont parqués dans l'enceinte, et les gardiens veillent à ce qu'ils se tiennent en amont, le plus près possible de la fosse.

Fig. 13. — Lion : c'est le roi des animaux et la terreur du désert.

Le lion, qui a l'habitude de franchir la haie d'amont en aval, arrive près du douar, entend les cris, sent les émanations du troupeau dont il n'est séparé que de quelques mètres, il bondit et tombe dans la fosse en rugissant de colère.

Au moment où il a franchi la haie, et où le troupeau épouvanté a foulé aux pieds les gardiens endormis, tout le douar s'est levé en masse. Les femmes poussent des cris de joie ; les hommes brûlent de la poudre [1] pour prévenir les douars voisins ; les enfants, les chiens font un vacarme infernal, c'est une joie qui approche du délire et à laquelle chacun prend une part égale, parce que chacun a des pertes particulières à venger. Quelle que soit l'heure de la nuit, on ne dormira plus. Des feux sont allu-

---

1. Tirent des coups de fusil.

més, les hommes égorgent des moutons, les femmes préparent le couscoussou [1], on fera ripaille [2] jusqu'au jour. Pendant ce temps, le lion, qui a d'abord fait quelques bonds immenses pour sortir de la fosse, le lion, dis-je, s'est résigné.

Avant la pointe du jour [3], les Arabes voisins, prévenus par les coups de fusil, sont arrivés en foule, amenant avec eux leurs femmes, leurs enfants et leurs chiens. Ce qu'il y a de remarquable dans ces circonstances, c'est que les femmes et les enfants, mais surtout les femmes, sont toujours les plus acharnés et les plus cruels.

Cependant le jour, si impatiemment attendu, vient de se faire, et les plus hardis enlèvent la haie qui entoure la fosse pour voir le lion de plus près et juger de sa force. Comme le mal qu'il a fait est en raison de sa puissance, il doit être traité en conséquence. Si c'est une lionne ou un jeune lion, les premiers qui l'ont vu se retirent en faisant la moue pour faire place aux curieux et l'enthousiasme est déjà calmé en voyant la déception de ceux qui les ont précédés. Mais si c'est un lion mâle, adulte, à tous crins, alors ce sont des gestes frénétiques, des cris à l'avenant; la nouvelle court de bouche en bouche, et les spectateurs qui sont sur le bord de la fosse n'ont qu'à se bien tenir pour ne pas y être précipités par la foule impatiente de voir à son tour. Après que la curiosité générale a été satisfaite et que chacun a jeté sa pierre et ses imprécations au noble animal, les hommes arrivent armés de fusils, et tirent sur lui jusqu'à ce qu'il ne donne plus signe de vie. C'est ordinairement après qu'il a reçu une dizaine de balles sans bouger, sans se plaindre, que le lion lève majestueusement sa belle tête pour jeter un regard de mépris sur les Arabes qui lui ont envoyé leurs dernières balles, et qu'il se couche pour mourir.

La chasse au lion est souvent plus dramatique :

Pendant le mois de mars 1840, une lionne vint déposer ses

---

1. Sorte de bouillie faite avec du blé, du bouillon et de la viande.

2. On mangera abondamment et joyeusement.
3. Avant le lever du soleil.

petits dans un bois. Le chef du pays, Zeiden, fit un appel à Zedek-ben-Oumbark, cheik[1] de la tribu des Beni-Fourrol, son voisin, et, au jour convenu, trente hommes de chacune de ces tribus se trouvaient réunis sur le col du Mezioun à la pointe du jour.

Ces soixante Arabes, après avoir exploré le buisson dans tous les sens poussèrent plusieurs hourras, et ne voyant pas paraître la lionne, ils pénétrèrent sous bois et prirent deux jeunes lionceaux. Ils se retiraient bruyamment, croyant n'avoir plus rien à craindre de la mère, lorsque le cheik Zedek, resté un peu en arrière, l'aperçut sortant du bois et se dirigeant droit vers lui. Il se hâta d'appeler son neveu Meçacoud et son ami Ali-ben-Abraham, qui accoururent à son secours. La lionne, au lieu d'attaquer le cheik qui était à cheval, fondit sur son neveu qui était à pied.

Celui-ci l'attendit bravement et ne pressa la détente qu'à bout portant. L'amorce[2] seule brûla. Meçacoud jette alors son fusil et présente à la lionne son bras gauche enveloppé de son burnous. Celle-ci le saisit et le broie ; pendant ce temps, ce brave jeune homme, sans faire un pas en arrière, sans pousser une plainte, saisit un pistolet qu'il portait sous son burnous et force la lionne à lâcher prise, en lui logeant deux balles dans le ventre. Au même instant, la lionne s'élance sur Ali-ben-Abraham, qui lui envoie inutilement une balle dans la tête ; l'infortuné Arabe est saisi aux deux épaules et terrassé, il a la main droite broyée, plusieurs côtes mises à nu, et ne doit son salut qu'à la mort de la lionne, qui expire sur lui.

J. GÉRARD[3].

Une chasse au tigre.

Le tigre (fig. 14) est bien plus féroce et plus sanguinaire que le lion. Aussi sa chasse est-elle plus difficile et plus dangereuse ; grâce à sa

---

1. Chef arabe.
2. C'est l'amorce qui, dans le fusil, doit mettre le feu à la poudre.
3. *La chasse au lion.* Paris, 1855.

souplesse, le tigre se glisse sans bruit dans les roseaux, dans les prairies et fond sur le chasseur au moment où il s'y attend le moins. En Asie, on se livre généralement à sa chasse en le recherchant du haut d'éléphants dressés dans ce but et qui, cependant, en ont fort peur.

..... Notre félin, arrivé à un degré de vive excitation, n'attendit pas notre arrivée et nous chargea de son plein gré avec un cri de colère. Les trois éléphants firent volte-face d'un commun accord et coururent l'un contre l'autre en trompétant [1] ou plutôt en criant de frayeur, pendant que Bradford [2] dansait autour d'eux sur mon alezan [3].

FIG. 14. — Tigre royal : sous son apparence calme, c'est un être terrible et sanguinaire.

Plusieurs coups furent néanmoins tirés par notre quadrille [4] avec une justesse tolérable en ce que nul d'entre nous ne fut atteint, et qu'une balle envoyée à travers une patte de devant du tigre l'arrêta dans sa charge et le renvoya sous le couvert [5]. Une lutte active commença alors avec les éléphants et leurs cornacs [6], vu que nulle force morale ou physique, nulle caresse ou piqûre ne put les engager à s'approcher en ligne et à battre les buissons d'où était sorti le monstre qui leur avait troublé la cervelle. Enfin, pêle-mêle et serrés comme des moutons, ils

---

1. Le cri de l'éléphant ressemble au son d'une trompette fêlée.
2. Un des amis de l'auteur.
3. Cheval de couleur fauve.
4. Quadrille veut dire ici être quatre. Ces quatre chasseurs étaient Bradford, Melville et Grant dont il va être question et l'auteur lui-même.
5. Sous bois.
6. Conducteurs des éléphants.

s'avancèrent de côté, à une cinquantaine de pas des buissons, dirigés seulement par les coups violents des cornacs, lorsqu'un second rugissement servit de prélude à une charge à fond de train. C'eût été sans doute, à la manière dont elle était faite, une fuite au repaire pour le tigre ; mais heureusement que parmi les coups nombreux déchargés du haut des éléphants qui roulaient [1] et tanguaient [2] comme des bateaux en pleine mer, une balle lancée par Melville toucha l'épaule du tigre et l'envoya rouler à quatre pieds de l'éléphant de Grant, où nous le vîmes, couché sur le dos, les pattes de derrière paralysées, se livrer à l'exercice du pugilat avec ses pattes de devant. Le rugissement des éléphants, le hurlement du tigre et les cris de la foule produisaient une telle confusion que l'éléphant de Melville fit une volte-face complète et prit définitivement la fuite.

Le hourrah qui suivit la chute du tigre venait à peine de s'apaiser que celui-ci se dressa en chancelant sur ses pattes et parvint à s'élancer en avant, principalement au moyen de celles de devant, pendant quelques pas. Il répéta plusieurs fois cette manœuvre à chaque décharge ; il semblait que chaque balle de carabine eût sur son système nerveux un effet revivifiant. Il se relevait une dernière fois, lorsque quelques-uns de nous descendirent de leurs éléphants pour l'examiner de plus près. Il se trouva que c'était un mâle et l'un des plus grands que j'eusse jamais vus.

Dunlop [3].

La fin d'une panthère.

La panthère (fig. 15) n'est pas moins à redouter que le tigre, et ses déprédations aux dépens des animaux domestiques ne se comptent pas. Pour un éleveur, avoir une panthère dans son voisinage équivaut à un véritable désastre. On va lire ci-dessous l'histoire de l'une d'elles, qui ravageait les troupeaux d'un Arabe nommé Kaddour.

---

1. Le roulis est l'oscillation d'un navire alternativement à droite et à gauche.

2. Le tangage est le balancement d'un navire dans le sens de sa longueur.

3. *Voyages et chasses dans l'Himalaya.*

Kaddour, exaspéré de toutes ses pertes, se décida enfin à aller attaquer à son tour la panthère dans son refuge et à lui faire expier toutes ses déprédations.

Pour mener à bien cette résolution, il fit un appel à la bonne volonté de ses frères et de quelques amis du voisinage, qui s'empressèrent d'y répondre.

Ceux-ci, au nombre de huit, après avoir bien chargé leurs fusils et leurs pistolets, s'être promis aide et secours réciproques,

Fig. 15. — Panthère : sa robe est superbe, mais sa beauté ne doit pas faire oublier les ravages qu'elle cause dans les pays chauds.

se mirent avec Kaddour à leur tête, sur les traces de la panthère.

Ils les suivirent pendant assez de temps sur une longue crête boisée et rocheuse, qui aboutissait à un escarpement à pic d'une très grande hauteur. Cet escarpement était couronné par un buisson au milieu duquel s'élevait un beau chêne-vert.

Les traqueurs[1], en approchant de ce repaire[2], ne doutaient pas que la bête qu'ils suivaient n'y fût réfugiée. Ils redoublèrent donc de précautions; mais après avoir fouillé le buisson, ils reconnurent qu'il était vide. Ils s'en étonnèrent beaucoup, parce que les traces y pénétraient et ne reparaissaient plus dans aucune direction.

---

1. Ceux qui « traquent » à la chasse, poussent le gibier dans un

endroit déterminé.

2. Refuge d'une bête féroce.

Ils allaient revenir sur leurs pas, lorsque Kaddour s'avisa de lever la tête et de regarder dans l'arbre.

Quelle ne fut pas sa surprise en découvrant, tapie et allongée le long d'une grosse branche, la panthère qu'ils poursuivaient ! Pour se soustraire à une rencontre que sans doute elle redoutait, elle avait grimpé comme un chat et cherché un refuge dans les branches du chêne.

Kaddour, par une exclamation involontaire, eut bien vite attiré sur leur ennemie l'attention de ses compagnons et celle de la bête sur lui-même en la fixant du regard et en l'ajustant de son fusil. Quatre ou cinq coups de feu qui partirent presque en même temps atteignirent la panthère en plein corps. Elle tomba lourdement au pied de l'arbre.

Kaddour, la croyant morte, s'avança pour la voir de près, mais mal lui en prit. La panthère avait encore une grande vitalité ; en voyant son principal agresseur s'avancer, elle s'élança vers lui.

Kaddour, assez surpris, mais imaginant qu'elle était trop blessée pour être redoutable, jeta son fusil, qui était déchargé, tira la lame de sa *chir'a*[1] et voulut se défendre. Mais il avait à peine fait ces mouvements que la panthère était sur lui, la gueule béante et la griffe haute !...

D'un mouvement instinctif[2] et comme pour se préserver des morsures, Kaddour enfonça résolument son bras gauche dans cette énorme gueule en essayant d'en saisir la langue ; en même temps, de sa main droite, il portait des coups de son arme sur les pattes et sur le flanc de la panthère.

C'était, on le voit, une véritable lutte corps à corps, dans laquelle n'osaient même pas intervenir les frères du malheureux, qui appelait à l'aide.

En quelques secondes, il fut renversé par la panthère qui s'accroupit sur lui et se mit à le labourer de ses griffes et de ses crocs.

A cet instant seulement, ceux qui n'avaient pas tiré saisirent

---

1. Sorte de couteau de chasse, très affilé et très pointu.

2. Involontaire, non réfléchi.

un peu d'immobilité dans le groupe, appuyèrent le bout de leurs fusils sur les reins de la bête, firent feu et la foudroyèrent sur le corps de leur infortuné compagnon.

Kaddour ne donnait plus signe de vie ; il avait le bras gauche broyé jusqu'au coude, la peau du crâne et de la figure était lacérée, l'œil gauche, arraché ; sa poitrine enfin, sur laquelle s'étaient exercées les pattes de la panthère, n'était qu'une plaie.

C'est dans cet état que Kaddour fut rapporté dans sa tente, où l'attendaient les lamentations de ses femmes [1] et de ses enfants.

Cependant on s'aperçut qu'il respirait encore. On lui prodigua tous les soins imaginables, et, contre toute espérance, il guérit de ses graves et nombreuses blessures. Mais le pauvre homme resta défiguré, et, pour ne pas être un objet d'horreur, il était obligé de se voiler la moitié de la face.

Général MARGUERITTE [2].

Les chiens de Constantinople.

Il y aurait tout un volume à écrire sur le chien, ses diverses races, son intelligence, son dévouement. Mais la place nous faisant défaut, nous nous contenterons, pour faire connaître une particularité peu connue de leurs mœurs, de citer un passage de Xavier Marmier sur les chiens qui, en pleine ville de Constantinople, vivent presque à l'état sauvage et pullulent dans les rues (fig. 16). Chaque troupe de chiens a son quartier spécial, dont elle ne sort presque jamais et où elle ne permet pas à une autre de venir chercher la nourriture.

Il n'y a qu'une seule circonstance où toutes ces peuplades de chiens sortent sans crainte de leurs différents domaines, et se réunissent en un commun accord. C'est lorsqu'ils sont attirés par un banquet extraordinaire, lorsque leurs naseaux aspirent l'odeur de quelque cheval qui vient de périr. La bonne nouvelle

---

1. On sait que chaque Arabe a plusieurs femmes légitimes : la « polygamie », comme l'on dit, est permise par leur religion.

2. *Chasses de l'Algérie*. Paris, 1888.

se répand en un instant de district en district. On les voit alors
se rassembler près de la maison qui leur promet cette riche
pitance. Ils se groupent deux à deux derrière l'animal que l'on
conduit à la voirie, le suivent en silence, pas à pas, avec une
sorte de tristesse hypocrite ; puis, dès que le cadavre est aban-

Fig. 16. — Les chiens dans les rues de Constantinople demandent à manger
même aux mendiants.

donné, ils se précipitent sur lui et restent attachés à cette curée
tant qu'il y reste un os à ronger ; après quoi, chacun d'eux s'en
retourne dans son quartier.

Nous n'avions qu'à acheter quelques comestibles dans un
bazar pour être suivis de tous les chiens que nous rencontrions,
nous en étions abandonnés à l'angle de la rue, mais pour être
suivis d'une nouvelle escorte. Le jour, cela est peu inquiétant,

mais de nuit, les chiens deviennent dangereux pour celui qui traverse, isolé et sans lanternes, les rues de Stamboul. Souvent j'ai entendu parler d'étrangers qu'ils avaient attaqués et qui n'ont été sauvés que par des Musulmans, que des cris « au secours ! » attiraient. Nous-mêmes, qui ne sortions jamais de nuit que nombreux et munis de lanternes, nous n'avons dû bien des fois qu'à nos bâtons de ne pas rentrer, nos habits en lambeaux.

C'est un fait positif qu'il y a dans cette innombrable quantité de chiens dispersés de tous côtés une certaine classe de chiens plus redoutables encore que les autres, ceux qu'on appelle les *vieux Turcs*. Ceux-ci ont juré une haine éternelle aux Européens ; ils les flairent de loin, les reconnaissent dans les ténèbres et s'élancent sur eux avec l'ardeur de leur antipathie musulmane.

Xavier MARMIER [1].

La physionomie du chat.

Pour celui qui sait l'observer, la physionomie du chat n'est pas aussi impassible qu'elle le paraît. Un auteur plein de verve s'est amusé à y compter soixante-quinze expressions différentes et a décrit d'une très aimable façon cette mobilité du visage des chats qu'il possédait chez lui.

Minet dort (*fig.* 17). A quoi rêve-t-il ? Le chien aboie ou songe, poursuit le gibier, menace le voleur. Minet rêve-t-il chatte, rêve-t-il souris, rêve-t-il batailles et gouttières ?

Les mâchoires se desserrent, les oreilles frémissent, les pattes se raidissent, le dos se resserre, s'élève et se voûte : c'est le réveil. Nulle idée de bien ou de mal ne prédomine encore.

Les yeux fixés sur la terre, il est absorbé dans ses pensées. Cherche-t-il à percer le voile qui sépare son espèce, comme toutes celles des êtres inférieurs, de la perfectibilité humaine ? Médite-rait-il sur cet axiome d'un philosophe contemporain : « L'homme

---

1. *Du Rhin au Nil.* Paris, 1847.

est une essence qui s'accroît ; l'animal est une essence qui ne
change pas ? » Ou bien est-il rappelé, par de vagues réminis-
cences [1], au fond des bois d'où sa race est sortie pour s'amollir
dans la plus douce et la plus paresseuse des servitudes ? Ou bien
songe-t-il simplement à un bon souper fait la veille ?

Mais un bruit léger a rappelé tout-à-coup son esprit à la vie
réelle ; sa figure s'éclaircit, son œil s'anime, c'est qu'une mouche

FIG. 17. — Minet sommeillant.

vole et bourdonne devant les vitres ; c'est qu'un frôlement a
imité le rat qui trotte ou ronge. Les yeux sont grands ouverts,
fixes, rayonnants ; ils se laissent pénétrer de tout ce qu'ils peuvent recevoir de lumière ; ils contemplent le ciel ou les oiseaux
du ciel, ou la jeune maîtresse parée pour le bal et dont la robe
de satin miroite aux bougies.

Vous êtes un fripon, Minet ; vous venez de dire un bon mot [2], de
faire une malice, ou une jolie main caresse votre belle fourrure.

Quelle différence, à vos mauvaises heures, alors que vos yeux
s'assombrissent et que vos sourcils se froncent ; alors que vos

---

1. Souvenirs.
2. Ou plus exactement : de prendre la physionomie de quelqu'un qui
vient de dire un bon mot.

joues, vos moustaches et vos lèvres fléchissent sous l'ennui !
Mais aussi pourquoi vous oblige-t-on à changer trop brusquement de position, ou pourquoi la pâtée n'est-elle pas toujours
assez fournie de viande ?

Miss Betty [1] traverse le corridor en poussant un miaulement
lamentable ; miss Betty a faim ; on ne lui a pas encore donné son
lait ; la cuisinière est en retard et l'aura rudoyée ; de là, juste et
touchante plainte.

Voici, en opposition, un petit maître chat [2], dont le minois spi-
rituel, éveillé, peint une vive préoccupation. Il a été subitement
interrompu au milieu de ses jeux par le retentissement d'un bassin de cuivre ou par l'approche d'une voix étrangère : il est prêt
à s'élancer et à bondir.

La douce vapeur d'une tasse de lait chaud et sucré émeut voluptueusement l'odorat de ce papelard [3]. N'a-t-il point la mine
de ces convives friands qui se confondent en excuses et en remerciements équivoques, tout en laissant emplir leur assiette jusqu'aux bords ? Il s'avance lentement et flaire avec attention ; ses
oreilles se dressent, ses yeux, largement ouverts, expriment le
désir, sa langue impatiente, léchant ses lèvres, caresse et déguste
à l'avance l'objet désiré [4]. Il marche avec précaution, le cou tendu.
Mais il s'est emparé du liquide embaumé ; ses lèvres le touchent,
il le savoure ; l'objet n'est plus désiré, il est possédé ; le sentiment qu'il éveille s'empare de l'organisme entier ; le petit chat
ferme alors les yeux, se considérant lui-même, il fait le gros dos,
il frémit voluptueusement ; sa tête se retire doucement entre ses
deux épaules, on sent qu'il cherche à oublier le monde, désormais indifférent pour lui.

La convoitise naïve, à la fois curiosité et désir, s'éveille à la vue
de la queue d'une souris ou d'une boule de papier que traîne au
bout de la ficelle l'enfant de la maison.

Sans aucun doute, c'est après un copieux repas que ce véné-

---

1. Nom d'une chatte appartenant
à l'auteur.
2. Un chat aux prétentions aristo-

cratiques.
3. Gourmand et hypocrite.
4. La tasse de lait.

rable Grippeminaud [1] s'est posé si carrément pour faire la sieste. Il clignote, ses joues se renflent ; ne le troublez pas.

Quelle mère caresse son fils et le débarbouille avec plus de grâce, plus amoureusement... et quel marmot. en pareille circonstance, est aussi patient que le fils de la chatte !

Attention, désir, surprise, composent une expression nouvelle : c'est celle d'un chat devant lequel on avait placé un panier fermé. Soupçonnait-il une mystification [2] ? Se réjouissait-il de la surprise qu'on lui préparait?

Que dire de la satisfaction et de la somnolence [3] ? Ce délicieux état de quiétude est probablement causé par la chaleur et la mollesse d'un bon lit. Ce chat rappelle l'archiduc des chats fourrés dont parle le fabuliste [4] :

> Un chat vivant comme un dévot ermite,
> Un chat faisant la chattemite,
> Un saint homme de chat, bien fourré, gros et gras,...

Si une main ou un bâton est levé sur sa tête, le chat, comme un écolier sous la férule du maître, a peur : mais tantôt avec la volonté de résister, tantôt en se soumettant, peut-être se sent-il coupable. De quel crime ? il aura couvert de ses poils un fauteuil ou déchiré un rideau.

On choie, on caresse, on chatouille cet épicurien [5] ; son œil est humide, ses lèvres entr'ouvertes laissent voir le bout de la langue rose ; sa gaieté s'épanouit. Comme la vie est pour lui douce et riante ! Comme toute pensée triste ou sérieuse est éloignée de lui ! Il a, n'en doutez pas, un grand mépris pour toute philosophie qui n'est pas celle du plaisir ; il ne croit ni à la misère ni aux longues douleurs.

J.-J. GRANVILLE [6].

---

1. Grippeminaud est un personnage créé par Rabelais qui le représente comme l' «archiduc des chats fourrés». Le mot est devenu synonyme de «fin et hypocrite».

2. Tromperie.

3. État qui précède le sommeil.

4. La Fontaine.

5. Aimant les choses agréables, recherchant les jouissances physiques.

6. *Le Magasin pittoresque*, 1840.

Les mœurs du lynx.

Le lynx (fig. 18) est une sorte de chat sauvage, mais plus volumineux et plus cruel que lui. En Europe il devient heureusement de plus en plus rare. Grâce à la puissance de sa vue — qui est proverbiale — il capture facilement une grande quantité de pièces de gibier et les dévore.

Dans les Alpes, dès que la présence d'un lynx est soupçonnée, on fait l'impossible pour s'emparer de ce pillard dangereux et sanguinaire ; mais il sait parfaitement se dérober aux recherches. Tant qu'il réussit à trouver sa nourriture dans les forêts et les gorges des hautes montagnes, il n'en sort pas, vit solitaire avec sa femelle et trahit tout au plus sa présence par des hurlements désagréables, qu'on entend de

FIG. 18. — Lynx : on le chasse activement et avec raison, pour le punir de ses méfaits et s'emparer de sa fourrure qui a une certaine valeur.

fort loin. Il ne quitte qu'à la dernière extrémité la solitude qu'il s'est choisie, et se met à l'affût sur une branche où il se tapit et s'étend tout de son long dans le feuillage qui le cache à demi, sans le gêner dans ses bonds. L'œil et l'oreille au guet, il reste des journées entières immobile, les yeux à demi fermés et dans un état de sommeil apparent, qui n'en est que plus dangereux, car c'est alors qu'il est le mieux au fait de ce qui se passe autour de lui. Le lynx vit de ruse : il n'a pas l'odorat très fin, ainsi que tous les chats, et son allure n'est pas assez rapide pour qu'il puisse poursuivre sa proie à la course. Sa patience et l'art avec lequel il sait ramper sans faire de bruit l'amènent à portée de sa victime. Plus patient que le renard, il est moins fin ; moins hardi que le loup, il saute mieux et résiste plus longtemps à la famine [1] ; il n'est pas aussi fort que l'ours, mais il est plus observateur et a la vue plus perçante. Sa force réside surtout dans les pattes, les mâchoires et la nuque. Le lynx sait se rendre la chasse facile et il ne choisit ses victimes que lorsque la nourriture abonde. Tout animal qu'il peut atteindre d'un de ses bonds, qui manquent rarement le but, est perdu et dévoré ; s'il a bondi à faux, il laisse l'animal s'enfuir et retourne se tapir à son poste d'observation, sans que rien trahisse son désappointement. Il n'est pas vorace, mais il aime le sang chaud, et cette passion lui fait faire quelquefois des imprudences. Lorsqu'il n'a rien mangé pendant la journée et qu'il sent l'aiguillon de la faim, il se met en route et fait de grands trajets pendant la nuit. La faim lui donne du courage, le rend plus prudent et développe la puissance de ses sens. S'il trouve un troupeau de chèvres ou de moutons, il s'en approche en se traînant sur le ventre avec des mouvements de serpent, puis il s'enlève d'un bond, tombe sur le dos de sa victime, lui brise la nuque ou lui coupe la carotide [2] d'un coup de dent, et la tue instantanément. Puis il lèche le sang qui coule de la blessure, ouvre le ventre, dévore les entrailles, ronge une partie de la tête, du cou et des épaules, et laisse le reste sur place. Sa manière de lacérer la proie éclaire de suite les bergers sur l'espèce qui décime leurs troupeaux.

TSCHUDI [3].

Le loup reconnaissant.

Le loup (fig. 19) n'est sans doute féroce que par nécessité. Pour se nourrir, il se voit obligé de s'attaquer à toute sorte d'animaux et même à l'homme. Mais ce qui prouve bien que son naturel n'est pas foncièrement mauvais, c'est qu'on est arrivé à en apprivoiser quelques-uns, surtout en les prenant jeunes et en ne les soumettant qu'à de bons traitements.

---

1. Manque de nourriture.
2. Artère qui conduit le sang dans la tête et passe dans le cou.
3. *Les Alpes.*

Un loup, doué sans doute d'un heureux naturel et élevé comme
un jeune chien, devint familier avec toutes les personnes qu'il
voyait habituellement ; il suivait en tous lieux son maître, dont
l'absence le faisait toujours souffrir, obéissant à sa voix, montrant la soumission la plus entière, et, sous ces divers rapports,
ne différait presque en aucune manière du chien domestique le
plus privé. Cependant son maître, étant obligé de s'absenter, en

Fig. 19. — Loup : très abondant autrefois en France, il y est devenu
aujourd'hui assez rare, ce dont personne ne se plaint, surtout les petits
enfants que son nom seul fait frémir.

fit don à la ménagerie du roi [1] : là, enfermé dans une loge, cet
animal fut plusieurs semaines sans montrer aucune gaieté et
mangeant à peine ; mais sa santé se rétablit ; il s'attacha à ses
gardiens et il paraissait avoir oublié toutes ses affections passées,
lorsque, après dix-huit mois, ce maître revint. Au premier mot
que celui-ci prononça, le loup qui ne l'apercevait point dans la
foule, le reconnut, et il témoigna sa joie par ses mouvements et
ses cris ; mis en liberté, il couvrit aussitôt de ses caresses son
ancien ami, comme aurait fait le chien le plus attaché, après une
séparation de quelques jours.

---

1. Qui, depuis, est devenu le « Mu-   par le public sous le nom de « Jar-
séum d'histoire naturelle », désigné   din des Plantes ».

Malheureusement, il fallut se quitter une seconde fois, et cette séparation fut comme la source d'une profonde tristesse ; mais le temps apporta un terme à ce nouveau chagrin. Trois ans s'écoulèrent et notre loup vivait très heureux avec un chien qu'on lui avait amené pour qu'il pût jouer. Après cet espace de temps, qui certainement aurait suffi pour que le chien de la race la plus fidèle oubliât son maître, celui du loup revint ; c'était le soir, tout était fermé, les yeux de l'animal ne pouvaient le servir ; mais la voix de ce maître chéri ne s'était point effacée de sa mémoire : dès qu'il l'entend, il le reconnaît, lui répond par des cris qui annoncent des désirs impatients ; et, aussitôt que l'obstacle qui les sépare est levé, les cris redoublent ; l'animal se précipite, pose ses deux pattes de devant sur les épaules de celui qu'il aime si vivement, lui passe sa langue sur toutes les parties de son visage et menace de ses dents ses propres gardiens qui osent approcher et auxquels, un moment auparavant, il donnait encore des marques d'affection. Une telle jouissance, n'ayant pas le temps de s'épuiser, devait amener une peine cruelle ; il fut nécessaire de se séparer encore ! Aussi, après cet instant pénible, le loup devint-il triste, immobile ; il refusa toute nourriture, maigrit ; ses poils se hérissèrent comme ceux de tous les animaux malades ; au bout de huit jours il était méconnaissable, et nous eûmes longtemps la crainte de le perdre. Sa santé s'est heureusement rétablie ; il a repris son embonpoint [1] et son brillant pelage ; ses gardiens peuvent de nouveau l'approcher ; mais il ne souffre les caresses d'aucune autre personne et ne répond que par des menaces à celles qu'il ne connaît point.

Frédéric CUVIER [2].

---

1. Sa grosseur.

2. *Histoire des Mammifères*. Paris, 1826.

Les mœurs du blaireau.

Le blaireau (fig. 20) est peu connu de l'habitant des villes... sauf sous la forme de pinceaux que l'on fabrique avec ses poils. Dans les campagnes, au contraire, il est très familier, trop même, car les dégâts qu'il cause sont énormes. Voici une description « vécue » de ses mœurs.

Tous nos animaux sauvages sont noctambules [1], mais celui chez lequel cette prédilection pour la nuit est plus nettement caractérisée est incontestablement le blaireau. Non seulement il se couvre des ténèbres avec lesquelles l'ont familiarisé son existence presque exclusivement souterraine, soit pour chercher sa subsistance, soit pour échapper aux embûches de ses ennemis, mais il faut

Fig. 20. — Blaireau : il se creuse dans le sol de vastes terriers, dont s'empare ensuite souvent le malin renard.

que l'obscurité soit complète pour lui inspirer quelque confiance. Talonnés par la faim, nos hôtes des bois comme ceux de la plaine quittent généralement leurs retraites au moment où le soleil descend au-dessous de l'horizon. Le blaireau exige d'autres garanties que le clair obscur : presque toujours il attend que les ténèbres soient épaisses pour abandonner ses galeries, mais il ne s'y décidera qu'après avoir minutieusement scruté les alentours ; il se présente à toutes les gueules [2] de son terrier, regarde et écoute longuement, et ne se décide à trottiner dans la coulée représentant sa grande route que s'il n'a surpris

---

1. Se promenant la nuit. | 2. Ouvertures du terrier.

aucun indice alarmant. Dans le cas contraire, il rentre chez lui, réprime les tiraillements de son estomac, si la faim le tenaille, et dîne d'un somme. Des gardes sont restés nuit et jour en faction devant un terrier dans lequel ils avaient vu pénétrer un blaireau, sans que le propriétaire, qui les éventait, se décidât à se montrer.

Sa qualité de proscrit [1] autant que les mystères de son existence m'ont toujours inspiré pour le blaireau une curiosité nuancée de sympathie. Aussi avons-nous fait jaser sur son compte de vieux gardes rompus, nous ne dirons pas sur la chasse, mais sur le piégeage de ce plantigrade [2] ; le plus gros de ce qu'ils nous ont raconté de ses mœurs tenait évidemment de la légende. Ces experts en blaireauterie n'étaient pas, du reste, plus d'accord que le gros des chasseurs sur la malfaisance de cet ermite. Les uns le tenaient pour plus redoutable que le renard pour les nids de faisans, de perdrix, pour les portées de lièvres, les rabouillères [3] des lapins ; d'autres, plus indulgents, le rangeaient parmi la catégorie des filous d'occasion. Quant à nous, nous ne nous permettrons pas de décider entre deux opinions aussi divergentes ; certainement, lorsque le hasard se charge de lui offrir le régal de l'un de ces gibiers, la crainte de désobliger le roi de la création n'est point assez vive pour que le blaireau, se livrant à de vaines démonstrations de grandeur d'âme, refuse d'en faire ventre ; mais nous le croyons trop imparfaitement outillé sous le rapport de la marche pour qu'il se livre à de longues et laborieuses recherches, pour faire figurer ces gibiers dans son menu ; il se contentera sagement des mulots, des couleuvres, des sauterelles, des abeilles, bourdons, etc., qui, plus communs et acquis avec moins de peine, représentent probablement le fond de sa cuisine. Cependant, quoi qu'il en soit du plus ou moins de malfaisance du blaireau, la trève n'est pas près de commencer pour lui ; on le piégera [4], on le chassera toujours, non seulement pour se débar-

---

1. Banni d'un pays.
2. Qui marche sur la plante des pieds, par opposition à digitigrade, mot qui veut dire « marchant sur le bout des doigts ».
3. Terriers des lapins.
4. On placera des pièges pour le prendre.

rasser de sa concurrence, mais pour sa graisse, une panacée [1], selon les porteurs de plaque [2], et surtout pour sa peau, laquelle, ajoutent en badinant ces messieurs [3], a, sur les peaux de renard, l'avantage d'être bonne toute l'année, sauf un jour par an, celui où l'on manque l'animal.

La vie privée de ce plantigrade est digne d'estime ; en dépit de son poil gras et de l'odeur peu agréable qu'il exhale, c'est une bête délicate et proprette, qui ne laisse jamais, comme son voisin le renard, son terrier se transformer en sentine [4] ou en charnier.

En raison de la puissance de leurs griffes, les blaireaux sont des fouilleurs de terre de premier ordre. Dans une colline rocheuse de la basse Normandie, nous avons trouvé un de leurs terriers, se composant de trois étages superposés et dont les diverses galeries avaient plus de soixante mètres de développement. Le mineur avait fort habilement profité des excavations qu'il avait rencontrées entre les masses de granite, pour ménager à son habitation des chambres de plusieurs mètres carrés. Il doit donc ne pas s'affecter trop sérieusement des usurpations du renard, qui profite souvent de l'absence du blaireau pour s'emparer de son terrier ; ce qui tendrait à le prouver, c'est que, lorsqu'il abandonne sa retraite, il ne va jamais bien loin établir ses nouvelles pénates [5]. Il n'a pas plus le tempérament que les pattes du voyageur et il s'écarte fort peu de son habitat ordinaire. Cependant, il y a quelques années, peu de jours avant la clôture de la chasse, on a trouvé et pris un de ces animaux parfaitement adulte dans la forêt de Marly, où son espèce est bien rarement représentée. Il fut trouvé dans une enceinte fraîchement entreillagée. Nous avons présumé qu'il était sorti des bois d'Arcy, situés à quatre ou cinq kilomètres, et que, perdu dans la plaine,

---

1. Un remède pour toutes les maladies.

2. Les gardes-chasse, qui, comme signe distinctif de leur profession, portent une plaque gravée à leur nom et à celui de leur maître.

3. Les chasseurs de blaireaux.

4. Réceptacle d'ordures.

5. Sa nouvelle demeure.

il avait pratiqué une trouée au-dessous des fils de fer pour se réfugier dans le massif qui se dressait devant lui.

Le blaireau est un brave ; il se défend héroïquement jusqu'à son dernier souffle, ne se soucie pas plus de la force des assaillants que de leur nombre et n'est vaincu que lorsqu'il est mort. Méfiez-vous toujours de lui, soit que vous le preniez dans un piège, soit que vous le chassiez au fusil ou bien que vous ayez entrepris contre lui une guerre souterraine. Nous défoncions un jour un terrier et nous étions arrivés à l'accul[1] ; un des travailleurs, avant que nous ayons pu nous opposer à son mouvement, plonge son bras dans le trou noir et jette un cri. « Retirez donc votre main, lui crie un garde. — Je ne peux plus, répondit froidement le brave homme, c'est lui qui me tient ! » Effectivement, le blaireau le tenait si bien que, quoique nous nous fussions mis à fouiller la terre avec une sorte de rage, le malheureux resta près de cinq minutes pris dans cette effroyable tenaille ; il fallut assommer le blaireau pour le forcer à lâcher prise ; les deux doigts médians étaient presque littéralement coupés et l'amputation fut nécessaire. Une autre fois, nous avons assisté à l'hallali[2] de l'un de ces animaux chassé et rejoint par des fox-hounds[3] très vigoureux et très mordants. C'était moins dramatique qu'un ferme[4] de sanglier, mais le spectacle était peut-être plus émouvant. Trouvant dans sa petite taille de bonnes conditions de défense, l'animal résista avec une incroyable vigueur aux assauts d'une douzaine d'ennemis. Arc-bouté sur ses jambes trapues, ramassé sur lui-même, n'attaquant jamais, mais ne laissant jamais attendre la riposte, à chaque coup de dent, il répondait par un coup de dent et demi, et les siens s'adressaient invariablement aux pattes. De temps en temps, il disparaissait sous la masse des assaillants, mais bientôt on voyait un des chiens se retirer de la mêlée en jetant des cris de douleur. Il eût estropié la moitié de la meute si on ne se fût décidé à lui faire les honneurs d'un coup de fusil, comme à une

---

1. Tout au fond du terrier.
2. Terme de chasse, moment où l'animal est presque pris.

3. Race de chiens de chasse.
4. Une capture.

bête de vénerie. Ce sont là des jeux sanglants auxquels la passion peut servir d'excuse, à la condition qu'ils soulèveront quelques remords lorsqu'on y songera de sang-froid.

G. DE CHERVILLE [1].

Les mœurs de la loutre.

La loutre (fig. 21) détruit chez nous une grande quantité de poissons. Aussi les riverains sont-ils doublement joyeux quand ils en capturent une car sa fourrure a une certaine valeur. Mais cette prise est fort difficile, car la loutre est pleine d'astuce pour se cacher et éviter les pièges. Cet animal nuisible a, cependant, comme on va le voir, des défenseurs.

La loutre se tient habituellement au bord des rivières, des lacs, des étangs, de tous les cours d'eau peu fréquentés. Elle s'installe le plus souvent entre les racines des arbres aquatiques, dans un trou de quatre pieds de profondeur et allant en montant, de manière à avoir son lit bien à sec. On trouve parfois des loutres dans des terriers abandonnés de renards et de blaireaux, quand ils sont près de l'eau. La loutre change souvent de demeure pour aller chercher des endroits plus poissonneux [2]. On découvre son repaire à la mauvaise odeur que répandent les débris de sa pêche, qu'elle y laisse. Elle a ses demeures d'habitude dans les différentes localités qu'elle visite et où elle stationne plusieurs jours ; elle y revient si l'homme n'y a pas touché, si elle n'y a pas été importunée. Avec un animal d'une nature aussi méfiante, on ne saurait guère compter utiliser ses coulées [3], qu'elle ne suit que très irrégulièrement.

La loutre se nourrit presque exclusivement de poissons et mange, faute de mieux, des rats d'eau, des grenouilles, des souris et même du gibier de marais ; mais elle préfère à tout les truites et les écrevisses. A l'état domestique, elle est presque

---

1. *Le Temps.*
2. Riches en poissons.

3. Chemins tracés par le passage fréquent d'un animal.

omnivore[1]. J'en ai vu chez moi manger de la soupe, des pommes de terre cuites, du pain, et boire du lait. La loutre mange les petits poissons en nageant la tête hors de l'eau, mais elle apporte à terre les gros pour les dévorer sur une pierre et en laisse la tête, l'arête principale, les écailles, ainsi qu'une partie de la carapace des grosses écrevisses. Lorsque les rivières et les étangs sont gelés, elle cherche un trou dans la glace, plonge et revient pour respirer par la même entrée. La loutre ne pêche pas seulement pour se nourrir, mais encore pour le plaisir de pêcher ; prenant alors beaucoup de poissons, elle les dépose à terre et ne les mange qu'en partie. Elle nage contre le courant et fait des courses de plusieurs lieues

Fig. 21. — Loutre : elle dévaste nos fleuves et nos cours d'eau en mangeant des quantités énormes de poissons.

en une seule nuit, à la recherche d'une chute d'eau qu'elle affectionne.

Prises jeunes, on peut facilement apprivoiser les loutres et les dresser pour la pêche. On commence par leur donner du lait avec du pain et peu à peu du poisson bien frais. Pour leur apprendre à pêcher, on met de petits poissons vivants dans un grand baquet plein d'eau ; dès le premier jour, elles plongent et n'en manquent pas un seul.

S'il est un animal méconnu par nous autres chasseurs civilisés, c'est assurément la loutre, qui ne demande qu'à se rapprocher de nous, qu'à nous servir. Mais nous n'avons su ne nous en faire qu'un ennemi en lui déclarant une guerre à outrance, au lieu d'utiliser ses dispositions naturelles, son habileté si supé-

---

1. Elle mange de tout.

rieure à prendre le poisson. Les Chinois, mieux inspirés que nous, ont des équipages [1] de loutres admirablement dressées pour la pêche ; nous, nous ne savons que tuer ces animaux pour en faire des fourrures.

A. DE LA RUE [2].

Les amphibies.

Combat avec les morses.

Les phoques (fig. 23) constituent pour les régions polaires, une ressource extrêmement précieuse, tant par leur chair et leur graisse que par leur peau. Ce sont, en général, des animaux fort doux, dont on s'empare assez facilement. Mais tous les amphibies n'ont pas le même caractère : ainsi les morses (fig. 22) aux longues défenses en forme de crocs, sont des êtres très vindicatifs et deviennent terribles quand on les attaque. Les vaillants pionniers, qui, déjà nombreux, se sont élancés à la conquête du pôle nord, ont rapporté souvent les combats qu'ils ont eu à subir avec eux au milieu des glaces. En voici un :

Un de nos Esquimaux préparait les lances pour une chasse au morse ; lui et son gendre voulaient essayer leur adresse dès le lendemain. Tout l'hiver, ces animaux avaient paru en troupes nombreuses sur la mer libre à l'ouverture du port, et de la grève glacée l'on entendait continuellement leurs cris rauques. Leur chair est la principale nourriture des Esquimaux ; ils apprécient fort celle des rennes, mais comme une sorte d'entremets seulement; pour base d'un long et solide festin, rien, selon eux, ne vaut l'*awak*, comme ils appellent le morse en imitation de son

---

1. Troupes. | 2. *Les animaux nuisibles.* Paris, 1890.

cri. Il leur est aussi indispensable que le riz à l'Hindou, le bœuf
aux Gauchos de Buenos-Ayres, le mouton aux Tartares de Mon-
golie.

La chasse réussit à souhait. Hans et le vieillard[1], chargés de
tout leur attirail en bon ordre, s'avancèrent vers la mer où un
grand troupeau de morses nageait près de la glace ; en ram-

Fig. 22. — Morse : ses longues canines sortant de la bouche montrent
qu'il ne fait pas bon se mesurer avec lui.

pant à quatre pattes, nos chasseurs s'en approchèrent sans être
aperçus, puis, arrivés à quelques pieds du bord, ils se couchè-
rent à plat ventre et imitèrent le cri du morse ; toute la bande
fut bientôt à portée de leur harpon[2]. Se relevant à la hâte, Hans
ensevelit le sien dans une des plus grosses bêtes ; puis son compagnon tira sur la ligne et en noua solidement le bout à la hampe
de sa lance, qu'il planta dans la glace et maintint avec force.
L'animal luttant avec vigueur, plongeait dans la mer et se débat-

1. Le gendre et l'Esquimau dont
il est question.

2. Lance terminée à une extrémité
par une pointe en hameçon et res-

tant réunie à celui qui la projette
sur l'animal, par une corde venant
s'attacher à son autre extrémité.

tait comme un taureau sauvage saisi par le lasso [1]. Hans profitait de toutes les occasions favorables pour ramener la ligne à lui, jusqu'à ce que sa proie ne fût plus qu'à une vingtaine de pieds. La lance et la carabine firent alors promptement leur œuvre ; les autres morses s'enfuirent au large avec des cris d'alarme, leurs profondes voix de basse retentissant dans les ténèbres. Le bord de la glace eût été trop mince pour porter cet énorme gibier, il fallut attendre que le froid l'eût suffisamment

Fig. 23. — Phoque : intelligent et doux comme il l'est, il ne mérite vraiment pas d'être pourchassé et détruit comme on le fait.

épaissie. Les chasseurs amarrèrent [2] solidement leur victime pour que la mer ne l'entraînât pas au loin.

Le jour suivant, la voûte [3] s'étant un peu solidifiée, ils s'occupèrent à détacher avec soin toutes les chairs ; la hutte de neige fut approvisionnée pour longtemps de graisse et de viande, nos chiens s'en donnèrent à cœur joie, et la tête et la peau furent déposées dans un baril.

En jugeant le morse d'après l'apparence lourde de son vaste corps de limace, beaucoup de personnes, et j'ai été du nombre, le regardent comme un animal peu formidable. J'ai appris de-

---

1. Corde à nœud coulant que, de loin, l'on projette autour du cou de l'animal à capturer.

2. Attachèrent.

3. La glace de la surface de l'eau.

puis, à mes dépens, que je commettais là une grave erreur et, envers cet amphibie, une grande injustice. C'est une créature pleine de courage, n'hésitant jamais à accourir à l'appel d'un de ses congénères en danger et à prendre fait et cause pour lui contre tout agresseur, quel qu'il soit. Dans une occasion, nous avions, un peu à l'étourdi, lancé notre baleinière[1] à la poursuite d'une bande énorme de morses, qui nageaient à l'entrée du port. Les cris désespérés d'un vieux mâle[2], que nous avions tout d'abord blessé et harponné, attirèrent sur nous tout le troupeau furieux et mugissant. Je n'ai jamais vu une telle réunion de corps noirs sillonnant la mer, ni entendu un tel concert de sons caverneux, tenant le milieu entre le rugissement du lion et le beuglement du taureau. Il nous fallut combattre pour notre vie. Si l'activité ou le sang-froid nous avaient fait défaut, notre embarcation eût été mise en pièces et nous eussions misérablement péri dans les eaux glacées ou sous la dent des morses. Un assaut plus déterminé, plus furieux que celui qu'ils nous livrèrent, peut à peine s'imaginer, et la pensée humaine ne peut guère se représenter d'ennemis plus effrayants que ces monstres à la gueule béante et aux longues défenses s'entre-choquant. Contre de tels adversaires, une carabine est d'un pauvre secours, et sans la force de nos avirons[3], énergiquement mis en œuvre, nous eussions été atteints et écrasés par la masse du troupeau.

J. J. HAYES[4].

---

1. Barque légère terminée en pointe aux deux extrémités et pouvant par suite voguer dans tous les sens.

2. Généralement les phoques vivent en troupes conduites par un vieux mâle de grande taille.

3. De nos rames.

4. *Voyage à la mer libre du pôle arctique* (*Le Tour du Monde*, 1868).

Les édentés.

Les mœurs des paresseux.

C'est parmi les édentés que l'on rencontre les mammifères les plus singuliers, depuis le tatou, qui se roule sur lui-même en boule, jusqu'au fourmilier, au museau démesuré, et cependant incapable de manger des animaux plus gros que les fourmis. C'est aussi dans leur groupe que se place le paresseux (fig. 24), dont les mœurs ne sont vraiment pas à donner comme exemple aux écoliers.

On a beaucoup exagéré la lenteur des paresseux, auxquels on avait attribué jadis le nom de tardigrades[1]. Oviedo dit même qu'il leur faut un jour entier pour faire cinquante pas. Ils vivent à la cîme des arbres, dans les grandes forêts basses, où la puissance de la végétation est extraordinaire sous les tropiques. Plus la forêt est sombre et impénétrable, plus ils y sont à l'aise. Ils y vivent réunis en petit nombre. Ils se déplacent assez facilement au sommet des arbres, mais ils grimpent autrement que les autres animaux arboricoles[2]. Le corps pendant en bas, ils attrapent une branche avec leurs longs membres antérieurs et s'y cramponnent prudemment et solidement avant de passer à une autre appartenant au même arbre ou à un arbre voisin. Ils peuvent arriver à une hauteur de trente mètres en vingt minutes. Mais, une fois fixés, il leur arrive de rester paresseusement suspendus des journées entières. Ce n'est que lorsqu'ils mangent ou bien pendant la nuit qu'ils sont plus vifs.

Ils se tiennent sur le même arbre, tant que celui-ci leur offre des bourgeons, des jeunes pousses ou des fruits. Ils ne descen-

---

1. C'est-à-dire marchant lente-ment.

2. Vivant sur les arbres.

dent pas pour boire, car la rosée qui recouvre les feuilles suffit à les désaltérer. On assure même qu'ils peuvent rester un mois sans prendre de nourriture.

Ils dorment suspendus, le corps ramassé en boule et la tête penchée sur la poitrine, sans l'y appuyer cependant. Ils restent ainsi jour et nuit sans se fatiguer, les griffes d'une patte étant souvent opposées[1] à celles de l'autre. Sur terre, ils se traînent

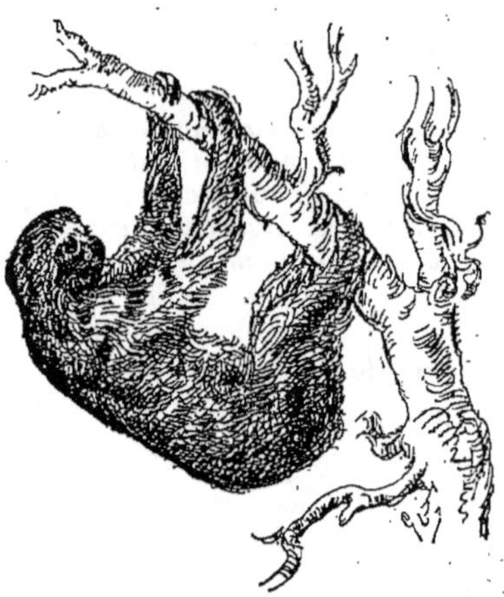

FIG. 24. — Paresseux ; à part son attitude singulière, il n'a vraiment rien qui plaide en sa faveur.

péniblement et maladroitement. Leurs doigts sont pliés sur la paume, et leurs ongles, rabattus en dedans, en sorte qu'ils marchent en s'appuyant avec le dos de la main. Rien ne peut leur faire hâter le pas. Si on les surprend et qu'ils croient qu'un danger les menace, on les voit relever leur corps et ramener lentement leurs longs bras contre la poitrine, comme s'ils voulaient prendre leur ennemi entre leurs griffes.

Dans l'eau ils sont assez vifs. Ils sont très sensibles au froid et à l'humidité. Pendant la saison des pluies ils se tapissent[2] dans le feuillage et restent suspendus pendant des jours entiers, très tourmentés par l'eau qui tombe.

Leurs sens sont très obtus[3] et leur méchanceté nulle, car ils n'ont ni passion, ni haine, ni amitié, ni répugnance, ni peur, ni courage. Ils ont la vie très dure, et résistent longtemps aux blessures les plus douloureuses. S'ils sont tués par un coup de feu,

---

1. Se croisant avec les griffes de l'autre patte.

2. Ils se cachent, ils s'enfouissent.
3. Peu sensibles.

ils ne tombent à terre que lorsque la rigidité cadavérique [1] prenant fin, la putréfaction commence. Pourtant, quand ils sont sérieusement menacés, un homme vigoureux a de la peine à se débarrasser de leurs bras, car il est toujours difficile de leur faire lâcher prise.

Le petit se cramponne aux flancs de sa mère avec ses griffes, pendant que, d'autre part, il lui enserre le cou avec ses bras. Celle-ci le porte partout avec elle ; mais la vive affection des débuts se refroidit bientôt et c'est à peine si elle pense à le nourrir et à le nettoyer.

On dit que c'est, en captivité, un des animaux les plus désagréables, car rien ne l'émeut, rien n'attire son attention. Pourtant, l'arrivée de sa nourriture, riz cuit et carottes, paraît lui procurer une certaine satisfaction. Sa chair est consommée par les indigènes [2]. Sa peau sert à faire des sacs ou des couvertures.

A. MÉNÉGAUX [3].

Les porcins.

Le porc à la recherche de la truffe.

Le porc n'a peut-être pas une brillante intelligence, mais il est néanmoins susceptible d'une certaine éducation. C'est ainsi que depuis fort longtemps on a mis à profit son flair pour rechercher les truffes au sein de la terre.

1. Quand un animal meurt, son corps devient très rapidement dur comme du bois. Cette rigidité cadavérique, comme on l'appelle, ne dure qu'un certain temps ; au bout de quelques heures, les tissus redeviennent mous : c'est le prélude immédiat de la putréfaction. Les causes de la rigidité cadavérique sont encore inconnues.

2. Les paresseux vivent dans l'Amérique du Sud.

3. *La Vie des animaux illustrée.* Paris, 1903.

Comme le porc cherche la truffe par gourmandise et qu'il la mangerait, si on ne l'en empêchait, il est nécessaire de réprimer ses instincts par une éducation bien faite.

Les porcs ne se ressemblent pas tous par l'intelligence et ils ont, à des degrés divers, la finesse et l'acuité de l'odorat qui

Fig. 25. — Le porc à la recherche de la truffe : ne croyez pas que l'homme qui l'accompagne ne fasse rien ; c'est au contraire un rude métier que celui de « rabassier ».

constituent les qualités principales qu'un bon animal truffier[1] doit posséder.

Les qualités morales, si je puis m'exprimer ainsi, leur sont également nécessaires : il faut qu'ils aient bon caractère. Quel-

---

1. Dressé à la recherche des truffes.

ques-uns sont méchants, entêtés, brutaux et rebelles à toute tentative d'éducation.

Les porcs peuvent donc pécher par le défaut d'intelligence. Ils peuvent n'avoir que des aptitudes moyennes, que des sens peu développés, qu'une éducation mal soignée, insuffisante et vicieuse ; de là des différences extrêmement grandes chez les porcs employés à la recherche des truffes. De là, le haut prix de ceux qui joignent, à des aptitudes naturelles très développées, une éducation parfaite.

Le sens de l'odorat possède, chez quelques-uns, une acuité vraiment surprenante. Il n'est pas rare, au cours d'une fouille, de voir un porc s'arrêter, prendre le vent [1], puis courir, droit et à fond de train, sur une truffe située à cinquante mètres, qu'il soulève d'un coup de boutoir [2].

Ces exemples d'acuité de l'odorat sont assez communs et tous les rabassiers [3] en auraient à citer, s'il ne fallait souvent se garder du récit des exploits de leurs animaux comme il faut se garder quelquefois des histoires de chasseurs.

Toutefois, ces exemples expliquent la supériorité de certains animaux qui arrivent à faire une belle fouille là où, quelques heures auparavant, des sujets de même race ont été inutilement promenés.

La race à laquelle appartiennent les porcs n'a pas une grande influence sur leurs aptitudes individuelles, et les espèces propres à un pays, à la condition de ne pas être déformées et oblitérées par l'engraissement, sont les plus aptes à la recherche des truffes de cette même région.

L'éducation commence avec le jeune âge de l'animal.

La jeune laie [4] est conduite à la truffière, seule ou accompagnée d'une laie expérimentée déjà. L'éducation consiste non seulement à lui apprendre à sentir la truffe et à la déterrer, à ne point la manger, mais encore à fouiller avec méthode, à ne point

---

1. Flairer pour voir d'où vient le vent qui lui apporte les effluves odorantes.

2. Museau.
3. Ramasseurs de truffes.
4. Femelle du porc.

s'emballer[1] en courant, sans ordre, d'une truffière à l'autre.

Beaucoup de patience, quelques corrections sont nécessaires pour atteindre ce résultat, et il faut surtout en user pour empê- cher l'animal de s'approprier la truffe qu'il a découverte.

On obtient en général d'une manière assez facile que l'animal, arrivé à la truffe, s'arrête et recule pour que son maître puisse s'approcher et la prendre. Un coup de bâton ferré sur le groin[2], l'ouverture forcée des mâchoires avec un fer, le font s'arrêter et lâcher prise.

Au bout de quelques expériences, l'animal devient docile et ne s'expose plus à la correction. Une récompense est du reste absolument obligatoire après chaque truffe découverte, et l'animal la demande à son maître avec des jeux de physionomie réellement fort curieux.

L'éducation parfaite d'une laie demande assez de peine, et le prix d'un animal bien dressé est relativement élevé : il peut aller de 150 à 300 ou 350 francs.

La fouille par le porc est celle qui est le plus en usage. Elle utilise les facultés d'un animal dont Grimaud de la Reynière, reconnaissant qu'aucune de ses parties n'était négligeable et qu'il était entièrement bon, avait dit : « C'est un animal encyclopédique ».

FERRY de la BELLONE[3].

Les ruminants.

La haine du chameau.

Le chameau (fig. 26) est, dans le désert, un animal de première nécessité, et l'on s'accorde généralement à le regarder comme relativement

---

1. Aller trop vite et sans direction.
2. Museau.

3. *La Truffe*. Paris, 1888.

doux. Brehm, qui a eu souvent l'occasion de s'en servir, leur a cependant voué une haine féroce, ainsi qu'on va le voir par le passage ci-dessous, qui étonne d'autant plus que le célèbre naturaliste aimait beaucoup les bêtes.

On ne peut nier que le chameau ne soit admirablement doué pour mettre l'homme continuellement en colère. Je ne connais aucun autre animal qui, en cela, lui soit comparable. A côté de

Fig. 26. — Chameau : c'est lui qui permet de tirer du désert tout ce qu'il peut donner et ses services doivent nous faire oublier ses menus défauts.

lui, un bœuf est une créature charmante ; un mulet est un animal on ne peut plus doux ; un mouton est prudent, un âne est aimable.

Bêtise et méchanceté vont d'ordinaire ensemble ; si l'on y ajoute la paresse, la stupidité, une mauvaise humeur continuelle, l'entêtement et l'obstination, la répugnance à toute chose raisonnable, la haine ou l'indifférence vis-à-vis de son gardien et de son bienfaiteur, et mille autres défauts encore ; si on les réunit tous, développés à leur maximum chez une même créature, l'homme qui a affaire à elle peut à bon droit devenir furieux. L'Arabe soigne les animaux domestiques comme ses enfants ; mais le chameau le met souvent en colère. On le comprend bien quand soi-même on a été jeté à bas d'un chameau, trépigné, mordu, abandonné dans les steppes ; quand des jours, des semaines entières, cet animal vous a continuellement excité avec une persévérance et une patience remarquables ; quand on a essayé tous les moyens de dressage et d'amélioration, qu'on a dépensé en vain toutes les imprécations qui peuvent rafraîchir la tension électrique de l'âme.

Le chameau répand une odeur auprès de laquelle celle du bouc est un parfum ; il écorche l'oreille par ses hurlements, il blesse la vue par sa tête et son long cou. Mais tout cela n'est pas à considérer. Ce que je veux relever c'est que, intentionnellement, il résiste à toutes les volontés du chamelier [1]. De tous les milliers de chameaux que j'ai pu observer dans mes voyages en Afrique, je n'en ai vu qu'un qui montrait quelque attachement à son maître : tous les autres ne travaillaient que forcés et contraints.

Mais de tous les défauts du chameau, le pire est son obstination. Il faut avoir monté un chameau des journées entières pour savoir jusqu'où elle peut aller. L'homme inexpérimenté a assez à faire pour monter et se tenir sur son chameau ; quand l'animal devient têtu, c'est fini : il n'y a qu'une personne expérimentée qui puisse rester en selle. Y monter est déjà assez difficile, car, en sautant sur la selle, il faut savoir s'y maintenir. L'animal profite de ce moment pour montrer toute sa désobéissance. Le cavalier veut aller au sud, il est sûr que le chameau se dirigera vers le nord ; il veut trotter, le chameau ira au pas ; il trottera si le cavalier veut aller au pas. Et malheur à lui s'il ne sait pas bien se tenir, s'il ne sait maîtriser sa bête ! Il a beau tirer les brides, renverser au chameau la tête en arrière, celui-ci n'en courra que plus furieusement. Le cavalier doit se tenir solidement, afin que le chameau ne le fasse pas sauter et qu'il ne se trouve pas sur son cou, en avant de la selle. Cet animal charmant [2] est trop

---

1. Celui qui conduit les chameaux. | 2. Qualificatif employé ironiquement.

pointilleux pour supporter une pareille infraction à toutes les règles de l'équitation. Les mauvais traitements qu'il a dû essuyer depuis le temps de sa domestication l'ont rendu grognon et impatient. Il voit la maladresse de son cavalier et cherche à s'en débarrasser. Un cri de colère s'échappe de sa bouche et il s'élance; tout ce qui tient à la selle, tapis, outres [1], armes, etc., est jeté à bas, et le cavalier ne tarde pas à les suivre.

BREHM [2].

La chasse à la girafe.

Aucun animal n'est plus doux ni plus inoffensif que la girafe (fig. 27). C'est une honte de la tuer à coup de fusil comme une bête malfaisante ; mais les chasseurs ne reculent devant rien pour satisfaire leur passion. Nous sommes heureux de reproduire le passage ci-dessous, qui prouve cependant que toute trace de pitié n'a pas encore disparu de leur âme parfois cruelle.

Aucune plume ne pourrait donner une idée du plaisir qu'éprouve le chasseur à passer au milieu d'une troupe de girafes. D'ordinaire, ces animaux se sauvent au travers des buissons épineux, qui mettent en sang les bras et les jambes des chasseurs. A ma première chasse, dix girafes passèrent devant moi. Elles galopaient tranquillement, tandis que mon cheval était obligé de prendre son allure la plus rapide pour ne point demeurer en arrière.

Je n'avais jamais ressenti, dans toute ma longue carrière de chasseur, une impression pareille à celle que j'éprouvai à cette vue. J'étais ravi par cette apparition splendide, je suivais les girafes comme enchanté, je ne pouvais croire que je chassais des êtres réels, appartenant à ce monde. Le sol était ferme et dur. A chaque bond de mon cheval, je me rapprochais du troupeau, je

---

1. Pour transporter et conserver l'eau qui est rare dans le désert.

2. *Les Mammifères.* Trad. Gerbe.

poussai enfin au milieu et en séparai la plus belle femelle. Celle-ci prit la fuite avec rapidité, galopant, cassant les branches avec son cou et sa poitrine et en jonchant ma route. A huit pas, je fis feu et lui envoyai une balle dans le dos. Poussant mon cheval

FIG. 27. — Girafe : quand elle veut boire, sa grande taille et son long cou l'obligent à prendre une attitude singulière.

plus près d'elle encore, je plaçai le canon de ma carabine à quelques pieds de la bête et lui logeai ma seconde balle derrière l'omoplate [1], sans grand effet cependant. Elle prit le pas [2]; je mis alors pied à terre et me plaçai devant elle, en rechargeant rapidement mes deux coups. La girafe s'était arrêtée dans le lit

---

1. Os de l'épaule. | 2. Elle se mit à marcher au pas.

desséché d'un ruisseau, je la tirai dans la direction du cœur ;
aussitôt elle prit la fuite ; je rechargeai et la suivis à cheval ; elle
s'arrêta de nouveau, je descendis une seconde fois et la regardai
avec étonnement. Sa beauté me ravissait ; son œil doux et foncé,
aux cils soyeux, me regardait avec une expression suppliante. Je
fus saisi d'horreur du sang que je versais. Mais la passion de la
chasse l'emporta ; j'épaulai et ma balle frappa la girafe au cou.
Elle se leva sur ses pattes de derrière, retomba en ébranlant le
sol ; un flot de sang noir jaillit de sa blessure, elle eut quelques
convulsions et mourut.

Gordon CUMMING.

Un habitant des montagnes.

*L'animal le plus alpiniste est certainement le chamois (fig. 28), pour
lequel les crêtes les plus abruptes n'ont aucun danger et qui traverse les
crevasses les plus profondes avec une facilité étonnante. C'est un gentil
petit mammifère que l'ardeur stupide des chasseurs ne tardera pas
malheureusement à faire disparaître de nos montagnes.*

Jamais un chamois ne reste perché sur une pointe de rocher
presque inaccessible sans faire des efforts pour se sauver, comme
cela arrive souvent aux chèvres, qui attendent en bêlant que le
berger vienne, au péril de sa vie, les sortir de cette position péril-
leuse. Le chamois aime mieux faire un saut qui lui sera presque
nécessairement fatal. Lorsqu'il arrive à l'extrémité d'une corniche
sans issue, il s'arrête un moment en face de l'abîme, se retourne,
et, surmontant l'effroi que lui inspire l'homme qui le poursuit,
il revient sur ses pas avec la rapidité d'une flèche. Si le chasseur
n'est pas bien posté, il a juste le temps de se coucher à plat ventre
ou de se coller contre le rocher, pour laisser le chamois bondir
à côté ou au-dessus de lui. Si un chamois est forcé de descendre
des escarpements presque verticaux, et qu'il n'aperçoive au-dessous
de lui aucun promontoire qu'il puisse atteindre pour amortir sa
chute en s'y arrêtant au moins un instant, il s'élance cependant,

la tête et le cou en arrière, de façon que tout le poids porte sur
l'arrière-train [1], et il cherche à diminuer la rapidité de la descente
en faisant frotter les pieds de derrière contre le rocher. Sa présence d'esprit est telle, que si, dans cette chute il aperçoit quelque saillie qui le puisse retenir, il cherche à l'atteindre en ramant
avec les pieds dans le vide, en parcourant ainsi dans sa chute une ligne courbe.

Les chamois sautent comme des fous sur des arêtes étroites, cherchent à se donner des coups de tête et à se renverser ; ils feignent d'attaquer l'un d'eux et se précipitent tout à coup sur un autre qui est pris à l'improviste ; en un mot ils s'agacent et s'amusent de

Fig. 28. — Chamois : comment les chasseurs ont-ils
assez de cruauté pour attaquer un animal si
gracieux et qui, dans les montagnes, ne fait de
mal à personne ?

mille manières. Dès qu'ils aperçoivent une forme humaine,
même à une grande distance, la scène change subitement.
Tous les animaux de la bande, depuis le plus vieux bouc
jusqu'au plus petit faon [2], se mettent aux aguets et se préparent
à fuir. Lors même que l'observateur reste immobile, c'en est fait
de leur belle humeur. Ils remontent lentement vers les hauteurs,
s'arrêtent pour examiner chaque bloc, chaque paroi de rocher,
et ne perdent pas un instant de vue l'endroit d'où les menace le

1. La partie postérieure du corps. | 2. Jeune chamois.

danger. D'ordinaire ils ne s'arrêtent que très haut. Tout le troupeau se serre sur le plus élevé des escarpements ; chaque animal sonde du regard les profondeurs et balance gravement sa tête blanche. En été, il est rare que les chamois qui ont été dérangés sur un pâturage y reparaissent de toute la journée ; en automne, quand tout est déjà désert dans l'Alpe, au bout d'une heure à peine, on les voit redescendre au galop, et ils recommencent leurs jeux dans leur endroit favori.

TSCHUDI[1].

Les proboscidiens.

Reconnaissance et rancune de l'éléphant.

Si l'éléphant (fig. 29) est curieux par sa grande taille et sa trompe démesurée, il l'est encore plus par son intelligence et sa finesse. On remplirait un livre d'anecdotes relatives à son esprit. De toutes les émotions qui l'animent, la reconnaissance et la rancune sont peut-être les plus nettes. Un exemple pris entre beaucoup d'autres va nous le montrer.

En juillet 1810 parut l'annonce de l'arrivée en Angleterre de l'éléphant le plus gros qu'on y eût jamais vu. Aussitôt qu'Henry Harris, l'administrateur du théâtre, en eût connaissance, il résolut de se procurer l'animal, s'il y avait moyen, pensant que sa présence serait un nouvel attrait dans une pantomime toute nouvelle qu'il était en train de monter à grands frais, et il en devint acquéreur. Un matin que Charles Young[2] se trouvait au bureau de location attenant au théâtre, il entendit un tintamarre inusité, dont le bruit provenait de l'intérieur, et comme il en demandait

---

1. *Les Alpes*. | 2. Le père de l'auteur du récit.

la raison à un machiniste [1], celui-ci répondit que c'était l'éléphant
qui regimbait. Il faut dire qu'à cette époque, quand la première[2]
d'une pièce était annoncée pour un certain jour, et que le temps
manquait pour la monter[3], il était d'usage de la mettre en répéti-
tion chaque soir, aussitôt après la représentation ordinaire, et le
départ des spectateurs. Or, à une représentation de ce genre, la
veille du jour en question, on avait voulu s'assurer de la docilité

FIG. 29. — Éléphant : malgré son air un peu niais, c'est peut-être le
plus avisé des mammifères, ce qui prouve qu'il ne faut pas juger les
animaux — pas plus que les gens — sur leur mine.

de l'éléphant qui devait porter une actrice et passer sur un
pont au milieu d'une suite nombreuse. Mais en arrivant au
pont, édifié sans solidité et construit à la hâte, le prudent animal
s'était arrêté, et, sourd à toutes les remontrances, avait absolument refusé de faire un pas de plus. Devant son entêtement, le
directeur se décida à ajourner l'affaire au lendemain, dans l'espoir
que l'éléphant serait mieux disposé, et c'était pendant cette nou-

---

1. Celui qui est chargé, dans un
théâtre, de mettre les décors en place.

2. Première représentation.
3. Achever de la préparer.

velle tentative que mon père, frappé du bruit qu'il entendait, vint sur la scène pour en connaître la cause. Le spectacle qui s'offrit à ses yeux le remplit d'indignation. Les yeux baissés, les oreilles pendantes, l'énorme animal supportait patiemment les coups furieux que son gardien lui portait au-dessous de l'oreille, avec un aiguillon en fer. Le plancher était couvert de sang, et cependant l'un des propriétaires, irrité d'un entêtement qu'il prenait pour de la mauvaise volonté, excitait le gardien à des cruautés encore plus grandes, lorsque Charles Young, poussé par son amour pour les animaux, lui fit des remontrances et, s'approchant du pauvre martyr, lui prodigua ses caresses. Mais le gardien n'entendait pas céder, et, levant son instrument de torture, il allait redoubler ses coups, si mon père ne lui avait pas saisi le poignet comme dans un étau. Pendant l'altercation qui s'ensuivit, survint le capitaine Hay, qui avait amené Chung (c'est ainsi que s'appelait l'éléphant) dans son vaisseau l'*Ashel*, et qui s'y était beaucoup attaché durant le voyage. A peine s'était-il enquis de ce qui se passait, que l'animal, qui s'était aperçu de l'arrivée de son ami, s'approcha de lui d'un air suppliant, lui prit doucement la main avec sa trompe, la plongea dans la plaie saignante qu'on lui avait faite et la ramena devant ses yeux. Le geste disait aussi clairement qu'aurait pu le faire la parole : « Vois de quelle manière ces cruelles gens traitent Chung. Tu ne saurais l'approuver, toi ! » Le cœur des spectateurs les plus endurcis fut touché, en particulier celui du propriétaire qui s'était acharné contre la malheureuse bête. Sous le coup de son émotion, il courut dehors acheter des pommes qu'il offrit à Chung. Mais celui-ci le regardant de travers, prit son offrande, la jeta à terre et, après l'avoir réduite en compote, la repoussa dédaigneusement. Charles Young, qui était aussi allé acheter du fruit au marché, revint bientôt après, et, à son tour, présenta son emplette à l'éléphant. Au grand étonnement de tous, Chung l'accepta et après s'en être régalé, enlaça doucement la taille de Young avec sa trompe, comme pour montrer que s'il se souvenait d'une injustice, il n'oubliait pas un acte de bonté.

C'est en 1814 que Chung fut cédé au propriétaire de la ménagerie. L'acquéreur n'eut rien de plus pressé que d'envoyer à
Charles Young un billet de faveur perpétuel, et c'était une des
petites vanités innocentes de mon père que le plaisir qu'il avait à
entrer là avec quelque ami pour lui montrer sur quel pied d'intimité il se trouvait avec l'éléphant. Quelques années plus tard, la
carrière théâtrale de Chung prit fin et dès lors, il en fut réduit à
une vie de captivité dans l'une des cages de la ménagerie. Un
jour, un élégant, après s'être bêtement amusé à taquiner l'animal
en lui offrant de la laitue, légume qui lui était notoirement anti-
pathique [1], finit par lui donner une pomme, et lui enfonça, du
même coup, une grosse épingle dans la trompe, en ayant soin
de s'esquiver promptement. Voyant que l'éléphant commençait
à se fâcher, et craignant qu'il ne devînt dangereux, le gardien
pria le mauvais plaisant de s'éloigner, ce qu'il fit en haussant les
épaules. Mais après avoir passé une demi-heure à persécuter les
plus humbles victimes, à l'autre bout de la galerie, il revint du
côté de Chung, et comme il ne se souvenait plus des tours qu'il
lui avait joués, il s'approcha sans méfiance d'une cage qui se
trouvait vis-à-vis. A peine avait-il tourné le dos à l'éléphant, que
celui-ci, passant sa trompe à travers les barreaux de sa prison,
saisit le chapeau du personnage [2] et, le déchirant, lui en jeta les
morceaux à la face avec un bruyant ricanement de satisfaction.
L'assistance fut ravie de cet acte de représailles, et le niais qui
l'avait provoqué n'eut d'autre ressource que de sauter dans un
fiacre et de se faire conduire chez un chapelier pour se procurer
un nouveau couvre-chef.

Julius YOUNG [3].

---

1. Désagréable.
2. Terme ironique pour « peu in-   téressante personne ».
                                                   3. *Le Monde animal*, 1882.

Les solipèdes.

La noblesse du cheval.

Le passage ci-dessous, dû à Buffon, est un des plus connus du célèbre naturaliste. Il est peut-être un peu déclamatoire, mais ne manque cependant pas de quelque grandeur.

La plus noble conquête que l'homme ait jamais faite est celle de ce fier et fougueux animal, qui partage avec lui les fatigues de

Fig. 3o. — Cheval : son élevage raisonné et poursuivi pendant de longues années a grandement amélioré ses formes et ses capacités.

la guerre et la gloire des combats. Aussi intrépide que son maître, le cheval (*fig.* 3o) voit le péril et l'affronte ; il se fait au bruit des armes, il l'aime, il le cherche et s'anime de la même ardeur ; il partage aussi ses plaisirs : à la chasse, aux tournois, à la course, il brille, il étincelle. Mais, docile autant que courageux, il ne se laisse point emporter à son feu ; il sait réprimer ses mouvements ; non seulement il fléchit sous la main de celui qui le guide, mais il semble consulter ses désirs, et, obéissant toujours aux impressions qu'il en reçoit, il se précipite, se modère ou s'arrête et n'agit que pour y satisfaire. C'est une créature qui renonce à son être pour n'exister que par la volonté d'un autre, qui sait même la prévenir ; qui, par la promptitude et la précision de ses mouvements, l'exprime et l'exécute ; qui sent autant qu'on le désire et ne rend qu'autant qu'on veut ; qui, se livrant sans réserve, ne se refuse à rien, sert de toutes ses forces, s'excède et même meurt pour mieux obéir.

Voilà le cheval dont les talents sont développés, dont l'art a perfectionné les qualités naturelles, qui, dès le premier âge, a été soigné et ensuite exercé, dressé au service de l'homme ; c'est par la perte de sa liberté que commence son éducation, et c'est par la contrainte qu'elle s'achève.

Buffon.

L'âne réhabilité.

On accuse l'âne de tous les défauts, et cependant lorsqu'on sait le prendre il est susceptible de n'avoir que des qualités. Buffon a été très juste à son égard et l'a lavé de toutes les calomnies dont on l'abreuve encore cependant.

Les hommes mépriseraient-ils jusque dans les animaux ceux qui les servent trop bien et à trop peu de frais ? On donne au cheval de l'éducation, on le soigne, on l'instruit, on l'exerce, tandis que l'âne (*fig.* 31), abandonné à la grossièreté du dernier des valets, ou à la malice des enfants, bien loin d'acquérir, ne peut que perdre par son éducation ; et s'il n'avait pas un grand fond de bonnes qualités, il les perdrait en effet par la manière dont on le traite. Il est le jouet, le plastron, le bardeau [1] des rustres, qui le

---

1. Ou bardot: celui qui fait le sujet de plaisanteries. C'est un terme vieilli en ce sens figuré. Au propre on appelle ainsi le produit de l'ânesse avec le cheval.

conduisent le bâton à la main, qui le frappent, le surchargent, l'excèdent sans précaution, sans ménagement. On ne fait pas attention que l'âne serait par lui-même, et pour nous, le premier, le plus beau, le mieux fait, le plus distingué des animaux si, dans le monde, il n'y avait point de cheval. Il est le second au lieu d'être le premier, et par cela seul il semble n'être plus rien. C'est la comparaison qui le dégrade ; on le regarde, on le juge,

FIG. 31. — Ane : c'est une bonne bête et qui ne mérite ni les injures qu'on lui adresse ni les mauvais traitements dont on paye souvent ses services.

non pas en lui-même, mais relativement au cheval. On oublie qu'il est âne, qu'il a toutes les qualités de sa nature, tous les dons attachés à son espèce, et l'on ne pense qu'à la figure et aux qualités du cheval, qui lui manquent et qu'il ne doit pas avoir.

Il est de son naturel aussi humble, aussi patient, aussi tranquille que le cheval est fier, ardent, impétueux ; il souffre avec constance, et peut-être avec courage, les châtiments et les coups. Il est sobre et sur la quantité et sur la qualité de la nourriture : il se contente des herbes les plus dures et les plus désagréables, que le cheval et les autres animaux lui laissent et dédaignent. Il est fort délicat sur l'eau ; il ne veut boire que de la plus claire et aux ruisseaux qui lui sont connus. Il boit aussi sobrement qu'il mange. Comme l'on ne prend pas la peine de l'étriller[1], il se roule souvent sur le gazon, sur les chardons, sur la fougère, et, sans se soucier beaucoup de ce qu'on lui fait porter, il se couche pour se

---

1. Brosser fortement avec une sorte de peigne métallique à plusieurs ran- | gées de dents, nommé *étrille*.

rouler toutes les fois qu'il le peut, et semble par là reprocher à son maître le peu de soin qu'on prend de lui, car il ne se vautre [1] pas, comme le cheval, dans la fange et dans l'eau ; il craint même de se mouiller les pieds, et se détourne pour éviter la boue ; aussi a-t-il la jambe plus sèche et plus nette que le cheval. Il est susceptible d'éducation et l'on en a vu d'assez bien dressés pour faire curiosité de spectacle.

Dans la première jeunesse, il est gai et même assez joli ; il a de la légèreté et de la gentillesse, mais il la perd bientôt, soit par l'âge, soit par les mauvais traitements, et il devient lent, indocile et têtu.

Buffon.

Les cétacés.

La timidité et la colère du cachalot.

Les cachalots sont des animaux gigantesques (fig. 32), pouvant atteindre une trentaine de mètres ; ils ressemblent aux baleines et vivent commes elles dans de vastes océans. On a raconté sur leur histoire beaucoup de faits inexacts que les naturalistes et les voyageurs contemporains ont rectifiés.

On a écrit que ces géants des mers y règnent en despotes cruels, répandant sur leur passage le carnage et l'effroi, exerçant leur férocité sans besoin ; on va même jusqu'à dire qu'il n'est pas rare de voir tous les membres d'une troupe de cachalots s'élancer vers l'embarcation d'où est parti le coup qui a blessé l'un d'eux, chercher à la submerger, et, s'ils y réussissent, dévo-

---

1. Se rouler dans un endroit sale.

rer les gens de l'équipage ; que lorsqu'ils ne trouvent pas d'ennemis à combattre, ils s'attaquent entre eux et rougissent les flots
de leur sang ! Les cachalots sont en effet doués d'un grand
appétit, très voraces, mais de là aux instincts sanguinaires qu'on
leur a attribués, il y a loin. Les mâles se livrent bien entre eux de
rudes combats ; c'est ainsi, du moins, qu'on explique les cica-
trices, les dents cassées, les mâchoires fracturées qu'on remarque

FIG. 32. — Cachalot : si à sa grande taille il joignait de la férocité, ce serait
dans les mers un être terrible ; heureusement il n'en est pas ainsi.

chez quelques-uns, mais on constate les mêmes faits chez des
animaux d'ordinaire très doux et très paisibles. Les baleiniers [1]
sont unanimes pour dire qu'il n'y a pas, à moins que la douleur
ne les excite, d'animaux plus timides et plus faciles à effaroucher ; un marsouin, bondissant au milieu d'un troupeau, les
met tous en déroute [2]. Lorsqu'ils n'ont jamais été chassés, ils ne
se défient pas des embarcations, et, avec des précautions pour
ne pas les effrayer, on peut s'approcher d'eux de très près pour
leur lancer le harpon, mais alors presque toute la scène change :
au lieu de s'enfuir sous le coup de la douleur comme la
baleine, le cachalot souvent fait face à l'ennemi ; il s'avance,

1. Ceux qui se livrent à la pêche de la baleine.

2. Les fait sauver.

la bouche ouverte vers l'embarcation pour la broyer avec ses formidables dents, quelquefois grosses comme le poignet ; souvent, dans les convulsions de son agonie [1], d'un coup de queue il brise la pirogue [2], envoyant ses débris à 15 ou 20 pieds en l'air : heureux les hommes quand ils en sont quittes pour un bain ! On cite même des exemples de navires coulés par le choc d'un cachalot : tel fut le cas de l'*Essex* en 1819, dans la Mer du Sud [3]. On ne parlait plus de cet accident, ni des mésaventures d'autres navires qui avaient été plus ou moins maltraités, lorsqu'un fait pareil se reproduisit en 1851, au large de la côte du Pérou. Le 20 août de cette année-là, l'*Ann-Alexander* rencontra un énorme cachalot qui débuta par briser trois pirogues envoyées à sa poursuite. On le chassa alors avec le navire lui-même, et on réussit à lui planter une lance sur la tête ; quelque temps après on le vit plonger. Debout sur des bossoirs [4], le capitaine veillait [5] le moment où il reparaîtrait, lorsque, tout à coup, il aperçut le monstre se ruant sur le navire avec une vitesse de peut-être 15 milles [6] à l'heure. L'*Ann-Alexander* trembla dans toute sa charpente comme s'il avait touché sur un écueil, et se coucha immédiatement sur le flanc, tout rempli d'eau ; l'équipage n'eut que le temps de le quitter sans pouvoir rien emporter ; heureusement que, deux jours après, il fut recueilli par un autre navire.

H. JOUAN [7].

---

1. État qui précède la mort.
2. Barque.
3. Partie sud de l'océan Pacifique.
4. Poutres qui supportent l'ancre.

5. Guettait.
6. Le mille marin vaut 1852 mètres.
7. *La chasse et la pêche des animaux marins*.

Les marsupiaux.

La vie de la sarigue.

La sarigue ou opossum est bien connue par la curieuse poche qu'elle possède sur le ventre et où se cachent ses petits (fig. 33). Si son amour maternel est digne d'éloges, ce n'en est pas moins un animal nuisible, causant surtout de grands ravages dans les chasses et les poulaillers.

Ses mouvements sont lents d'habitude, et quand il va à l'amble[1], en se promenant avec sa queue préhensile[2] et singulière, qu'il porte juste au-dessus du sol, et ses oreilles rondes, dirigées en avant, l'opossum a soin d'appliquer son museau pointu sur chaque objet qu'il rencontre en son chemin, pour reconnaître quelle sorte d'animal a passé par là. Il me semble, en ce moment, en voir un sautillant doucement et sans faire de bruit, sur la neige fondante, au bord d'un étang peu fréquenté,. et flairant tout ce qui l'entoure, pour dépister la proie que sa voracité préfère. Mais il vient de tomber sur la trace fraîche d'une perdrix ou d'un lièvre ; il relève son museau, aspire l'air subtil et piquant ; enfin, il a pris son parti, c'est de ce côté qu'il faut aller, et il s'élance du train d'un homme marchant bon pas. Bientôt il s'arrête, comme ayant fait fausse route et ne sachant plus dans quelle direction avancer. Sans doute que le gibier s'est dérobé par un grand saut, ou bien a rebroussé tout court, avant que l'opossum ait repris la piste. Il se dresse tout droit, se hausse sur ses jambes de derrière, regarde un instant aux environs, flaire encore à droite et à gauche, puis repart. Maintenant ne le perdez pas de vue ; au pied de cet arbre majestueux, il a fait

---

1. Allure d'un animal entre le pas et le trot et dans laquelle il lève en même temps les deux jambes du même côté.

2. Susceptible de s'attacher aux objets en s'enroulant autour d'eux.

halte ; il tourne autour du noble tronc, en cherchant parmi les racines couvertes de neige, et trouve au milieu d'elles une ouverture dans laquelle il s'insinue. Quelques minutes s'écoulent et le

Fig. 33. — Sarigue : les jeunes tettent longtemps, même lorsque, à cause de leur taille, ils ne peuvent plus rester dans la poche de leur tendre mère.

voilà qui reparaît, tirant après lui un écureuil déjà privé de vie ; il le tient dans sa gueule, commence à monter sur l'arbre et grimpe lentement. Apparemment qu'il n'a pas trouvé la première bifurcation[1] à sa convenance, peut-être s'y croirait-il trop

1. Endroit où une branche se divise en deux autres.

en vue ; et il monte toujours jusqu'à ce qu'il ait trouvé un endroit
où les branches entrelacées avec des vignes sauvages forment
un épais berceau ; là, il se fait une place commode, s'arrange à
son aise, enroule sa longue queue autour d'une des jeunes
pousses[1] et, de ses dents aiguës, déchire le pauvre écureuil,
qu'il tient avec ses griffes de devant.

Les beaux jours du printemps sont revenus ; les arbres poussent de vigoureux bourgeons ; mais l'opossum est presque nu et
semble épuisé par un long jeûne[2]. Il visite les bords des criques[3]
et prend plaisir à voir les jeunes grenouilles dont il se régale en
attendant. Cependant le phytolacca[4] et l'ortie commencent à développer leurs boutons tendres et pleins de jus, qui lui seront une
précieuse ressource. L'appel matinal du dindon sauvage frappe
délicieusement ses oreilles, car il sait, le rusé, qu'il va bientôt
entendre la voix de la femelle, et qu'il pourra la suivre à son nid
pour sucer ses œufs, qu'il aime tant. Et tout en rôdant ainsi à
travers les bois, tantôt par terre, tantôt sur les arbres, de branche
en branche, il entend aussi le chant d'un coq ; et son cœur tres-
saille d'aise, en se rappelant le bon repas qu'il a fait l'été dernier
dans une ferme du voisinage. Doucement, l'œil attentif, il
s'avance et parvient à se cacher jusque dans le poulailler.

La femelle de l'opossum peut être citée comme un modèle de
tendresse maternelle. Plongez du regard au fond de cette singulière poche où sont blottis les jeunes. L'excellente mère ! non
seulement elle les nourrit avec soin, mais les sauve de leurs
ennemis ; elle les emporte avec elle et, d'autres fois, à l'abri d'un
tulipier[5], elle les cache parmi le feuillage. Au bout de deux
mois, ils commencent à pouvoir se subvenir à eux-mêmes ; chacun alors a reçu sa leçon particulière, qu'il lui faut désormais
pratiquer. Mais, supposez que le fermier ait surpris l'opossum
sur le fait, égorgeant l'une de ses plus belles volailles : exaspéré,

---

1. Nouvelles branches.
2. Manque de nourriture.
3. Petites baies naturelles.

4. Plante d'où l'on extrait une matière colorante.
5. Grand arbre que l'on voit quelquefois en France, dans les parcs.

furieux, il se rue sur la pauvre bête, qui, sachant bien qu'elle ne peut résister, se roule en boule et reçoit les coups. Plus l'autre enrage, moins l'animal manifeste l'intention de se venger ; et il reste là, sous les pieds du fermier, ne donnant plus signe de vie, la gueule ouverte, la langue pendante, les yeux fermés, jusqu'à ce que son bourreau prenne le parti de le laisser en se disant : bien sûr, il est mort ! Non, lecteur, il n'est pas mort ; seulement il faisait le mort ; et l'ennemi n'a pas plutôt tourné les talons, qu'il se remet, petit à petit, sur ses jambes et court encore pour regagner les bois.

AUDUBON [1].

Les monotrèmes.

Un mammifère à bec de canard.

L'ornithorhynque (fig. 34), ce curieux mammifère qui pond des œufs et a un singulier bec de canard, vit dans la Nouvelle-Hollande, au bord des rivières, dans le talus desquelles il se creuse un terrier. Malgré ses caractères anatomiques rappelant un peu les oiseaux, ce n'en est pas moins un mammifère franc.

Je fis découvrir un terrier malgré l'avis d'un indigène paresseux, qui m'assurait que la femelle n'avait pas encore de petits, et qui ne comprenait pas, qu'ayant des bœufs et des moutons en abondance, j'éprouvasse le besoin d'avoir un ornithorhynque. L'ouverture du terrier était très large, relativement au diamètre du couloir ; celui-ci allait en se rétrécissant et n'avait plus finalement que le diamètre de l'animal. Nous le suivîmes pendant

---

1. *Scènes de la nature dans les États-Unis et le Nord de l'Amérique.* **Paris, 1857.**

trois mètres et demi. Tout à coup apparut la tête d'un ornithorhynque ; il paraissait avoir été dérangé dans son sommeil et
être venu voir ce qu'on voulait de lui. Il sembla convaincu que
tout n'était pas pour son plus grand bonheur et chercha à fuir ;
mais on le saisit par une patte de derrière et on s'en empara. Il
ne fit entendre aucun son et ne chercha pas à se défendre ; au
plus me griffa-t-il un peu la main en cherchant à se sauver.
C'était une femelle adulte. Ses petits yeux vifs étincelaient ; elle
ouvrait et fermait alter-
nativement ses oreilles ;
son cœur battait préci-
pitamment. Elle sembla
bientôt s'habituer un peu
à son sort, quoiqu'elle
cherchât encore à s'é-
chapper. Je ne pouvais
la prendre par son pe-
lage, celui-ci étant trop
lâche. Je la mis dans un
tonneau rempli de vase,

Fig. 34. — Ornithorhynque : il est « mammifère » par la toison qui le recouvre et
son manque d'ailes, « oiseau » par le bec
et les œufs qu'il pond.

d'herbes et d'eau : elle essaya d'en sortir ; mais voyant que ses
peines étaient inutiles, elle se résigna, devint tranquille, se coucha et parut s'endormir. Toute la nuit elle fut fort agitée et
grattait avec ses pattes de devant, comme pour se creuser un
terrier. Le lendemain matin, je la vis profondément endormie,
enroulée sur elle-même, la tête sur la poitrine. Lorsqu'on la
réveilla, elle grogna comme un jeune chien. Tout le jour elle
resta tranquille ; la nuit, elle chercha encore à se sauver, et
grogna continuellement. Tous les Européens du voisinage, qui
avaient si souvent vu cet animal mort, étaient enchantés de
pouvoir enfin en observer un vivant ; c'était, je crois, la première
fois qu'un Européen en possédait un, et qu'il avait examiné un
terrier.

Lors de mon départ, je mis mon animal dans une petite caisse
avec de l'herbe et je l'emportai. Pour le distraire, je lui attachai

une longue laisse [1] à la patte et le mis au bord de l'eau. Il ne tarda pas à y entrer; à nager en remontant le courant, et recherchant les endroits où croissaient le plus de plantes aquatiques. Après avoir assez plongé, il revint sur la rive, se coucha dans l'herbe et se peigna [2] avec volupté.

Quelques jours après, je lui fis prendre un second bain, mais cette fois dans une eau limpide, où je pouvais suivre ses mouvements. Il plongea rapidement jusqu'au fond de l'eau, y resta quelques instants, puis remonta. Il nageait le long du bord, se servant de son bec comme d'un organe de toucher très délicat [3]. Il paraissait trouver de quoi se nourrir, car chaque fois qu'il retirait son bec, il y avait dans sa bouche quelque aliment, et il remuait ses mâchoires latéralement comme lorsqu'il mange.

BENNETT.

---

1. Corde.
2. En se grattant avec ses griffes.

3. Le canard fait de même.

II

LES OISEAUX

Les oiseaux en général.

L'œuf de l'oiseau.

J. Michelet a consacré la majeure partie de son existence à écrire sa célèbre « Histoire de France », qui eut un grand retentissement. Sur le tard, il se prit d'un beau zèle pour l'histoire naturelle et ceci, comme il l'explique lui-même, sous l'influence de sa seconde femme. C'est de cette collaboration que sont sortis deux livres animés d'un grand souffle poétique : « l'Insecte » et « l'Oiseau ». C'est de l'histoire naturelle à grandes envolées. On y trouve peu de faits, mais ils sont, à défaut d'une très grande clarté, traités d'une manière si littéraire, ils sont — disons le mot — « enjolivés » de phrases si harmonieuses, que ceux qui n'ont pas l'esprit exclusivement scientifique éprouvent un grand plaisir à les lire.

Le clairvoyant instinct de nos anciens, avait dit cet oracle : « Tout vient de l'œuf ; c'est le berceau du monde ».

Même origine, mais la diversité de la destinée tient surtout à la mère. Elle agit et prévoit, elle aime plus ou moins ; elle est plus ou moins mère. Plus elle l'est, plus l'être monte ; chaque degré dans l'existence dépend du degré de l'amour.

Que peut la mère dans l'existence mobile du poisson ? Rien que confier son œuf à l'Océan. Que peut-elle dans le monde des insectes, où généralement elle meurt quand elle a donné l'œuf? Lui trouver, avant de mourir, un lieu sûr pour éclore et vivre.

Autre est la destinée de l'oiseau. Il mourrait, s'il n'était aimé.

Aimé? Toute mère aime, de l'Océan jusqu'aux étoiles. Mais je veux dire soigné, entouré d'amour infini, enveloppé de la chaleur, du magnétisme maternels.

Même dans l'œuf, où vous le voyez garanti par cette coquille calcaire, il sent si vivement les atteintes de l'air, que tout point refroidi dans l'œuf coûte un membre au futur oiseau[1]. De là, le long travail, si inquiet, de l'incubation[2], la captivité volontaire, l'immobilisation du plus mobile des êtres. Et tout cela très douloureux[3]! Une pierre posée si longtemps sur le cœur, sur la chair, souvent la chair vive!

Fig. 35. — Un premier regard dans la vie : l'oiseau au sortir de l'œuf.

Il naît, mais il est nu (*fig.* 35). Tandis que le petit quadrupède[4] habillé dès son premier jour, rampe, marche déjà, le jeune oiseau (surtout dans les espèces supérieures) gît sans duvet, immobile sur le dos[5]. C'est non seulement en le couvant, mais en le frottant soigneusement, que la mère entretient, suscite la chaleur. Le poulain sait teter et se nourrit très bien lui-même; le petit oiseau doit attendre que la mère cherche, choisisse, prépare la nourriture. Elle ne peut le quitter. Le père y suppléera. Voilà la

---

1. Invention de littérateur nullement affirmée par la science.

2. Travail par lequel le poussin se développe dans l'œuf. Se dit aussi de la période où ce travail s'opère.

3. Exagération de littérateur, mais reposant toutefois sur un fait réel.

4. Le petit mammifère.

5. Sauf chez la plupart des gallinacés, le poussin, par exemple, qui sait très bien marcher et manger dès sa sortie de l'œuf.

Prenons l'œuf en nos mains. Cette forme elliptique, la plus compréhensible, la plus belle, celle qui offre le moins de prise à l'attaque extérieure[1], donne l'idée d'un petit monde complet, d'une harmonie totale à laquelle on n'ôtera rien, on n'ajoutera rien. Les choses inorganiques[2] n'affectent guère cette forme parfaite. Je pressens qu'il y a sous l'apparence inerte un haut mystère de vie.

Quel est-il ? et que doit-il sortir de là ? Je ne le sais, mais elle le sait bien, celle qui, les ailes épandues, frémissante, l'embrasse et le mûrit de sa chaleur ; celle qui, jusque là, libre et reine de l'air, vivait à son caprice, et, tout à coup captive, s'est immobilisée sur cet objet muet qu'on dirait une pierre et que rien ne révèle encore.

Ne parlez pas d'instinct aveugle. On verra par des faits combien cet instinct clairvoyant se modifie selon les circonstances ; en d'autres termes, combien cette raison commencée diffère peu en nature de la haute raison humaine.

Oui, cette mère, par la pénétration, la clairvoyance de l'amour, sait, voit distinctement. A travers l'épaisse coquille calcaire où votre rude main ne sent rien, elle sent par un contact délicat l'être mystérieux qui s'y nourrit, s'y forme. C'est cette vue qui la soutient dans le dur labeur de l'incubation, dans sa captivité si longue. Elle le voit délicat et charmant dans son duvet d'enfance, elle le prévoit, par l'espoir, tel qu'il sera, fort et hardi, quand, les ailes étendues, il regardera le soleil et volera contre les orages.

Profitons de ces jours. Ne hâtons rien. Contemplons à loisir cette image charmante de la rêverie maternelle, du second enfantement par lequel elle achève cet invisible objet d'amour, ce fils inconnu du désir.

Charmant spectacle, mais plus sublime encore. Soyons mo-

---

1. la résistance des œufs est remarquable. Pour s'en convaincre, il suffit d'essayer d'en écraser un (non ébréché bien entendu), tenu par les extrémités, entre les deux paumes des mains et en serrant de toutes ses forces. On ne peut y parvenir.

2. Les corps ne provenant ni des animaux ni des végétaux.

destes ici. Chez nous la mère aime ce qu'elle touche, tient, enveloppe d'une possession certaine ; elle aime la réalité sûre, agitée et mouvante qui répond à ses mouvements. Mais celle-ci aime l'avenir et l'inconnu ; son cœur bat solitaire, et rien ne lui répond encore.

Elle n'en aime pas moins, et se dévoue et souffre ; elle souffrirait jusqu'à la mort pour son rêve et sa foi.

Foi puissante, efficace. Elle accomplit un monde et le plus étonnant peut-être. Ne me parlez pas des soleils, de la chimie élémentaire des globes. La merveille d'un œuf d'oiseau-mouche vaut autant que la Voie lactée [1].

Comprenez que ce petit point [2] que vous trouvez imperceptible, c'est un océan tout entier ; l'œuf, la mer de lait où flotte en germe le bien-aimé du ciel. Il flotte, ne craignez pas le naufrage ; les plus délicats téguments le tiennent suspendu : les heurts [3], les chocs, lui sont indifférents. Il nage tout doucement dans ce tiède élément, comme il fera dans l'air. Sécurité profonde, état parfait au sein d'une habitation mouvementée ! et combien supérieure à tout allaitement [4] !

Mais voilà que, dans ce sommeil divin, il a senti sa mère, sa chaleur magnétique. Et lui aussi, il se met à rêver. Son rêve est mouvement ; il l'imite, se conforme à elle ; son premier acte, acte d'amour obscur, est de lui ressembler.

> Ne sais-tu que l'amour change en lui ce qu'il aime ?

Et dès qu'il lui ressemble, il veut aller à elle. Il incline, il appuie plus près de sa coquille, qui seule dès lors le sépare de sa mère. Alors, elle l'écoute ; parfois elle est assez heureuse pour entendre déjà son premier *pipement*. Il ne restera guère. Il s'enhardit, prend son parti. Il a un bec et il s'en sert. Il frappe, il fêle, il fend le mur de sa prison. Il a des pieds et il s'en aide...

---

1. Traînée blanche et nuageuse qu'on aperçoit la nuit dans le ciel et qui est formée d'une quantité innombrable d'étoiles.

2. Tache claire que l'on voit à la surface du jaune de l'œuf et qui représente l'endroit où se développent les premiers rudiments de l'oiseau.

3. Les chocs brusques.

4 Nourriture avec du lait.

Voilà le travail commencé... Son salaire est la délivrance, il entre dans la liberté.

Dire le ravissement, l'agitation, la prodigieuse inquiétude, tous les soins maternels, c'est ce que nous ne ferons pas ici ; déjà nous venons de dire les difficultés de l'éducation.

L'oiseau n'est initié que par le temps et la tendresse. Supérieur par le vol, il l'est beaucoup plus en ceci : qu'il a un foyer et qu'il a vécu par sa mère ; alimenté par elle, et par son père émancipé, ce plus libre des êtres est le favori de l'amour.

Si l'on veut admirer la fécondité de la nature, la vigueur d'invention, la charmante richesse (effrayante, en un sens), qui, d'une création identique, tire par millions des miracles opposés, qu'on regarde cet œuf tout semblable à un autre, d'où pourtant jailliront les tribus infinies qui vont s'envoler par le monde.

De l'obscure unité, elle verse, elle épanche en rayons innombrables et prodigieusement divergents, ces flammes ailées que vous nommez oiseaux, flamboyants d'ardeur et de vie, de couleur et de chant. De la main brûlante de Dieu s'échappe incessamment cet éventail immense de diversité foudroyante, où tout brille, où tout chante, où tout m'inonde d'harmonie, de lumière... Ébloui, je baisse les yeux.

Mélodieuses étincelles du feu d'en haut, où n'atteignez-vous pas ?... pour vous, ni hauteur, ni distance ; le ciel, l'abîme, c'est tout un. Quelle nuée et quelle eau profonde ne vous est accessible ? La terre, dans sa vaste ceinture, tant qu'elle est grande, avec ses monts, ses mers et ses vallées, elle vous appartient. Je vous entends sous l'équateur, ardents comme les traits[1] du soleil. Je vous entends au pôle dans l'éternel silence où la vie a cessé, où la dernière mousse a fini ; l'ours lui-même regarde de loin et s'éloigne en grondant. Vous, vous restez encore, vous vivez, vous aimez, vous témoignez de Dieu, vous réchauffez la mort.

J. MICHELET[2].

---

1. Les rayons. | 2. *L'oiseau.* Paris, 1861.

Les nids des oiseaux, merveilles d'architecture.

C'est peut-être chez les oiseaux que l'art de l'architecte est le plus développé, ou du moins se révèle sous des formes extrêmement variées. L'auteur de ce livre a décrit dans un ouvrage volumineux [1] les multiples aspects de leurs jolis nids ; nous y renvoyons les lecteurs, en nous contentant ici de donner, d'après un autre vulgarisateur, quelques aperçus généraux sur ce sujet palpitant pour tous ceux qui s'intéressent aux choses de la nature.

Les naturalistes n'ont pas craint d'introduire jusqu'à douze divisions pour classer les conceptions architecturales des oiseaux, qui diffèrent plus ou moins les unes des autres. J'abrège et je cite seulement les formes les plus remarquables.

Il y a d'abord les oiseaux mineurs comme les martins des sables qui creusent leurs nids dans les escarpements [2] des puits et des carrières [3]. Viennent ensuite les constructeurs à fleur [4] de terre. L'hirondelle est le type des oiseaux maçons [5] ; d'autres sont charpentiers [6]. Il y a aussi les constructeurs de plates-formes [7]. Les tresseurs de corbeilles (*fig.* 36) constituent une

Fig. 36. — Nid du merle : les petits attendent le retour de leurs parents qui sont allés leur chercher de la nourriture.

1. *Les Arts et Métiers chez les animaux.* Paris, 1904.
2. Les parois verticales.
3. Endroits d'où l'on retire les pierres.
4. A la surface du sol.
5. Qui bâtissent avec de la boue plus ou moins mélangée de salive.
6. En creusant leurs nids dans les troncs d'arbres.
7. Ouvrage de terre élevé.

autre classe très nombreuse. Dans un sixième groupe, nous trouvons la série des oiseaux tisserands [1].

Le métier de tailleur semble tout d'abord assez peu approprié à la nature des oiseaux ; il y en a pourtant beaucoup qui pratiquent cet art avec succès (*fig.* 37). Le sansonnet de jardin, un oiseau des États-Unis, construit la partie extérieure de son nid à l'aide d'herbes longues et flexibles cousues ensemble dans diverses directions comme avec un aiguil-

Fig. 37. — Nid de fauvette couturière : merveille des merveilles ! la mère a cousu deux feuilles ensemble à l'aide d'une fibre végétale avec autant d'habileté qu'une couturière l'aurait fait avec son aiguille.

lon. Wilson raconte qu'une vieille dame à laquelle il montrait un jour ce curieux ouvrage lui demanda, sur un ton moitié plaisant, moitié sérieux, si l'on ne pourrait pas dresser cet oiseau à raccommoder les bas.

Fig. 38. — Nid de salanganes ou hirondelles de Java : il est constitué par la salive même de l'animal, durcie à l'air en une sorte de matière cornée.

L'oiseau tailleur de l'Inde ramasse une feuille morte et en

---

1. Qui tissent les brins d'herbes comme les tisseurs font avec le fil.

forme un nid en la cousant à une feuille vivante. Forbes, qui
l'a observé de près, décrit la méthode de l'oiseau : il commence
par choisir une plante à larges feuilles ; puis il ramasse du coton
sur les cotonniers [1], le file avec son long bec, et alors, comme
avec une aiguille, coud les feuilles ensemble pour cacher son nid
au fond de leur cornet.

L'instinct enseigne à la classe des oiseaux désignés sous le
nom de feutriers les matériaux qui conviennent le mieux et la
manière de les unir, de les feutrer en une masse solide. Le nid
du capocier ressemble à un morceau de beau drap un peu usé.

Fig. 39. — Nid du mégapode : par rapport à la taille de l'oiseau,
c'est une véritable montagne.

Il a fallu bien du temps avant que les sociétés humaines apprissent l'art d'employer ces matériaux dans les manufactures ; l'oiseau, lui, les utilise depuis l'aube de la création.

Les nids de l'hirondelle de Java (*fig.* 38) constituent un arti-

---

1. Le coton est formé de longs fila- | ments blancs qui entourent les graines de cet arbuste.

.cle important de commerce. Ces nids se mangent et sont considérés par les gourmets [1] comme une délicatesse de table. On les
croit composés de végétaux océaniques [2], dont les principes [3] sont
très gélatineux et qui, cimentés par la salive de l'oiseau, forment
une sorte de pâte comestible.

Les constructeurs de dômes [4] (*fig.* 39) composent une autre

Fig. 40. — Nids des républicains : comme on peut s'en rendre compte par
la comparaison avec le ruminant ici figuré, ce sont des dômes gigantesques
pour de si petits oiseaux.

série dans laquelle nous rencontrons plusieurs oiseaux familiers [5] tels que la pie et le roitelet.

Ces maçons, ces charpentiers, ces tisseurs d'étoffe, ces tailleurs, ces cimenteurs, ces architectes — car on en rencontre de
tous les métiers parmi les oiseaux — sont tous des ouvriers habiles ; mais on admirera encore plus leur talent si l'on songe qu'ils
exécutent ces ouvrages si parfaits sans outils et avec très peu de
matériaux.

---

1. Ceux qui apprécient la délicatesse des substances que l'on mange.
2. Qui habitent l'océan.
3. Les matières qui les forment.

4. Voûte en forme de sphère ou de
cône.
5. Connus de tout le monde.

L'oriale des États-Unis fixe son habitation aux extrémités hautes et flexibles des branches, au moyen de fortes ficelles de chanvre ou de lin. Avec les mêmes matériaux, mélangés d'une certaine quantité d'étoupe[1], il tisse et fabrique un nid d'étoffe, qui ressemble assez bien au feutre des chapeaux dans l'état grossier[2]. Il forme ainsi une poche de 16 à 18 centimètres de profondeur. Cela fait, il double l'intérieur du nid à l'aide de différentes substances molles. Le tout se trouve abrité des rayons du soleil par un toit naturel ou un dais de verdure.

Certains oiseaux vivent en société et se construisent un édifice commun, on dirait volontiers une ville. On peut les comparer aux castors parmi les mammifères, aux abeilles parmi les insectes. Les gros-becs républicains (*fig.* 40) de l'Afrique australe forment un immense dais[3] ou pavillon, avec une masse d'herbes. Ces herbes, tressées et unies ensemble comme les osiers d'une corbeille, présentent un ouvrage si ferme et si compact, que la pluie n'y saurait pénétrer. De semblables auvents[4] entourent quelquefois un grand arbre et lui donnent la forme d'un champignon. Les oiseaux ne bâtissent pas leur nid sur la surface extérieure du toit ou sur le chapeau du champignon gigantesque. Cette couverture sert uniquement à protéger les habitations individuelles

FIG. 41. — Nid du cassique, admirable de légèreté et d'élégance.

---

1. Grossiers filaments de chanvre ou de lin.

2. Avant que sa fabrication ne soit terminée.

3. Sorte de plafond soutenu par quatre colonnes.

4. Sorte de toits.

contre les pluies et l'humidité. Les nids se pressent les uns contre les autres autour des bords du toit ; leur nombre est quelquefois de trois cents.

Le nid de l'oiseau, ce miracle de l'instinct, ne présente pas toujours des traits d'architecture aussi savants ; dans tous les cas et chez toutes les espèces, il répond aux vues de la nature. Qu'il affecte la forme d'un globe, d'un berceau, d'une conque[1], d'une bourse (*fig.* 41), d'une cornue[2], d'un bonnet, il défend les jeunes du froid et de l'extrême chaleur ; il les cache à l'œil des ravisseurs ; il les protège contre leur propre faiblesse. Un art si admirable indique une chose plus admirable encore : c'est le sentiment qui l'a inspiré. Ce sentiment est celui de la famille. L'architecte a trouvé son génie dans son cœur.

J. FRANKLIN[3].

Les palmipèdes.

La chasse au canard sauvage.

La chasse devient pour ceux qui ont l'occasion de s'y livrer une véritable passion et il n'est pas de fatigues devant lesquelles recule un vrai chasseur pour se procurer de belles pièces de gibier. Et c'est une chose curieuse à constater que l'ingéniosité et la patience déployées pour arriver à s'emparer d'oiseaux, lesquels, en résumé, n'ont pour tous moyens de défense que leur vue, qui leur fait apercevoir le chasseur de loin, et leurs ailes, qui leur permettent de mettre une distance respectable entre eux et leur ennemi. La chasse au marais offre notamment un grand attrait à cause de la saveur du gibier que l'on y rencontre et par la difficulté de se le procurer. Ce gibier est surtout représenté par le canard (fig. 42), à la chair savoureuse. Nous ne donnerons ici, à

---

1. D'une coquille enroulée sur elle-même.
2. Appareil de chimie formé d'un vase à col étroit et d'un tube qui s'y attache perpendiculairement.
3. *La Vie des animaux.* Paris.

titre d'exemple, qu'un procédé de chasse, d'après un excellent auteur cynégétique [1] ; ce passage aura aussi l'avantage de nous faire faire connaissance avec quelques expressions familières aux chasseurs.

La chasse *au gabion* [2] est la chasse classique du canard.

Il n'est pas de modeste riverain [3] d'un marais qui n'ait son gabion, construit avec plus ou moins de confortable. Mais quel que soit le degré de luxe ou de misère qui ait présidé à l'aménagement de cette hutte, elle procure à ses occupants des plaisirs

FIG. 42. — Canards sauvages : malgré leur aspect lourd, ils volent très haut et fort longtemps.

proportionnés à leurs ambitions. « Faire une bonne nuit », c'est pour les uns, tuer une demi-douzaine de pièces dans les belles passées [4], pour les autres, c'est pouvoir aligner le matin une vingtaine de canards.

Il y a beaucoup de variétés de huttes ou gabions.

Les plus modestes sont tout simplement formés de branches flexibles, recourbées en arc, garnies de paille et recouvertes de gazon. Le fond du gabion, c'est le sol, dissimulé sous une botte de paille ou une couverture. Des trous sont disposés sur les côtés

---

1. S'occupant de chasse.
2. Refuge où l'on se cache pour pouvoir tirer sur les canards sans qu'ils aperçoivent le chasseur.

3. Habitant dans le voisinage d'un marais.
4. Passages périodiques. Le canard est un oiseau migrateur.

de cette charpente rustique et servent de meurtrières [1]. Ce genre de gabion tend à disparaître.

D'autres sont aménagés dans une vieille futaille [2], un vieux tonneau à moitié enfoncé dans le sol. Une ouverture est entaillée à la partie supérieure pour permettre au gabionneur [3] de s'y glisser. Ce sont de vraies niches à chien, mais l'amour de la chasse ne fait-il pas souvent perdre à l'homme toute sa dignité ?

Le gabion le plus pratique, c'est celui en usage en Picardie et en Normandie.

C'est une sorte de grande caisse en bois, garnie de zinc à sa partie inférieure pour éviter l'humidité. Elle est enfouie sous terre et ne laisse dépasser à la surface du haut bord [4] ou du monticule dans lequel elle est enchâssée que son toit, qui est goudronné et recouvert de gazon, et un petit espace en dessous qui sert à placer les meurtrières. Les meurtrières ou guignettes sont de petits trous carrés, garnis d'une planchette à glissière [5] qui les dégage ou les ferme à volonté. De loin, ces gabions sont invisibles.

On y circule, sinon debout, du moins courbé en deux ; on y tient à l'aise à deux ou trois et on y peut dormir, y causer assis, même y souper commodément.

Sur les bancs [6] où la mer peut monter, on a disposé ces gabions de façon à pouvoir flotter.

Leur forme n'est pas alors carrée. Tout le fond est légèrement arqué en forme de dessous de barque sans quille [7]. Ils sont de la longueur d'un homme, assez larges pour abriter deux guetteurs [8]. Mais pour qu'on y puisse demeurer assis, toute la partie du gabion où on doit se tenir est surélevée et forme une espèce de petite tour carrée et basse dans laquelle peut se mouvoir le haut du

---

1. Trous par lesquels on peut passer le canon d'un fusil pour tirer sur le gibier.

2. Tonneau.

3. Celui qui se cache dans le gabion.

4. Partie élevée du sol.

5. Planche glissant dans un cadre.

6. Amas de sable abandonné par les eaux.

7. Pièce de bois en saillie placée sous les barques et qui va de devant en arrière en suivant le milieu.

8. Ceux qui guettent le gibier.

corps des gabionneurs. Leurs jambes sont, au contraire, étendues dans l'espèce de boîte oblongue [1] qui forme la partie inférieure du gabion. Dans la cloison supérieure, qui part du milieu
de cette boîte et qui se présente en face de la poitrine de l'homme
assis, sont percées les meurtrières. Cette petite tour carrée sort
seule de la terre, le reste est caché sous le sol, dans une grande
cavité. Quand la mer monte, par hasard, assez haut pour arriver
au gabion, elle emplit le trou et met à flot [2] la hutte qui est retenue par une forte chaîne.

Je n'aime pas ce genre de gabion, on y est mal couché, mal
assis et peu à l'aise pour tirer. La simple caisse flottante carrée
me plaît mieux. Mais sur les bancs, presque tous les gabions
sont ainsi disposés. Leur grand avantage, c'est d'être facilement
transportables. Pour les chasseurs qui ne tiennent pas à aller
poser leur gabion à la limite du flot, ou pour ceux qui gabion-
nent sur les marais proprement dits, je crois que la grande hutte
en planches, enfouie dans le sol, recouverte de gazon et dans laquelle on pénètre par une tabatière [3] située sur le toit est le modèle de gabion le plus avantageux.

Chacun sait que le gabionneur, caché dans sa hutte, a devant
lui une certaine étendue d'eau sur laquelle sont piquées les canes
d'appel [4] et dont la surface miroitante [5] recevra la visite des bandes
de canards sauvages attirés par les cris des appelants et par le
désir de se poser sur de l'eau claire.

Beaucoup de gabions sont disposés au bord d'un étang ou
d'une pièce d'eau naturelle. Je ne parlerai donc point de ceux-là.
Je dirai toutefois que je crois préférable de construire le gabion
sur un des bords et non au milieu de l'eau.

Mais, sur les bancs, sur les marais, le gabionneur doit lui-
même créer sa mare.

---

1. Plus longue que large.
2. Fait flotter.
3. Fenêtre s'ouvrant à la manière du couvercle d'une boîte.
4. Canes (femelles du canard), qui, par leur présence, engagent les bandes de canards à s'arrêter dans la mare où on les a placées dans ce but.
5. Présentant des reflets changeants.

Sur les bancs d'alluvion [1], les mares doivent être creusées. Le terrain est plat. On enlève donc, dès le mois d'août, une certaine quantité de terre et on forme ainsi une cavité dans laquelle peut séjourner l'eau. On garnit les bords avec la terre enlevée sur le milieu. Les mares, sur les bancs, sont généralement de médiocre étendue, rondes ou à peu près, avec un diamètre ne dépassant pas beaucoup cinquante mètres.

Sur les marais, les mares sont préparées par la disposition des lieux. En hiver, chaque prairie, entourée de hauts bords, surplombant [2] les fossés et le sol, devient une mare naturelle dans laquelle on amène l'eau. La seule obligation [3] imposée au propriétaire de la hutte, c'est de faucher au ras du sol l'herbe de regain [4] et de l'entretenir sous l'eau aussi courte que possible. La prairie inondée devient ainsi une mare carrée ou à peu près, suivant la hauteur de l'eau qui y séjourne. Le gabion lui-même est enfoncé dans le haut bord qui l'entoure. Quand le pré se trouve à proximité d'un petit cours d'eau, on peut s'arranger de façon à avoir toujours de l'eau courante ; quand il gèle, cette eau ne se prend pas en entier et laisse au milieu de la glace des trous sombres d'eau vive [5] qui sont excellents pour attirer le canard.

Certains gabions peuvent être arrangés de façon à pouvoir commander [6] deux prairies inondées à la fois, deux mares, l'une devant, l'autre derrière ; ils se trouvent à cheval sur le fossé de séparation. C'est là un perfectionnement précieux. En effet, suivant la direction du vent, le gibier tombera plus facilement dans l'une ou l'autre des mares, suivant que le gabion sera en dessus ou en dessous du vent, et celui-ci n'aura pas le désavantage, comme les huttes situées au milieu des étangs, d'éveiller la défiance du gibier qui se méfie d'un îlot au milieu d'une pièce d'eau.

Nous sommes en possession d'un gabion relativement confor-

---

1. Bancs déposés, puis abandonnés par l'eau.
2. S'élevant au-dessus.
3. Ce qu'il doit faire.
4. Herbe qui repousse quelque temps après qu'on l'a coupée.
5. Eau courante.
6. Voir en même temps.

table, d'une mare convenable ; il nous reste à nous occuper des appelants. Voici comment j'ai toujours vu procéder :

Sur la grande mare, devant le gabion, on pique, soit avec une simple ficelle attachée à leurs pattes et maintenue par une grosse pierre, soit avec une corde à rondelle tournante [1], retenue par un piquet, une demi-douzaine de bourres [2] ou canes sur deux rangées. Chacune des bourres est séparée de sa compagne par un espace de trois à quatre mètres. Entre les deux files on laisse un intervalle de huit à dix mètres suffisant pour permettre de tirer sans blesser les appelants. Derrière les gabions, sur une pêtite mare, ou sur l'autre mare, si on en a deux, on pique un ou deux malards [3].

Ces derniers font entendre de temps en temps un *moin, moin,* bas et mouillé [4], pour ainsi dire. Les bourres répondent aussitôt par des *couac ! couac ! couac !* stridents : c'est l'appel dans le vague. Quand une bande [5] est en vue, les malards n'ont pas besoin de crier, les bourres se chargent du soin d'appeler les passants et elles s'en donnent à cœur joie. Quand le gibier est posé, les bourres cessent leurs cris, elles conversent discrètement avec les nouveaux venus, leur contentement se manifeste par de petits gloussements de satisfaction, si je puis m'exprimer ainsi, tellement faibles qu'on ne les entend pas à vingt mètres. C'est le moment d'ouvrir l'œil [6]. Quand on est rompu [7] au métier, on finit par avoir l'intuition [8], dans le demi-sommeil, de ce qui se passe sur la mare. J'ai vu mon compagnon habituel, huttier [9] consommé, qui, depuis le premier septembre jusqu'au trente et un mars, ne couche jamais que dans le gabion, me dire souvent, tout d'un coup, interrompant ses ronflements formidables :

---

1. C'est-à-dire fixée à une rondelle qui peut tourner autour du pieu. Sans cela, la ficelle se raccourcirait en s'enroulant autour du support.

2. Synonyme de cane : femelle du canard.

3. Mâle du canard, en style de chasse.

4. Comme si les *n* étaient remplacés par des *i*.

5. Les canards voyagent en troupes plus ou moins nombreuses.

6. Expression populaire : faire attention.

7. Très habitué.

8. Deviner.

9. Celui qui se cache dans la hutte ou gabion.

« Monsieur, il y a une bourre sur la mare, je la reconnais à son cri, elle n'est pas sur l'eau, elle est sur le bord, dans l'herbe, *guettez-vous* [1], elle va arriver ». Il ne sortait pas le nez de dessous sa couverture, mais toujours, au bout d'un instant, j'apercevais, en effet, un canard dont je ne soupçonnais pas la présence, venir sans bruit, à la nage, du bord de la mare, se mêler aux appelants. Cela devient de l'instinct, et je commence à m'y faire, mais pour les débutants, cela paraît extraordinaire. Notez que le cri d'un canard sauvage posé n'est pas un cri, c'est une espèce de gloussement imperceptible ; comment mon brave ami fait-il pour s'y reconnaître, au milieu de ses ronflements ?

Louis TERNIER [2].

Les montagnes d'oiseaux.

La plupart des oiseaux de mer qui, en temps ordinaire, mènent une existence essentiellement individuelle, se réunissent pour pondre sur des îlots spéciaux, dont les rochers anfractueux leur procurent des abris sûrs et tranquilles. Ces « montagnes d'oiseaux » (fig. 43) sont bien connues ; en voici un exemple observé par le Dr Labonne, aux îles Fœroër.

La faune ornithologique est d'une telle richesse dans le nord des îles que c'est par millions que l'on voit des oiseaux couvrir les falaises ou les rochers. Puffins, pingouins, guillemots, goélands, pétrels, plongeons, cormorans, se donnent rendez-vous sur ces rivages, et, au premier coup de fusil que je tirai, l'air fut littéralement obscurci par la bande s'envolant effarouchée. Avec cela c'était un tapage, un bruissement d'ailes, des cris si assourdissants que nous ne nous entendions plus parler. L'effroi dura peu... et les oiseaux reprirent leurs places respectives. Tous ces oiseaux se réunissent pour confier leurs nids aux falaises et pour

---

[1] Faites le guet.

[2]. *La sauvagine en France.* **Paris,** 1897.

y couver leurs œufs. Les rochers sont sans doute choisis parmi ceux qui surplombent les petits golfes où abondent les poissons et les mollusques dont ces oiseaux font leur nourriture, et qui présentent des corniches, des crevasses, des grottes pour recevoir les nids. Bientôt la falaise devient une véritable ruche où tous ces oiseaux entrent et sortent, apportant la nourriture ou allant en quête d'une proie. Les nids sont fort simples chez ces oiseaux : quelques débris d'algues, quelques herbes desséchées forment un lit qui reçoit les œufs quand ils ne sont pas déposés directement sur la pierre nue. C'est à la recherche de ces œufs que les naturels du pays consacrent la belle saison. Pour arriver aux oiseaux, sur

Fig. 43. — Une montagne d'oiseaux : les goélands et les mouettes y sont si abondants que, lorsqu'ils s'envolent, l'air en est tout obscurci.

ces falaises abruptes, il faut que le chasseur, suspendu à une corde, se fasse descendre sur la paroi verticale du rocher ; là il lutte contre les oiseaux qui l'entourent et leur arrache leurs œufs et leurs jeunes. Après la ponte, ces oiseaux se dispersent et reprennent leurs habitudes pélagiques [1].

H. LABONNE [2].

---

1. Pélagique veut dire « de pleine mer ».

2. *Mission aux îles Fœroër.*

Les échassiers.

La chasse à la bécasse.

Avec les brouillards de la fin d'octobre, les bécasses (fig. 44) commencent à se montrer dans nos bois. D'où viennent ces aimables voyageuses ? Personne ne s'étant trouvé d'accord, la question a fait couler plus d'encre que s'il s'était agi de déterminer les évolutions d'une planète. Les uns, partant de cette observation que ceux de ces oiseaux qui se brisent la tête contre les phares de nos côtes se présentent toujours de la direction du nord-ouest, ont prétendu qu'elles arrivaient exclusivement de ce côté. Un autre écrivain a surenchéri ; il a insinué [1] que cet intelligent volatile pouvait bien avoir quitté les cyprières [2] de l'Ohio et du Mississipi, pour lutter de vitesse avec nos paquebots transatlantiques. D'autres affirment qu'il descend des montagnes de la Scandinavie et des forêts de la Russie septentrionale. A notre avis, toutes ces opinions, à l'exception de l'avant-dernière, peuvent se justifier et l'on peut dire que la bécasse, qui va partout, vient également de partout.

Quand les bécasses débarquent [3] on les trouve dans la plupart des bois humides, à proximité des prairies, des pâturages ; elles y séjournent jusqu'au moment des gelées et avancent graduellement vers le sud, jusqu'en Afrique où elles prendront leurs véritables quartiers [4] d'hiver ; vers le mois de mars elles exécutent leur mouvement rétrograde [5], un peu plus lent que le passage d'automne, car elles en utilisent les étapes [6] pour murmurer leurs premiers mots tendres. Le mâle participe avec la femelle à l'éducation de la couvée, pour laquelle tous deux témoignent un grand attachement. Leur ponte est de quatre ou cinq œufs un peu plus

---

1. Faire croire sans le dire manifestement.

2. Les montagnes de cyprès.

3. Arrivent au bout de leur migration.

4. Où elles s'arrangeront pour passer l'hiver sans trop souffrir.

5. En faisant le chemin en sens inverse.

6. Les haltes.

gros que des œufs de pigeon, de couleur blanche, rayés de bistre. Les bécasses nichent[1] un peu partout et même en France, pourvu que les bois où elles s'établissent soient humides et leur fournissent leur provende[2] de vermisseaux. Si on ne signale pas plus souvent leurs nids dans notre région, c'est beaucoup parce que les fourrés, les voûtes solitaires qu'elles recherchent pour s'acquitter des soins de la maternité sont assez rarement traversés pendant l'été.

Les chasseurs s'inquiètent infiniment moins de savoir d'où la bécasse leur arrive que de connaître les endroits où ils pourront la rencontrer, tandis qu'elle séjourne dans notre pays. Il n'est pas très facile de le leur indiquer. Pendant la période de son passage, un mouvement de la girouette, un souffle dans l'air, une imperceptible gelée blanche, tout lui est prétexte pour plier bagage et déménager. Commençons par établir que la chasse à la bécasse est laborieuse, très pénible et féconde en déceptions. Il faut être doué d'une forte dose du feu sacré pour apprécier la sérieuse supériorité de ce sport sur les autres. Les écrivains cynégétiques ont désigné certains taillis comme étant les stations préférées des voyageuses ; là encore ils n'ont pas été d'accord et chacun d'eux a recommandé des bois d'âge différent. Pour nous,

Fig. 44. — Bécasses : elles font leur nid à terre en ramassant quelques brins de paille, comme on les voit faire ici.

1. Font leur nid.

2. La quantité de nourriture dont elles ont besoin, leur provision.

nous croyons que la nature du couvert[1] a peu d'influence sur les déterminations de ces oiseaux, que leurs préférences sont bien plutôt dictées par l'abondance de la nourriture qu'elles y trouveront. Ne vous arrêtez donc pas trop aux distinctions théoriques à propos des demeures d'arrivée de l'émigrante ; cherchez-la dans les taillis de toute taille et de tout âge, mais sans oublier jamais qu'une dame aussi susceptible aux moindres variations du thermomètre subordonnera toujours le choix de son habitation à l'état de la température.

Par un temps humide, il faut la chercher sur les côteaux exposés au midi, dans les taillis dont les dessous sont couverts d'une couche de feuilles mortes, sans négliger les parties où quelques touffes de bruyère ménagent à cette épicurienne[2] de chauds abris pour sa sieste. Par la sécheresse, après une petite gelée, à la suite de vents impétueux[3], descendez dans les vallons, fouillez les bois bas et marécageux, suivez les cours des ruisseaux sillonnant les gorges des forêts entre une double fortification de ronces et d'épines, affrontez-en courageusement les égratignures pour explorer chaque buisson, il y a des chances pour que ce soit dans l'un d'eux que l'objet de vos convoitises ait choisi son domicile. Au départ, la bécasse a le vol lourd, mais d'une brusquerie qui déroute assez souvent les débutants déjà étonnés par le crépitement[4] de ses ailes. De vieux praticiens recommandent de la laisser filer ; le principe ne nous paraît pas d'une exécution très facile dans les bois où mille obstacles peuvent en un instant vous masquer l'objet qu'il s'agit d'atteindre. A moins qu'on ne se trouve dans une clairière, nous conseillerons plutôt de faire feu aussitôt que l'oiseau se présente devant le point de mire et cela même s'il exécute les rapides crochets à l'aide desquels il évite les branches qui se trouvent sur son passage. Après son essor[5], la bécasse prend un vol droit et assez rapide ; elle ne va jamais bien loin ;

---

1. La nature des arbres et des arbrisseaux qui les abritent.
2. Qui recherche les jouissances physiques.

3. Soufflant avec violence.
4. Bruit sec et saccadé.
5. Après s'être envolée.

aussi est-il nécessaire de bien observer la remise [1]. Elle se laissera alors approcher avec moins de complaisance que lorsqu'elle n'avait pas été tirée ; elle tiendra moins à l'arrêt du chien, piétera [2] devant lui et lorsqu'elle se décidera à prendre son vol, elle profitera de tous les troncs d'arbre pouvant lui servir de remparts, avec une sagacité bien faite pour démentir la réputation d'oiseau aux sens « obtus » que M. de Buffon a cherché à lui établir dans le monde.

Mise à l'éveil, une bécasse est déjà difficile à relever [3] ; après un troisième vol, l'opération exige un véritable travail et ne réussit ordinairement que lorsqu'on est secondé par un chien rompu [4] par une longue pratique aux défenses de ce gibier. L'essentiel est de ne pas se décourager. Avoir une bécasse devant soi est déjà quelque chose ; cherchez donc, cherchez toujours, cherchez encore ; vous finirez par recueillir le prix de vos marches et de vos contre-marches. Bientôt l'oiseau, atteint en plein vol, tombera sur la terre avec ce bruit sourd et mat qui a de si doux échos dans le cœur d'un chasseur ; alors vous songerez que l'argent, qui peut tout, ne peut pas toujours procurer aux grands de ce monde les jouissances de la petite victoire que vous venez de remporter et vous vous sentirez grandi de deux pouces.

Presque toujours le chasseur de bécasses se ménage le bénéfice de les attendre à la passée [5] ; méthodique dans tous ses actes, cet oiseau attend la tombée de la nuit pour quitter ses couverts et se rendre soit aux fontaines où il fait ses ablutions [6], soit à ses pâtures. Il suit alors les endroits dégarnis, les chemins, les clairières ; tous ces endroits sont bons pour l'attendre, à la condition d'y chercher un poste où, sans être trop à découvert, on puisse viser dans toutes les directions. La bécasse se montre précisément au moment où l'on distingue la première étoile ; sa régularité sur ce point nous a bien souvent étonné. La chasse à la « croule »

---

1. L'endroit où on l'a rencontrée.
2. Fera quelques petits pas rapides avant de prendre son essor.
3. A faire envoler.

4. Très habitué.
5. Au moment où elles passent.
6. Où il se baigne.

est une amplification de la passée ; au printemps ce ne sont plus les soucis de la toilette ou la cueillette des vermisseaux qui mettent les bécasses à l'essor ; mais bien le soin de se choisir une compagne avec laquelle on regagnera la patrie. Les ci-devant solitaires se recherchent alors avec empressement ; on les voit se poursuivant, passer et repasser sur les points que nous avons indiqués tout à l'heure, se rejoindre après s'être un instant éloignées ; leur vol étant moins heurté, les occasions de les tirer se multiplient ; or la grande majorité des bécasses qui arrivent sur nos-marchés ont été tuées à ces affûts. C'est pour cela que nous avons toujours déploré la liberté de la vente et du colportage de ces oiseaux à cette époque de l'année. Si la bécasse n'est pas un oiseau indigène, elle est du moins un oiseau européen dont la conservation de l'espèce nous intéresse ; nous avons donc le devoir de la protéger pendant la période de sa reproduction, et c'est presque de la barbarie de l'assassiner à ce moment même.

G. DE CHERVILLE [1].

L'aspect du marabout.

Certains oiseaux ont un aspect bizarre qui frappe surtout quand on cherche en eux quelques-uns des traits distinctifs de certains hommes. C'est le cas du marabout (fig. 45) dont tous ceux qui ont visité les jardins zoologiques ont remarqué l'air méditatif ou plutôt niais. Un écrivain un peu fantaisiste l'a fort bien décrit d'une façon humoristique [2] : il a une manière bien à lui de voir les formes et les mœurs des bêtes.

Les savants qui ont étudié et disséqué le rire prétendent que la surprise en est une des conditions essentielles : il faut que l'objet qui nous fait rire ait quelque chose d'inattendu. Le marabout semble fait pour justifier cette observation, car sa drôlerie va jusqu'à l'invraisemblance.

Il est invraisemblable que la nature s'amuse à faire des carica-

---

1. *La Vie à la campagne (Le Temps).* | 2. C'est-à-dire en le tournant un peu en plaisanterie.

     LES OISEAUX

tures, et pourtant en voilà une, et de quelle force ! Le premier
effet produit par l'aspect de cet oiseau est de faire rire : plus on
le regarde, plus on est confondu de l'art qui a présidé à la construction de cette figure aussi bizarre que burlesque. Il n'y a pas
un dessinateur au monde, pas un acteur comique, en état de

Fig. 45. — Marabouts : par leur air lourd et stupide, ils font contraste
avec la plupart des autres oiseaux si légers et si éveillés pour la plupart.

réussir un tel idéal de ridicule ; c'est au-dessus des forces de
l'homme.

Un corps bouffi et voûté, des épaules hautes et anguleuses, un
cou ridé, plissé, bourrelé, rouge et écailleux, surmonté d'une
tête chauve hérissée de quelques petits cheveux par-ci par-là, le
tout juché sur deux longues pattes et terminé par un bec énorme,
voilà en gros le signalement du marabout, voilà ce qui saute
aux yeux dès qu'on l'aperçoit.

Arrêtez-vous, considérez-le attentivement, et l'effet de ce premier ensemble se décuplera[1] par la précision, la logique et la verve des détails.

Vu par derrière, l'animal a quelque chose de bourru, qui indique la mauvaise humeur et l'obstination fichées en terre et tournant le dos. La hauteur des épaules et l'enfoncement du cou marquent la suffisance et le mépris ; l'étroitesse du bassin[2], la maigreur et la sécheresse des jambes, la rigidité de la pose, complètent une de ces tournures comiquement solennelles que certains cuistres[3] et certains pédants ont la bonté de nous exhiber pour nous distraire des chagrins de la vie ; enfin, au sommet de cet échafaudage de choses grotesques, la calotte rouge et ridée du crâne, enterrée dans un fouillis de plumes chiffonnées, rappelle à merveille ces crânes de vieux pédants, qu'on voit, entourés d'un col sale, se balancer sur le collet crasseux d'un habit noir : comparaison d'autant plus légitime, que le bas de ce plumage est noir et finit en basques d'habit.

Maintenant passez de l'autre côté et contemplez l'oiseau de face : l'effet est aussi surprenant qu'un coup de théâtre. Vous avez vu par derrière la sottise faisant le gros dos : vous voyez par devant la sottise qui s'étale et fait jabot[4]. Les plumes de la gorge et de la poitrine bouffent[5] avec des bosses et des cassures de chemise empesée ; une espèce de vessie rouge et pointue pend sur le cou ; les ailes, deux bras maigres, se serrent et se collent sur des flancs étroits ; le ventre exigu[6], misérable, problématique ; pareilles aux branches d'une paire de pincettes raccommodées au milieu de leur longueur, les pattes descendent tout droit et sont plantées raides.

Mais tout cela n'est qu'un pâle sourire de Pierrot[7] en comparaison des hébétements[8] inouïs et des prodigieux ahurissements

---

1. Deviendra dix fois plus grand.
2. Ensemble des os sur lesquels viennent se fixer les pattes.
3. Homme d'une gravité composée et croyant tout savoir.
4. Prendre une attitude fière, faire le beau. On dit plus souvent « plastronner ».
5. Se hérissent pour présenter un plus grand volume.
6. Petit.
7. Une chose insignifiante.
8. L'aspect hébété, idiot.

de la tête ! Ce n'est pas un bec, c'est un cornet de vieux carton d'occasion moisi, où on lui a mis la figure sans s'inquiéter si c'était trop grand ou trop petit. Et c'est trop grand, beaucoup trop grand : on s'est trompé, on l'a pris pour un autre, c'est évident. Il a eu beau réclamer, on ne l'a pas écouté et on l'a poussé par les épaules après avoir eu encore la cruauté de lui barbouil-

Fig. 46. — Calao : la femelle de cet oiseau au bec si singulier est murée dans son nid par le mâle, ce qui l'oblige à couver sans cesse.

ler le bec de grandes taches noires avec un pinceau d'emballeur.

Il a eu le crève-cœur[1] de voir défiler[2] devant lui tous les autres avec de jolis becs bien élégants, bien légers. Tous se moquaient de lui, à l'exception du calao-rhinocéros[3] (*fig.* 46). Celui-là est encore plus malheureux que le marabout : on lui a mis deux becs l'un sur l'autre. Le premier est en trompette et ne fait que lui donner des migraines et l'empêcher de voir devant lui ; le second est en buffle de qualité inférieure et s'ébrèche aussitôt que son infortuné

---

1. Chagrin.
2. Passer.

3. Oiseau des pays chauds, au bec extraordinaire.

propriétaire essaye de s'en servir. Cette conformité de difformité a fait naître entre ces deux oiseaux une sympathie dont ils se donneraient certainement des marques fréquentes, si les circonstances et les conditions de leur vie ne les avaient séparés depuis qu'ils ont été créés.

La calvitie[1] de son crâne, les rides et les bourgeons[2] de la peau rosée qui le couvre, et le rayonnement[3] entrecroisé des quelques cheveux errant sur cet hémisphère, donnent à la tête du marabout un air de solitude et de dévastation. Sans ce malencontreux bec, ce serait une tête de philosophe, s'il est vrai qu'une tête soit d'autant plus philosophique qu'elle est plus chauve : ce que je crois[4].

Mais ce bec gâte tout, et son infortuné possesseur a beau faire, toutes les fois qu'il essaye un mouvement de physionomie quelconque, le bec se jette en avant, passe le premier, et voilà l'effet perdu. Ce bec fait le désespoir de son maître. Que dis-je, de son maître ? de son esclave. Le marabout, avec cette muselière éternelle interposée entre le monde et lui, est un peu dans la position du prisonnier de l'île Sainte-Marguerite : c'est le Masque de fer[5] de l'ornithologie[6]. Toutes les distances, selon qu'il avance ou qu'il recule, doivent être additionnées ou diminuées de la longueur de ce bec ; ses désirs ou ses espérances reculent devant lui de toute l'étendue de ce bec ; il ne peut puiser dans le sein de la nature que par ce bec.

Aussi sa préoccupation constante est-elle de se débarrasser de ce bec. Regardez-le ; il y a toujours l'esprit tendu, il le vise in-

---

1. État d'une tête chauve.

2. Boutons.

3. La direction.

4. Inutile de dire que l'auteur plaisante.

5. Personnage mystérieux qui, à l'époque de Louis XIV, était enfermé à l'île Sainte-Marguerite (sur la côte S.-E. du département des Alpes-Maritimes). Pour ne pas être reconnu, il portait un masque que la légende disait être en fer. On a émis plusieurs fois l'hypothèse que c'était un frère de Louis XIV, plus âgé que lui et qui, ainsi, aurait dû régner à sa place. On sait aujourd'hui que le fameux prisonnier était un sieur Mathioli, secrétaire du duc de Mantoue, qui avait trahi à la fois celui-ci et le roi de France.

6. Science qui s'occupe des oiseaux.

cessamment, il ne le quitte pas des yeux. Il en songe tout le jour, il y rêve toute la nuit. Il épie ce bec, il combine des plans pour s'en évader quand le bec aura le dos tourné ; d'autres fois il tente des surprises : il le tape sur un arbre, il le pique sur un caillou : vain espoir, le bec est toujours sur ses gardes, toujours inébranlable. Parfois, pour ne plus le voir, le pauvre marabout le pose sur son épaule ou le cache sous son aile : mais ce moment d'illusion dure peu, et c'est alors que vous le voyez prendre son parti, enfoncer son cou entre ses épaules, lever une patte, laisser son bec pendre tout droit : et il reste ainsi des heures dans l'immobilité d'un fakir[1].

Je ne sais pas à quoi il pense ; mais ce que je vois, c'est qu'il est très absorbé en des contemplations infinies, et qu'en cet état il est sujet à d'étranges distractions. Les fonctions les plus sensibles de la vie se passent pour lui sans qu'il en ait conscience, et la patte sur laquelle il repose ressemble à une bougie qui coule, tant elle est sillonnée de traînées calcaires formant, sur le rocher où il perche, un banc de guano. Mais il est loin de ces misères : il rêve aux bords du Gange, aux brahmines[2], aux crocodiles, aux corps morts qui roulent dans les eaux du fleuve sacré, et il pousse des soupirs dont l'écho va se répercutant tristement dans les circonvolutions[3] mystérieuses de son bec sonore.

Le marabout a deux qualités qui lui font le plus grand honneur et que j'ai eu maintes fois occasion de mettre à l'épreuve : ces deux qualités sont la persévérance et la candeur.

Prenez un caillou et jetez-le-lui. Il croit que c'est un morceau de pain, il ouvre le bec, et clap ! il attrape le caillou. Il voit que c'est un caillou, il le laisse tomber, c'est bien, et il se remet en position.

Vous prenez un second caillou et vous le lui jetez. Il croit que c'est un morceau de pain, il ouvre le bec, et clap ! il attrape le

---

1. Fanatique hindou susceptible d'accomplir des actions extraordinaires, comme par exemple de rester immobile pendant plusieurs semaines et sans prendre la moindre nourriture (Voir : Henri Coupin. *Les Bizarreries des Races Humaines*).

2. Prêtres hindous.

3. Cavités circulaires et enroulées.

caillou. Il voit que c'est un caillou, il le laisse tomber, c'est bien, et il se remet en position.

Nous nous sommes mis deux pour ne pas nous fatiguer, et nous lui avons jeté peut-être trois cents cailloux : à chacun il a recommencé avec la même conviction et sans donner le plus léger signe d'impatience ou d'étonnement. Nous étions exténués, qu'il regardait encore si nous n'allions pas lui offrir quelque chose !

Cela m'a donné une bien haute idée de cet animal.

« C'est un caractère de héros, me disais-je : rien ne le décourage, rien ne le désabuse. Un oiseau qui a l'air si prodigieusement bête, et qui prend trois cents fois de suite un caillou pour un morceau de pain, n'est certainement pas un homme ordinaire. »

Je ne me trompais pas. J'ai pris des renseignements sur son compte aux Indes et au Sénégal, où il est très connu, et j'ai appris que ce marabout est un des personnages les plus considérables et les plus considérés de ces pays.

Il remplit à la fois l'office d'égoutier[1] et d'égout, car il parcourt incessamment les villes et les bords des ruisseaux et des fleuves, ramassant et avalant tout ce qui est gâté, mort, corrompu ; de sorte que, comme les vautours d'Égypte, comme les urubus[2] d'Amérique, il passe sa vie à nettoyer la civilisation, à corriger les imprévoyances des hommes, à réparer leurs sottises ; en un mot, à les défendre contre le mal qu'ils cherchent à se faire.

Ainsi cet animal dont je me suis moqué est tout simplement un des tuteurs[3] les plus dévoués et les plus utiles qui aient été donnés à l'imbécillité humaine : et moi qui ris de lui, je ne serais pas en état d'avaler, même en pilule, le plus humble de ces détritus qui, sur les bords du Gange ou du Sénégal, empoi-

---

1. Enleveur de parties inutiles ou nuisibles.
2. Oiseaux américains qui se nourrissent, comme les vautours, d'animaux en putréfaction ; ils pénètrent dans les villages et nettoient ainsi les rues.
3. Soutiens.

sonnent mes frères. Je verrais mourir dix mille nègres de la dysenterie[1] sans avoir le courage de leur rendre, pour désinfecter l'air qu'ils respirent, un seul de ces services auxquels le marabout consacre sa vie tout entière.

Et maintenant quel problème ! Ce rire, que le seul aspect du marabout suffit à faire éclater, nous ne l'inventons pourtant pas : c'est la nature qui nous le donne, c'est elle qui nous l'inspire, quand il lui plaît de faire jaillir devant nous la source bénie de la gaieté ; mais elle est juste, elle est respectueuse pour ses créatures, puisqu'elle y voit son propre ouvrage. Pourquoi donc alors a-t-elle donné la majesté à tant de bêtes féroces, la grâce à tant d'êtres insignifiants, et pourquoi inflige-t-elle le masque du ridicule à ces serviteurs de confiance qu'elle a chargés de faire le bien ?

Mais, en y réfléchissant, je me dis que peut-être elle ne s'est pas trompée ; que peut-être elle a su ce qu'elle faisait ; que peut-être, si nous croyons retrouver dans certains animaux les traits auxquels nous avons coutume d'attacher l'idée de ridicule, c'est parce que nous prenons ces traits dans l'homme, faisant aujourd'hui des caricatures à notre image. Que si une pauvre bête se trouve ressembler à telle ou telle espèce d'homme qui nous fait rire, nous disons que la bête est ridicule, et nous rions..... comme des bêtes.

A ce compte-là tout le tort et tout le malheur du marabout serait de trop ressembler à un cuistre, à un pédant. C'est ceux-là qui sont ridicules, c'est de ceux-là qu'il faut rire.

Eugène MOUTON[2].

---

1. Maladie qui affecte surtout les intestins et affaiblit beaucoup les malades.

2. *Les vertus et les grâces des animaux.* Paris, 1899.

Les gallinacés.

La beáuté du paon.

Buffon, qui aimait tout ce qui est fastueux, a dû se trouver très heu-
reux quand il fut amené à décrire le paon (fig. 47), dont, à juste titre,
on a fait l'emblème de l'orgueil. Et, en effet, le passage ci-dessous,
relatif à l'oiseau cher à Junon, est un des plus brillants, un des plus
colorés que le naturaliste-littérateur ait écrit.

Si l'empire appartenait à la beauté et non à la force, le paon
serait, sans contredit, le roi des oiseaux ; il n'en est point sur
qui la nature ait versé ses trésors avec plus de profusion : la taille
grande, le port[1] imposant, la démarche[2] fière, la figure noble,
les proportions du corps élégantes et sveltes, tout ce qui annonce
un être de distinction lui a été donné. Une aigrette mobile et
légère, peinte des plus riches couleurs, orne sa tête et l'élève sans
la charger : son incomparable plumage semble réunir tout ce qui
flatte nos yeux dans le coloris tendre et frais des plus belles fleurs,
tout ce qui les éblouit dans les reflets pétillants de pierreries,
tout ce qui les étonne dans l'éclat majestueux de l'arc-en-ciel ;
non seulement la nature a réuni sur le plumage du paon toutes
les couleurs du ciel et de la terre pour en faire le chef-d'œuvre
de sa magnificence, elle les a encore mêlées, assorties, nuancées,
fondues de son inimitable pinceau, et en fait un tableau unique,
où elles tirent de leur mélange avec des nuances plus sombres,
et de leurs oppositions entre elles, un nouveau lustre[3] et des
effets de lumière si sublimes, que notre art ne peut ni les imiter,
ni les décrire.

---

1. Maintien.
2. Manière de se tenir en marchant.   3. Éclat, beauté.

Tel paraît à nos yeux le plumage du paon, lorsqu'il se promène paisible et seul dans un beau jour de printemps ; mais s'il vient à être excité, toutes ses beautés se multiplient, ses yeux s'animent et prennent de l'expression ; son aigrette s'agite sur sa tête et annonce l'émotion intérieure ; les longues plumes de sa queue déploient, en se relevant, leurs richesses éblouissantes ; sa tête et son cou, se renversant noblement en arrière, se dessinent avec grâce sur ce fond radieux, où la lumière du soleil se joue en mille

Fig. 47. — Paon : quand il veut faire le « beau », sa queue se relève et les plumes s'écartent pour montrer à tous l'admirable palette que la nature lui a dévolue.

manières, se fond et se reproduit sans cesse, et semble prendre un nouvel éclat plus doux et plus moelleux, de nouvelles couleurs plus variées et plus harmonieuses : chaque mouvement de l'oiseau produit des milliers de nuances nouvelles, des gerbes de reflets ondoyants [1] et fugitifs [2], sans cesse remplacés par d'autres reflets et d'autres nuances toujours diverses et toujours admirables.

Mais ces plumes brillantes, qui surpassent en éclat les plus belles fleurs, se flétrissent aussi comme elles, et tombent chaque année. Le paon, comme s'il sentait la honte de sa perte, craint de se faire voir dans cet état humiliant, et cherche les retraites les

---

1. Se présentant comme les ondes qui rident la surface de l'eau.

2. Disparaissant à peine apparus.

plus sombres pour s'y cacher à tous les yeux, jusqu'à ce qu'un nouveau printemps, lui rendant sa parure accoutumée, le ramène sur la scène pour y jouir des hommages dus à sa beauté : car on prétend [1] qu'il en jouit en effet ; qu'il est sensible à l'admiration ; que le vrai moyen de l'engager à étaler ses belles plumes c'est de lui donner des regards d'attention et des louanges ; et qu'au contraire, lorsqu'on paraît le regarder froidement et sans beaucoup d'intérêt, il replie tous ses trésors et les cache à qui ne sait point les admirer.

BUFFON.

L'amour maternel de la poule.

L'amour maternel, si général, si répandu chez les animaux, acquiert une intensité à nulle autre pareille dans le monde des oiseaux. C'est pour leurs petits que les parents passent une bonne partie de leur existence à construire, souvent à grand'peine, ces nids qui font l'admiration de tout le monde, c'est pour eux que la mère reste des semaines entières sur ses œufs pour les faire éclore, c'est pour eux que le père et la mère s'épuisent à chercher des insectes afin de leur donner à manger. Et quand un ennemi veut les prendre, il n'est pas de courage qu'ils ne déploient; le plus petit roitelet fait tête au faucon le plus cruel, le moindre « pierrot » combat de toutes ses forces contre le vilain matou qui veut manger sa chère petite famille. Chez la poule, l'amour de la mère pour les petits est bien connu. Un aimable vulgarisateur, E. Menault, l'a décrit avec beaucoup de pittoresque.

L'oiseau sait-il que de l'œuf qu'il couve avec tant d'ardeur et d'amour sortira bientôt un petit être qui le reconnaîtra pour sa mère, qui lui demandera nourriture et abri sous son aile jusqu'au jour où, devenu grand, il sera assez fort pour subvenir lui-même à ses besoins ? La poule (*fig.* 48) est le type de l'amour pour les petits ; l'avez-vous vue au moment de l'éclosion ? Avez-vous remarqué comme elle guette le moindre bruit, le moindre mouvement que peut faire le jeune poulet dans son œuf ? Le petit a

---

1. C'est probablement une de ces exagérations dont Buffon est coutumier.

déjà frappé à la porte, il veut sortir de cette chambre close de
toutes parts, il veut voir sa mère, il a hâte de connaître celle qui
l'a tenu si longtemps contre son cœur, qui lui a donné la chaleur,
la vie. L'impatient ! Le voilà de son petit bec frappant encore à
la porte ; la coquille serait trop dure pour ce frêle outil qui n'a
pas servi. Heureusement que ce bec est armé d'une petite protu-
bérance [1] cornée dont il va faire usage pour essayer de sortir de sa prison. Il frotte, il pousse, il frappe à coups redoublés et toujours au même endroit, vers le mi-lieu de la longueur de l'œuf. Et à force de volonté, de courage, de travail, un trou est fait au mur [2], un éclat a jailli. Ah ! reposons-nous un peu. Reprenons haleine, et comme un mi-neur fatigué de sa position, le petit se retourne sur lui-même, il lève d'autres éclats

Fig. 48. — La poule : peu d'animaux sont aussi vigilants qu'elle pour protéger ses petits et leur éviter la moindre contrariété.

et agrandit son cercle jusqu'à ce que la coque ouverte tout
autour se sépare en deux et le laisse joyeux se précipiter sous
sa mère.

Tous n'ont pas la même force ni le même courage, tous ne
sont peut-être pas également animés du même désir de voir leur
mère. Mais elle dont l'amour est toujours si plein de sollicitude,
elle vient en aide au petit prisonnier ; elle frappe au dehors, tandis que lui s'essaye au dedans. Enfin le voilà né, et ce n'est pas
sans peine, car il faut de longs efforts à ce petit être pour arriver
à la lumière.

Il sort de sa coque comme les premières feuilles de leur

---

1. Bosse. | 2. A la coquille de l'œuf.

bourgeon ; il est encore tout fatigué de ses efforts, il est tout humide. Ses plumes sont mouillées, on dirait qu'il est nu. La mère le regarde, elle semble comprendre qu'il a encore besoin de sa chaleur, elle le retient sous son aile, le réchauffe, le sèche, le prépare à affronter les dangers de la vie. Déjà ses petits poumons se sont ouverts à l'air extérieur, sa respiration devient plus complète, se régularise, et ses organes sont prêts à remplir leurs fonctions. La mère enlève successivement les coquilles de son nid, et bientôt voilà tous les poussins éclos, secs, luisants, gentils à croquer, et qui ne demandent qu'à marcher. La mère est pleine d'émotion ; elle voudrait déjà les voir s'ébattre devant elle, elle leur parle une langue qu'ils comprennent, car on les voit bientôt mettre le nez à l'air et s'échapper pour courir, trotter, et flageoler sur leurs petites jambes encore frêles. Elle les appelle par des gloussements qui expriment ses sensations, et dont on peut facilement saisir les différences. Non seulement la poule parle à ses petits, mais elle fait semblant de manger pour leur apprendre plus vite à manger tout de bon. Puis elle brise les plus gros morceaux de ses aliments pour les distribuer à chacun de ces petits dévorants qui, aussitôt le ventre plein, viennent faire leur digestion bien chaudement sous l'aile de la mère. Ils apprennent ainsi à boire, les uns par imitation, les autres par rencontre fortuite [1] en tombant le bec dans l'eau.

Voilà les petits poussins déjà grands. La mère est fière de sa couvée, elle ne cesse pas un instant de s'occuper de ses chers petits, elle n'existe que pour eux. Tantôt elle les conduit en les invitant à la suivre, tantôt elle s'arrête pour les recevoir sous ses ailes qu'elle entr'ouvre, les réchauffe sous ses plumes qu'elle hérisse ; elle souffre avec une douce satisfaction que les uns se jouent sur son dos et que les autres la becquettent. Elle se prête à tous leurs mouvements, auxquels elle paraît se plaire ; elle leur abandonne ou au moins elle leur partage la nourriture qu'elle a trouvée, elle leur distribue d'abord la plus délicate et ensuite celle qui l'est

---

1. Non prévue.

moins. Puis si la pâtée ou les grains qu'on leur donne sont insuf-
fisants, elle gratte la terre pour y chercher des vers dont ses petits
sont si friands. Aussi comme elle fouille, comme elle crie avec tendresse, comme elle coupe les vers, les met en menus morceaux !
Buffon dit avec raison qu'on juge bien que cette mère qui a montré tant d'ardeur à couver, qui a couvé avec tant d'assiduité, qui
a soigné avec tant d'instinct des embryons qui n'existaient point
encore pour elle, ne se refroidit pas [1] lorsque ses poussins sont éclos ;
son attachement, fortifié par la vue de ces petits êtres qui lui doivent
la naissance, s'accroît encore tous les jours par les nouveaux
soins qu'exige leur faiblesse. Sans cesse occupée d'eux, elle ne
cherche de la nourriture que pour eux ; elle les rappelle lorsqu'ils
s'égarent, les met sous son aile à l'abri des intempéries [2] et les
couve une seconde fois, elle se livre à ces tendres soins avec tant
d'ardeur et de souci que sa constitution en est sensiblement alté-
rée. Il est facile de distinguer de toute autre poule une mère qui
mène ses petits, soit à ses plumes hérissées et à ses ailes traî-
nantes, soit au son enroué de sa voix et à ses différentes
inflexions, toutes expressives et ayant toutes une forte empreinte
de sollicitude et d'affection maternelles. Elle s'oublie elle-même
pour conserver ses petits, elle s'expose à tout pour les défendre ;
paraît-il un épervier [3] dans l'air, cette mère si faible, si timide,
et qui, en toute autre circonstance, chercherait son salut dans la
fuite, devient intrépide par tendresse ; elle s'élance au-devant de
la serre [4] redoutable, et par ses cris redoublés, ses battements
d'ailes et son audace, elle en impose [5] souvent à l'oiseau carnassier qui, rebuté [6] d'une résistance imprévue, s'éloigne et va chercher une proie plus facile.

E. MENAULT [7].

---

1. Son zèle ne diminue pas.
2. Les mauvais temps.
3. Oiseau de proie.
4. Patte des oiseaux de proie.

5. Effraye.
6. Découragé.
7. *L'Amour maternel chez les animaux*. Paris, 1901.

Les colombins.

Un oiseau qui donne du lait.

Cet oiseau n'est pas rare et tout le monde même le connaît : c'est le pigeon (fig. 49), dont le jabot[1] sécrète un liquide blanc que l'animal déverse avec son bec dans la bouche des petits pigeonneaux et dont la composition chimique est très analogue à celle du lait des mammifères.

Il y a une variété infinie dans les moyens par lesquels la nature pourvoit à l'alimentation du petit dans la seconde période de la vie animale. Chez beaucoup d'insectes, ce devoir est rempli d'avance par la femelle, qui, instinctivement, dépose ses œufs dans une situation telle qu'après l'éclosion les jeunes aient à leur portée la nourriture qui leur convient. D'autres animaux, comme l'abeille sauvage et la blatte orientale, recueillent et conservent une substance particulière qui sert en même temps de nid pour l'œuf et d'aliment pour le petit ver lorsque l'embryon[2] arrive à cet état. La plupart des oiseaux et plusieurs animaux de la tribu des abeilles rassemblent de la nourriture pour leurs petits ; à une époque plus avancée, le mâle et la femelle s'acquittent du devoir d'alimenter ces derniers. Toutefois, il faut faire une exception pour l'abeille commune, dont les petits ne sont nourris ni par le mâle, ni par la femelle, mais par les abeilles ouvrières, qui remplissent les fonctions de nourrices. Il est aussi un grand nombre d'animaux qui peuvent fournir immédiatement, aux dépens de leur propre corps, l'aliment approprié à leurs petits pendant cette seconde période. Jusqu'à présent, on a considéré

---

1. Partie renflée du commencement du tube digestif de l'oiseau.

2. Parties les premières formées du futur animal.

ce dernier mode d'alimentation comme appartenant exclusivement à la classe d'animaux que Linné appelle mammifères ; et je ne pense pas qu'on ait soupçonné qu'il existât dans aucune autre classe.

Cependant, dans mes recherches sur les divers modes d'alimentation des petits des animaux, j'ai découvert que tous les animaux de la famille des colombes [1] sont doués d'une faculté semblable. Le petit pigeon, comme le petit quadrupède [2], est nourri, jusqu'à ce qu'il soit capable de digérer l'aliment ordinaire de son espèce, par une substance qui est sécrétée, dans ce but, non comme chez les mammifères par la femelle seule, mais aussi par le mâle qui, peut-être même, fournit cette substance plus abon-

Fig. 49. — Pigeon domestique. Il en existe de nombreuses races très différentes les unes des autres ; mais chez toutes on observe un grand amour des parents pour leurs petits, qu'ils nourrissent avec un liquide presque identique, comme composition chimique, au lait des mammifères.

damment que la première. Un caractère qui est commun à tous les oiseaux, c'est que le mâle et la femelle concourent également à l'éclosion des œufs, et à l'alimentation des petits dans la seconde période de leur vie. Mais ce mode particulier d'alimentation au moyen d'une substance sécrétée dans le corps même des parents, ne s'observe que dans certaines espèces, et c'est le jabot qui est le siège de cette sécrétion. Outre l'espèce colombe, j'ai quelques raisons de supposer que les perroquets

---

1. Synonyme de pigeons. | 2. Mis ici pour « mammifère ».

sont doués aussi de la propriété de nourrir leurs petits avec une substance sécrétée dans leur jabot, car ils ont la faculté de faire remonter dans leur bec les matières contenues dans leur jabot et de se nourrir l'un l'autre. J'ai vu le perroquet mâle nourrir régulièrement la femelle en remplissant d'abord son jabot et en lui présentant la nourriture avec son bec. On voit également les perroquets, les papegays, les kakatoës, etc., quand ils ont beaucoup d'affection pour la personne qui les élève, faire en sa présence le mouvement par lequel ils font remonter leurs aliments, et souvent même ils font remonter réellement ces derniers.

Quelle que soit la consistance de cette substance au moment de sa sécrétion, il est très probable qu'elle se coagule promptement en un caillé blanc et granuleux, car je l'ai toujours trouvée sous cette forme dans le jabot. Si l'on tue un pigeon adulte au moment même où les petits éclosent, le jabot se présente tel qu'il vient d'être décrit, et l'on trouve dans sa cavité des fragments de caillé blanc mélangés avec une certaine quantité des aliments ordinaires du pigeon, comme de l'orge, des fèves, etc. Si on laisse les parents nourrir la couvée [1] et qu'on examine le jabot des petits pigeons, on remarque qu'il contient la même espèce de substance caillée, qui de là passe dans l'estomac où elle est digérée.

Le jeune pigeon n'est nourri que pendant un court espace de temps avec cette substance seule ; en effet, vers le troisième jour, on la trouve mélangée avec une certaine quantité de la nourriture ordinaire de cette espèce d'animaux. A mesure que le pigeon avance en âge, la proportion des aliments ordinaires augmente, de sorte que vers le septième, le huitième, ou le neuvième jour, la sécrétion de la matière caillée cesse dans le jabot des parents, et, par suite, on n'en trouve plus dans celui des petits. C'est un fait curieux, que le pigeon ait d'abord la faculté de faire remonter cette substance sans aucun mélange avec les

---

1. Ensemble des petits.

aliments ordinaires, bien qu'ensuite ces deux espèces d'aliments remontent ensemble dans la proportion requise pour l'alimentation des petits.

John Hunter[1].

Les passereaux.

Un chanteur émérite : le pinson.

Boileau a dit : ce que l'on conçoit bien s'énonce clairement et les mots pour le dire arrivent aisément. Cet adage reçoit une confirmation éclatante dans les récits des voyageurs ou des chasseurs. Sans que rien ne les ait préparés à la littérature, on les voit écrire presque au courant de la plume, des descriptions admirables de vérité et donnant bien l'impression de ce qu'ils veulent dire, des descriptions « vécues », comme l'on dit aujourd'hui. Un de ces chasseurs-écrivains les plus célèbres est A. Toussenel (1803-1885), qui vivait à la campagne, connaissait admirablement les bêtes et les a dépeintes d'une façon très poétique dans un livre devenu très rare, « Le monde des oiseaux, ornithologie passionnelle ». Les tableaux de la vie des oiseaux sont malheureusement entremêlés de considérations philosophiques et sociales qui les rendent quelquefois agaçants à lire ; choisissons-en un qui ne pèche pas par ce travers.

Pinson ! Un pauvre nom pour une espèce bien richement titrée, bien remarquable surtout par l'énergie de sa dominante caractérielle. Le pinson est l'emblème de l'artiste jaloux, du chanteur épris de son art, mais jaloux de sa propre gloire, à un point qu'on n'imagine pas, jaloux à se briser la tête du succès d'un rival. Or, qu'y a-t-il de commun entre le caractère de l'oiseau et son nom ?

Gai comme pinson est encore un de ces adages menteurs qui

---

1. *OEuvres complètes* de John Hunter, célèbre physiologiste anglais.

contribuent si déplorablement à enraciner les préjugés et les erreurs dans l'esprit des populations. Un oiseau gai, c'est le tarin, c'est le sizerin, le linot, le serin, un oiseau qui toujours frétille, sautille et babille, qui prend son mal en patience et le temps comme il vient, qui, comme le chardonneret, mange devant sa glace quand il est seul, pour se faire accroire à lui-même qu'il dîne en société. Or, le pinson n'a jamais affecté ces allures joviales ; au contraire. Il s'observe constamment, fait tout avec mesure, réflexion et solennité ; il pose, comme on dit, quand il marche, quand il mange, quand il chante. Au lieu de prendre le temps comme il vient, il se laisse aller à des plaintes mélancoliques pour peu que la pluie menace. La captivité le démoralise, le rend aveugle, le tue. Ce ne sont pas là des façons d'oiseau gai.

Fig. 50. — Pinson : ce charmant oiseau a tout ce qu'il faut pour nous plaire, car, à un plumage agréablement varié, il joint un chant délicieux.

L'air que le pinson chante n'est pas une élégie[1], mais un air de bravoure qui attend les bravos. S'il manque son effet, il peste[2]. Si quelques mâles voisins, possesseurs d'un organe plus puissant servi par une meilleure méthode, menacent de l'éclipser, son cœur s'emplit de rage ; sa colère gonfle, éclate. Il se précipite sur l'intrus, la plume hérissée, la voix haute, l'attaque, le déchire, et, s'il est le plus fort, l'expulse du canton.

Si le sort du combat tourne contre l'agresseur, il s'exile lui-même et va bien loin cacher sa honte. C'est pour cela que les pinsons qui habitent les forêts et les endroits déserts ont une si piètre voix. Ces barbares sont les fils des vaincus des joutes mu-

---

1. Petit poème. | 2. Se met en colère.

sicales que la défaite a bannis des vergers plantureux attenant au domicile de l'homme, séjours exclusivement réservés aux élus du talent. C'est pour la même raison que les plus célèbres pinsons de France appartiennent aux provinces du Nord, provinces richement peuplées, richement cultivées, où le goût de la musique est répandu dans le sein de toutes les classes, où chaque ville un peu importante possède une société philharmonique. — Natif de Languedoc ou de Provence est une expression épigrammatique qui équivaut parmi les pinsons à celle de *pataud* parmi nous. Aussi l'immense majorité des pinsons qui habitent le midi l'hiver, s'empressent-ils de remonter vers le nord, pour y prendre domicile, aussitôt que les grands froids sont passés.

La Flandre et la Belgique sont au pinson d'Europe ce que les grands théâtres de Paris et de Londres sont aux plus illustres gosiers humains de cette même partie du monde. De même que la diva [1] dont le larynx perlé roule des notes d'or ne consent à déployer ses talents que sur ces vastes scènes où la roulade se paie à sa juste valeur : *cent mille francs par an, plus les feux* [2], les congés, les bravos enthousiastes, les avalanches de fleurs... ainsi le pinson qui est de force à entonner cent fois de suite et sans se reposer sa ritournelle triomphale ne donne tous ses moyens que devant des auditeurs capables de l'apprécier et de le payer à son prix.

Car il y a des pinsons qui chantent en public et qui luttent de la voix, et qui atteignent des prix presque fabuleux sur certaines places du nord. Et le combat de pinsons est un jeu national aussi couru en Flandre que la course des taureaux en Espagne et la boxe en Albion [3]. Et il existe dans notre département du Nord une foule de sociétés philharmoniques qui s'occupent exclusivement de l'éducation des pinsons de combat et qui sont dites des *pinchonneux*, du nom légèrement altéré de l'objet spécial de leurs études, qu'on prononce *pinchon* dans le patois flamand. Et

---

1. Actrice très goûtée du public.
2. Un tant pour cent sur la recette.
3. En Angleterre.

ces sociétés florissantes organisent chaque année pendant la belle saison, et dans chacun de leurs chefs-lieux, une série de tournois musicaux et de duels de larynx qui donnent lieu à des scènes plus émouvantes qu'on ne saurait dire et à des paris effrénés.

Trop heureux le pinson si l'intérêt qu'il inspire, intérêt chauffé au rouge par l'amour-propre et la passion du gain, n'avait pas de fil en aiguille amené l'homme à se faire son bourreau.

En effet, le sort réservé à tous ces premiers prix de chant est d'être inhumainement privés de la lumière du jour. Leurs maîtres les aveuglent [1] soi-disant pour les guérir de la distraction du regard qui nuit à leurs études, et afin de les abstraire totalement du monde extérieur. Ils prétextent aussi que le pinson ne consentirait jamais à se montrer et à chanter en public, s'il apercevait le spectateur et les barreaux de sa cage. Et chose cruelle à dire, c'est tout au plus si la victime a l'air de s'affliger du traitement barbare qu'on lui inflige, tant la preuve qu'on lui donne de la haute estime qu'on fait de son talent en lui brûlant les yeux a de consolation pour son orgueil d'artiste ! Que je n'oublie pas de mentionner d'ailleurs cette circonstance intéressante que le pinson est de sa nature sujet à s'aveugler [2], comme tant d'autres artistes.

Un malheur bien plus redouté du pinson que la perte de la vue, ou plutôt le seul malheur qu'il redoute, est la perte de la voix. Aussi le rhume de cerveau le plus bénin l'inquiète-t-il beaucoup plus que l'ophtalmie la plus grave.

J'ai assisté quelquefois dans nos cités industrielles du Nord à ces combats de chant. Aucun spectacle ne m'a plus vivement ému. Il m'a été impossible depuis lors d'entendre une ariette [3] de pinson sans éprouver immédiatement le besoin de m'attendrir sur le sort des martyrs de la gloire.

Le jour et le lieu du combat ont été fixés et annoncés par voie d'affiche. L'heure venue, on place les deux rivaux aveugles à six

---

1. C'est une pratique abominable.
2. Calembour. Le mot est ici pris au figuré.
3. Petit air.

pas l'un de l'autre dans leur cage, et l'assemblée attend dans le plus grand silence le début des hostilités. Bien entendu, les signes d'approbation et d'improbation sont rigoureusement interdits dans ces représentations où il faut laisser croire aux acteurs qu'ils sont là tous deux seul à seul en face de la nature. Un des champions ne tarde pas à entonner son chant de guerre qui est aussitôt repris par l'autre, et la réplique de suivre la riposte, seconde par seconde. A partir de ce premier coup de gosier la lutte est engagée, et elle tiendra jusqu'à ce que l'un des deux athlètes soit à bout de poumons.

Le prix est à celui qui a le dernier mot. Dois-je dire que trop souvent, hélas ! ce prix si glorieux, objet de tant d'efforts, cause de tant de veilles, est dérobé au plus digne par l'astuce et la fraude ? Le procédé de gabegie[1] le plus en vogue auprès des « pinchonneux »[2] félons est celui qui consiste à mettre secrètement une cage de pinsonne dans le voisinage du pinson ennemi quelques jours avant la bataille. Le chanteur, qui ne sait pas le besoin qu'il aurait de réserver ses moyens, est tout entier au désir de plaire à la nouvelle venue, s'égosille, et l'heure du combat le trouve complètement fatigué. Alors tous ceux qui avaient spéculé sur son antique vaillance sont volés comme dans un bois. J'ai besoin de me voiler la face quand je vois l'homme, mon semblable, exploiter la bonne foi d'un oiseau par d'aussi ignobles ficelles[3] et dans un pareil but.

Tout le monde connaît cette courte phrase musicale du pinson composée d'une sorte de prélude[4] fugué[5] suivi d'un trait final légèrement syncopé et que le patois lorrain traduit de cette façon : « *Fi fi les laboureux, j'vivrons ben sans eux.* » Or, il y a de ces pinsons aveugles qui la répètent huit cents fois d'une haleine ! mais un virtuose[6] de cette force trouve facilement preneur à cent et cent vingt francs.

---

1. Supercherie.
2. Ceux qui s'occupent de pinsons.
3. Procédés illicites.
4. Le prélude est un air improvisé qui sert d'essai, soit pour la voix, soit pour un instrument.
5. Prélude qui se répète, toujours le même.
6. Qui a de grands talents pour le chant.

Il arrive quelquefois que le vaincu tombe de fatigue sur place et ne se relève plus ; et quelquefois aussi que le vainqueur qui n'a distancé le vaincu que d'une note, s'affaisse sous son triomphe et périt sous l'effort comme le soldat de Marathon.

On a vu des pinsons vainqueurs en cent batailles renoncer à l'art pour jamais... d'autres plus sensibles encore, mourir de douleur et de honte à la suite d'un premier échec.

L'adage [1] vulgaire a beau dire, l'oiseau qui prend ainsi son art au sérieux n'est pas un oiseau gai.

TOUSSENEL [2].

Une amie des berges humides.

De tous les littérateurs contemporains, il n'en est peut-être pas un qui, autant qu'André Theuriet, éprouve le charme de la nature et ne sache décrire aussi bien ses sensations de terroir [3]. Tous ses romans sont remplis d'admirables descriptions de la campagne ; ses pages sont embaumées de la suave odeur des bois et, en les lisant, ceux qui connaissent les joies de l'air pur et du gai soleil, les retrouvent tout entières. Theuriet, d'ailleurs, n'est pas seulement un littérateur, c'est aussi un naturaliste qui connaît les bêtes, qui les aime, qui, ayant vécu à leur contact, est familier de leurs habitudes, de leurs qualités et de leurs défauts. Il a notamment décrit admirablement les oiseaux communs de nos campagnes pour le plus grand régal des zoologistes et des poètes.

> Dans ton costume blanc et noir
> Comme l'habit d'une nonnette [4],
> Sous les saules, de l'aube au soir,
> Tu sautilles, leste et jeunette
> Bergeronnette.
>
> Parmi les pierres du lavoir,
> Haussant, baissant ta longue queue
> Tu rythmes [5] le bruit du battoir [6]
> Qu'on entend claquer d'une lieue
> Sur l'eau bleue.

---

1. Dicton populaire.
2. *Le Monde des Oiseaux : Ornithologie passionnelle*, Paris, 1852.
3. Terre considérée par rapport à l'agriculture.
4. Jeune nonne, c'est-à-dire jeune religieuse.
5. Faire du bruit en cadence, c'est-à-dire en suivant un autre bruit.
6. Instrument plat dont se servent les laveuses pour battre le linge mouillé et en faire sortir l'eau.

Aussi mobile qu'un désir,
Tu nargues[1] l'enfant qui te guette :
Dès que sa main croit te saisir,
Tu rouvres ton aile, ô coquette
Bergeronnette.

Sous ce nom générique[2] de « bergeronnette » on confond volontiers la bergeronnette proprement dite[3] (*fig.* 51) et la lavandière[4]. Toutes deux cependant ont des mœurs et un costume[5] très divers[6]. La première a le plumage jaune tirant sur l'olive[7] ; elle vit dans les prairies où viennent paître les troupeaux, ou bien voltige dans les champs à la suite des laboureurs ; — la seconde

Fig. 51. — Bergeronnette : jamais en repos, elle sautille et gambade sans cesse le long des cours d'eau, agitant la queue de haut en bas et tournant la tête de droite à gauche.

est habillée de noir et de blanc et se tient de préférence au bord des cours d'eau. Elles n'ont de commun que certains détails de la physionomie et la démarche : le bec fin, les pattes hautes et menues, la queue longue, qu'elles balancent sans cesse et qui leur a fait donner en Lorraine le surnom de *hochequeues*. Ce sont de grandes mangeuses de mouches et de moucherons ;

seulement la lavandière a un faible pour les mouches de rivière, et la bergeronnette est surtout friande de mouches bovines[8].

La lavandière est une amie des grèves[9] et des berges[10] humides ;

---

1. Tu te moques.
2. C'est-à-dire s'appliquant à plusieurs espèces différentes ayant entre elles quelques traits de ressemblance.
3. C'est-à-dire la seule qui mérite ce nom.
4. Le nom de cet oiseau lui vient de ce qu'elle fréquente les lavoirs, où travaillent les femmes appelées lavandières.

5. Plumage.
6. Différents.
7. Le nom du fruit sert à désigner sa couleur, c'est-à-dire verdâtre.
8. Vivant sur les bœufs.
9. Partie du bord des rivières ou de la mer qui borde l'eau.
10. Partie élevée du bord des rivières.

elle hante [1] volontiers les écluses [2] des moulins et les entours [3] des lavoirs. Le bruit ne l'effraye point, pas plus celui de la roue éparpillant ses gouttelettes blanches, que le tapage des laveuses agitant leur battoir. Elle sautille à petits pas très prestes sur les pierres et sur le sable, trempe ses pieds dans l'eau et hoche [4] perpétuellement sa longue queue mi-partie noire et blanche [5], comme pour imiter le mouvement du battoir sur le linge.

Elle émigre [6] en hiver et ne revient chez nous que vers la fin de mars. Elle fait son nid à terre, près des berges creuses ou sous les piles de bois dressées le long des rivières. Ce nid est composé d'herbes sèches et de petites racines, le tout garni en dedans de plume ou de crin ; la femelle y pond quatre ou cinq œufs blancs semés [7] de taches brunes. Elle est très bonne mère et très vaine [8] de la propreté de son logis, qu'elle nettoie scrupuleusement comme la plus soigneuse des ménagères.

Lorsque les petits sont en état de voler, le père et la mère les conduisent au long des rives et les surveillent encore pendant un mois. Tout récemment encore, au bord du lac d'Annecy [9], j'ai été témoin de l'agitation inquiète d'un couple [10] de hochequeues, dont l'un des petits était allé se fourvoyer [11] sous la lucarne d'un grenier et n'en pouvait plus sortir. — Non seulement les bergeronnettes chaperonnent [12] leurs enfants, mais elles leur enseignent à chasser les mouches et à les attraper au vol. On les voit s'élever en l'air par élans, tournoyer, pirouetter [13] en s'aidant de leur queue étalée en éventail. Et tout en voletant [14], ils font entendre un petit cri vif et redoublé [15] d'un timbre [16] net et clair.

La lavandière est un oiseau d'une nervosité [17] très grande ; sa

---

1. Elle fréquente.
2. Barrage que l'on établit en travers d'une rivière pour en élever ou abaisser le niveau.
3. Environs.
4. Élever et abaisser successivement.
5. Moitié noire, moitié blanche.
6. Aller dans un autre pays.
7. Marqués un peu au hasard.
8. Très fière.
9. En Savoie.
10. Le père et la mère.
11. S'égarer.
12. Protègent.
13. Tourner sur soi-même.
14. Voler à petits coups d'ailes.
15. Répété.
16. Qualité sonore d'une voix.
17. Très nerveux, très agile.

vivacité va jusqu'à l'inquiétude. Si familière qu'elle paraisse, elle se laisse rarement saisir. Dès qu'on l'approche, elle s'envole à dix pas plus loin, se pose de nouveau en balançant sa queue, comme pour narguer celui qui lui donne la chasse, puis elle reprend l'essor [1], et ce manège peut durer ainsi pendant des heures. Un poète de mes amis [2] qui a plus d'une fois suivi ce capricieux manège, a essayé de caractériser en quelques vers ce vol nerveux et décevant [3] de la bergeronnette lavandière :

> Elle semble, la belle,
> Un maître de chapelle
> Blanc et noir,
> Qui rythme la cadence
> Du moulin et la danse
> Du battoir.
>
> Elle court sur le sable
> Et s'envole, semblable
> Au désir
> Qui toujours nous devance
> Et qui fuit dès qu'on pense
> Le saisir.....

La bergeronnette grise ou jaune a des mœurs plus pastorales [4]. « La bergeronnette, qui aussi se repaît de mouches, dit Belon [5], suit volontiers les bêtes, sachant y trouver pâture, et possible est de là que nous l'avons appelée *bergerette* ». Elle est plus sédentaire [6] que la lavandière et ne nous quitte pas, même pendant la mauvaise saison. L'hiver, elle se rapproche des villages, s'abrite sous les berges des ruisseaux qui gèlent difficilement, et là, malgré la froidure, elle fait entendre un petit ramage [7] doux et discret. Dès que mars ramène le temps des labours et des semailles, on la voit suivre le paysan qui pousse sa charrue, et se poser sur les mottes de terre fraîche où elle trouve ample provision de vermisseaux [8].

Elle niche en avril, dans les prairies, ou parfois sous les

---

1. S'envoler.
2. Théophile Gautier.
3. Amenant une déception parce qu'on croit toujours la saisir.
4. Champêtres.
5. Naturaliste ancien (né en 1517),

de haute valeur.
6. C'est-à-dire qu'elle n'émigre pas ; elle reste au même endroit toute l'année.
7. Chant des oiseaux.
8. Petits vers.

racines d'un arbre riverain[1] d'un ruisseau. Le nid posé à terre ressemble fort, comme choix de matériaux et comme contexture[2], à celui de la lavandière, seulement il est tressé avec plus de soin. La femelle y pond six, sept et même huit œufs, d'un blanc tacheté de jaunâtre. Quand les petits sont élevés, c'est-à-dire aux environs de la fenaison[3], le père et la mère les conduisent avec eux dans les prés fauchés où viennent paître les troupeaux.

C'est alors que commence la vie idyllique[4] de la bergeronnette. Les grands bœufs roux ruminent[5] couchés dans l'herbe courte du pâtis[6]; autour d'eux, des essaims de mouches tourbillonnent, et à droite, à gauche, la bande des oiseaux aux longues queues mobiles s'élance à l'envi[7] sur les moucherons, sans s'effaroucher du voisinage de ces lourds ruminants. Quelques bergeronnettes s'enhardissent même jusqu'à se poser sur la corne noire des vaches. D'autres suivent les troupeaux de moutons qui vont s'éparpillant dans les vaines pâtures[8], sous la conduite du berger qui marche, enveloppé dans sa limousine[9].

Au dix-huitième siècle, où les naturalistes prêtaient[10] volontiers aux animaux qu'ils étudiaient les idées sentimentales alors à la mode, on prétendait que la bergeronnette pousse si loin son affection pour le berger, qu'elle l'avertit de l'approche du loup ou de l'épervier[11]. — L'invention est fort jolie, mais aussi peu vraisemblable qu'ingénieuse. Les bergeronnettes s'inquiètent peu du loup, dont elles n'ont rien à craindre; quant à l'épervier, si elles manifestent un vif émoi lorsqu'il plane au-dessus du pâtis, c'est uniquement par intérêt pour leur propre conservation, et non par amitié pour le berger, qui, du reste, n'a rien à redouter de

---

1. Croissant sur la rive.
2. Manière dont les éléments du nid sont agencés.
3. Moment où l'on coupe les foins.
4. Poétique et champêtre.
5. Remâchent l'herbe qu'ils ont avalée, comme font tous les ruminants.
6. Lieu en friche, appartenant en commun à la commune, où l'on mène paître les bestiaux.
7. Avec émulation.
8. Pâturage libre où tout le monde a le droit de conduire paître ses bestiaux.
9. Manteau fait en laine grossière.
10. Attribuaient.
11. Oiseau de proie qui attaque les oiseaux vivants.

l'épervier, celui-ci s'attaquant aux oiseaux, mais nullement aux moutons.

Tout le jour, les bergeronnettes suivent ainsi le troupeau dans ses évolutions[1]. Puis le soir vient, les grandes ombres des ormes s'allongent sur la plaine, de légères buées[2] s'élèvent dans les fonds ; la lune montre son croissant au-dessus des bois ; le berger souffle dans sa corne pour rassembler ses bêtes ; poussés par le chien, les moutons se ruent vers la route poudreuse avec des bêlements tumultueux ; les vaches meuglent, le cou tourné vers l'étable, et, par derrière, sautillant sur les touffes d'herbe, balançant la queue et jetant de petits cris aigus, les bergeronnettes font la conduite[3] au troupeau jusqu'au bout de la prairie.

André Theuriet[4].

Le vol de l'hirondelle.

L'hirondelle a, de tous temps, fait l'admiration de tout le monde, aussi bien le paysan que le citadin, le poète que le littérateur. Le célèbre écrivain Michelet, dont nous avons plus haut déjà reproduit un passage[5], lui a consacré de jolies pages, dont nous détachons quelques remarques très poétiques.

L'hirondelle s'est, sans façon, emparée de nos demeures ; elle loge sous nos fenêtres, sous nos toits, dans nos cheminées. Elle n'a point du tout peur de nous. On dira qu'elle se fie à son aile incomparable ; mais non : elle met aussi son nid, ses enfants à notre portée. Voilà pourquoi elle est devenue la maîtresse de la maison. Elle n'a pas pris seulement la maison, mais notre cœur.

Dans un logis de campagne où mon beau-père faisait l'éducation de ses enfants, l'été, il leur tenait la classe dans une serre où

---

1. Ses déplacements.
2. Léger brouillard.
3. Expression familière pour « ac-compagner ».
4. *Nos Oiseaux*, Paris, 1895.
5. Voir page 95.

les hirondelles nichaient, sans s'inquiéter du mouvement de la famille, libres dans leurs allures, tout occupées de leur couvée, sortant par la fenêtre et rentrant par le toit, jasant avec les leurs très haut, et plus haut que le maître, lui faisant dire, comme disait saint François : « Sœurs hirondelles, ne pourriez-vous vous taire ? »

Fig. 52. — Hirondelles. Toute leur vie, pourrait-on dire, se passe en volant. C'est en fendant l'air qu'elles capturent les nombreux moucherons dont elles font leur nourriture. Et, si elles éprouvent le besoin de prendre un bain, elles effleurent l'eau suffisamment pour se mouiller, mais sans presque ralentir leur vagabonde course.

Le foyer est à elles. Où la mère a niché, nichent la fille et la petite-fille. Elles y reviennent chaque année, leurs générations s'y succèdent plus régulièrement que les nôtres. La famille s'éteint, se disperse, la maison passe à d'autres mains, l'hirondelle y revient toujours ; elle y maintient son droit d'occupation.

C'est ainsi que cette voyageuse s'est trouvée le symbole de là fixité du foyer. Elle y tient tellement que la maison réparée, démolie en partie, longtemps troublée par les maçons, n'en est pas moins souvent reprise et occupée par ces oiseaux fidèles, de persévérant souvenir.

C'est l'*oiseau de retour*. Si je l'appelle ainsi, ce n'est pas seulement pour la régularité du retour annuel, mais pour son allure même, et la direction de son vol, si varié, mais pourtant circulaire, et qui revient toujours sur lui.

Elle tourne et *vire* sans cesse, elle plane [1] infatigablement autour du même espace et sur le même lieu, décrivant une infinité de courbes gracieuses qui varient, mais sans s'éloigner. Est-ce pour suivre sa proie, le moucheron qui danse et flotte en l'air ? est-ce pour exercer sa puissance, son aile infatigable, sans s'éloigner du nid ? N'importe, ce vol circulaire, ce vol éternel de retour, nous a toujours pris les yeux et le cœur, nous jetant dans le rêve, dans un monde de pensées.

.　.　.　.　.　.　.　.　.　.　.　.　.　.　.　.　.　.

L'hirondelle, prise dans la main et envisagée de près, est un oiseau laid et étrange, avouons-le ; mais cela tient précisément à ce qu'elle est l'*oiseau* par excellence, l'être entre tous né pour le vol. La nature a tout sacrifié à cette destination : elle s'est moquée de la forme, ne songeant qu'au mouvement ; et elle a si bien réussi, que cet oiseau, laid au repos, au vol est le plus beau de tous.

Des ailes en faux, des yeux saillants, point de cou (pour tripler la force) ; de pied, peu ou point : tout est aile. Voilà les grands traits généraux. Ajoutez un très large bec, toujours ouvert, qui happe sans arrêter, au vol, se ferme et se rouvre encore. Ainsi, elle mange en volant, elle boit, se baigne en volant (*fig.* 52).

Si elle n'égale pas en ligne droite le vol foudroyant du faucon, en revanche elle est bien plus libre ; elle tourne, fait cent cercles, un dédale de figures incertaines, un labyrinthe [2] de courbes variées, qu'elle croise, recroise à l'infini. L'ennemi s'y éblouit, s'y perd, s'y brouille, et ne sait plus que faire. Elle le lasse, l'épuise ;

---

1. Voler sans agiter les ailes.
2. Ici courbes entrecroisées et nom- breuses où il est difficile de se rencontrer.

il renonce, et la laisse non fatiguée. C'est la vraie reine de l'air ;
tout l'espace lui appartient par l'incomparable agilité du mouvement. Qui peut changer ainsi à tout moment d'élan et tourner
court? Personne. La chasse infiniment variée et capricieuse d'une
proie toujours tremblotante, de la mouche, du cousin, du scarabée, de mille insectes qui flottent et ne vont pas en ligne
droite, c'est sans nul doute la meilleure école du vol, et ce qui
rend l'hirondelle supérieure à tous les oiseaux.

J. MICHELET [1].

Les grimpeurs.

Le perroquet bavard.

*Les perroquets (fig. 53) — chacun le sait — apprennent plus ou
moins facilement à répéter les paroles qu'on leur prononce à plusieurs
reprises. Comprennent-ils ce qu'ils disent? On n'en sait rien, bien que
dans nombre de cas, ils semblent parler au moment voulu et avec une
certaine intelligence. A titre de curiosité et d'amusement voici l'histoire
d'un perroquet rapportée par une dame au naturaliste allemand Brehm.*

Le perroquet, dont je veux vous entretenir, nous fut donné par
une personne qui avait longtemps vécu aux Indes orientales. Il
parlait beaucoup, mais en hollandais. Bientôt il apprit l'allemand et le français. Il parlait ces trois langues très distinctement : il était très attentif et disait souvent des phrases qu'on ne
lui avait point enseignées.

En hollandais, il prononçait des mots et des phrases entières ;
dans une phrase allemande, il intercalait parfois un mot hollandais, mais toujours à propos, et parce qu'il ne trouvait pas ou ne

---

1. *L'Oiseau.* Paris, 1861.

savait pas le mot allemand. Il questionnait et répondait, demandait, remerciait ; il parlait en parfaite connaissance du temps, des lieux, des personnes. « Coco veut faire glouglou (boire). Coco veut avoir à manger. » Si on ne lui donnait pas aussitôt : « Coco veut et doit avoir à manger. » Était-on sourd encore, il renversait tout, pour exhaler sa colère.

Il saluait les gens, le matin avec bonjour, le soir avec bonsoir ; il demandait à se reposer, prenait congé : « Coco veut aller dormir. » L'emportait-on, il répondait plusieurs fois : « Bonsoir, bonsoir. »

Il était très attaché à sa maîtresse. Quand elle lui donnait à manger, il appuyait fortement son bec contre sa main, comme pour l'embrasser et disait : « Baise la main de madame. » Il prenait une vive part à tout ce qu'elle faisait, et souvent quand elle était occupée à quelque chose, il demandait avec une expression des plus comiques : « Que fait donc madame ? » Lorsqu'elle mourut, il devint triste. On eut de la peine à le nourrir. Souvent il réveillait les chagrins des parents, en s'écriant : « Où donc madame ? »

Fig. 53. — Perroquet : c'est un gymnasiarque de premier ordre et un bavard qui ne tarit pas, ce qui est quelquefois amusant, mais souvent fastidieux.

Il sifflait très bien, chantait parfaitement : « Coco va chanter quelque chose, » disait-il, puis il commençait :

« Perroquet mignon
Dis-moi sans façon,
Qu'a-t-on fait de ma maison
Pendant mon absence ? »

ou bien :

> « Sans amour et sans vin,
> Nous vivons tout de même. »

Parfois, il transposait :

> « Sans amour, sans maison,
> Nous vivons tout de même. »

ou :

> « Un baiser sans façon. »

Ce qui l'amusait fort, et le faisait partir d'un grand éclat de rire.

« Coco, comment parle Charlotte ?[1] » se demandait-il, puis il faisait la réponse : « O beau Coco, ô joli Coco, viens, donne un beau baiser. » Et il le disait avec l'expression même de Charlotte. Il témoignait par ces paroles son contentement de lui-même : « Ah ! ah ! comme il est beau Coco ! » et il se passait la patte sur le bec.

Il était cependant bien loin d'être beau, car il avait le défaut de s'arracher les plumes. On lui ordonna comme remède des bains de vin, qu'on lui donnait avec un petit arrosoir. Cela lui était fort désagréable, et quand il voyait les préparatifs, il disait avec des larmes dans la voix : « Pas mouiller Coco ; ah ! pauvre Coco, pas le mouiller. »

Il n'aimait pas les étrangers, et ceux qui venaient exprès pour l'entendre parler n'arrivaient à satisfaire leur désir qu'en se cachant. En leur présence, il restait silencieux. Mais dès qu'ils avaient disparu, il n'en babillait[2] que de plus belle, comme pour se dédommager. On pouvait cependant conquérir son amitié : il parlait avec les personnes qu'il voyait souvent, plaisantait même à sa manière. Un vieux major, qu'il connaissait à merveille, voulut un jour lui apprendre des tours d'adresse : « Monte sur le perchoir, Coco, sur le perchoir » ordonna-t-il. Coco resta stupéfait, mais tout à coup, poussant un éclat de rire, il s'écria : « Major, sur le perchoir, allons, major ! »

Un autre de ses amis, du nom de Roth, n'était pas venu de longtemps. On en parlait, on disait que l'on attendait sa visite,

---

1. Sa maîtresse dont l'auteur parlait à la page précédente.

2. Bavardait.

quand : « Voici Roth ! » s'écria tout à coup le perroquet ; il avait
regardé par la fenêtre, il l'avait reconnu de loin.

Georges, le fils de la maison, avait fait une absence. On l'attendait, on parlait de son retour, il n'arriva que le soir tard.
Coco était endormi dans sa cage. Après les premiers embrasse-
mènts, Georges s'approcha de la cage, leva le tapis qui la recouvrait. « Ah ! tu es là, Georges, c'est bien, » dit le perroquet.

Il avait remarqué que son maître appelait souvent de la fenêtre
l'intendant ou le fermier. Chaque fois qu'il les voyait s'approcher, il les appelait tous les deux, ne sachant auquel son maître
avait affaire.

— Je n'en finirais pas si je voulais raconter tous ses traits d'esprit : c'était presque un homme. Il eut une triste fin. — Un
vieil ami de la famille était tombé en enfance [1], et avait pris pour
ce perroquet une affection enfantine : on le lui donna. Tous
pleuraient quand on l'emporta. Coco seul ne pleurait pas ; mais
il ne put supporter l'exil, et mourut au bout de quelques jours.

Anonyme.

Les rapaces.

Un mangeur de cygnes.

*Le naturaliste Audubon (1780-1851), né en Amérique de parents fran-
çais, vint faire ses études à Paris, puis retourna dans son pays natal.
Là, passionné pour l'étude des animaux en général et des oiseaux en
particulier, il parcourut sans cesse le continent américain pour étudier leurs mœurs et fixer leur image d'un crayon artiste. Les récits qu'il
nous a laissés de la sorte (nous en avons déjà donné un relatif à la*

---

1. État des vieillards dont le cerveau est fatigué et qui sont incapables
de s'occuper d'eux-mêmes, ainsi que
de très jeunes enfants.

sarigue) sont admirables de vérité, quoique parfois un peu déclama-
toires. Cuvier a dit de ses œuvres que c'était le plus beau monument que
l'on ait élevé à la nature. En voici un relatif à un rapace, une sorte
d'aigle, le pygargue leucocéphale(fig. 54), qui se nourrit surtout d'oi-
seaux de la grosseur du cygne (fig. 55), ce superbe oiseau à l'allure si
fière et que chacun a admiré.

Fig. 54. — Pygargue leucocéphale s'apprêtant à dévorer un infortuné cygne
qu'il vient de capturer, tandis que son conjoint arrive pour prendre part
au festin.

Pour vous donner une idée du naturel [1] de cet oiseau, per-
mettez-moi, cher lecteur, de vous transporter sur le Mississipi.
Laissez votre barque flotter doucement au courant des ondes,
tandis qu'aux approches de l'hiver, s'avancent sur leurs ailes
sifflantes [2] des bataillons d'oiseaux d'eau qui désertent les con-

---

1. Caractère.

2. Ailes qui produisent une sorte
de sifflement en battant l'air.

trées du nord, et cherchent une meilleure saison, sous des latitudes plus tempérées.

Regardez : là, tout au bord du large fleuve, l'aigle dans une attitude droite, est perché sur la dernière cime du plus haut des arbres ; son œil, étincelant, d'un feu sombre, domine sur la vaste étendue ; il écoute, et son oreille subtile est ouverte à chaque bruit lointain, et de temps à autre il jette un regard au-dessous, sur la terre, de peur que même le pas léger du faon [1] ne lui échappe. Sa femelle est perchée sur le rivage opposé, et si tout demeure tranquille et silencieux, elle l'avertit par un cri de patienter encore. A ce signal bien connu, le mâle ouvre en partie ses ailes immenses, incline légèrement son corps en bas, et lui répond par un autre cri qui ressemble à l'éclat de rire d'un maniaque [2] ; puis il reprend son attitude et de nouveau tout est redevenu silence. Canards de toute espèce, sarcelles, macreuses [3] et autres, passent devant lui en troupes rapides et descendent le fleuve ; mais l'aigle ne daigne pas y prendre garde, cela n'est pas digne de son attention.

Tout à coup, comme le son rauque du clairon, la voix d'un cygne a retenti, distante encore, mais se rapprochant. Un cri perçant traverse le fleuve, c'est celui de la femelle de l'aigle non moins attentive, non moins alerte que son mâle. Celui-ci se secoue violemment tout le corps, et de quelques coups de son bec, aidé par l'action des muscles de la peau, arrange dans un instant son plumage. — Maintenant le blanc voyageur est en vue ; son long cou de neige est tendu en avant, ses yeux sont sur le qui-vive [4], vigilants comme ceux de son ennemi ; ses larges ailes semblent supporter difficilement le poids de son corps, bien qu'elles battent l'air incessamment ; il paraît si fatigué dans ses mouvements, que même ses jambes sont étendues au-dessous de sa queue pour le seconder dans son vol. Il approche néan-

---

1. Petit du cerf.
2. Personne au cerveau malade.

3. Oiseaux de marais assez analogues au canard.
4. Font attention.

moins, il approche ; et l'aigle l'a marqué [1] pour sa proie. Au moment où le cygne va dépasser le sombre couple, le mâle, complètement préparé pour la chasse, s'élance en poussant un cri formidable ; le cygne l'entend, et il résonne plus sinistre à son oreille que la détonation du fusil meurtrier. — C'est le moment d'apprécier toute la puissance dont l'aigle dispose ; il glisse au travers des airs, semblable à l'étoile qui tombe, et, rapide comme l'éclair, il fond sur sa tremblante victime qui, dans l'agonie [2] du

Fig. 55. — Cygnes ; il est difficile d'avoir plus de majesté et de blancheur.

désespoir, essaye par diverses évolutions d'échapper à l'étreinte de ses serres [3] cruelles. Elle monte, fait des feintes [4] et voudrait bien plonger dans le courant ; mais l'aigle l'en empêche ; il sait depuis trop longtemps que par ce stratagème elle pourrait lui échapper, et il la force à rester sur ses ailes en cherchant à la frapper au ventre. Bientôt tout espoir de salut abandonne le cygne ; déjà il se sent beaucoup affaibli, et sa vigueur défaille à la vue du courage et de l'énergie de son ennemi. Il tente un suprême effort, il va pour fuir... Mais l'aigle acharné, de ses serres le frappe en dessous, au bord de l'aile, et le pressant avec une puissance irrésistible, le précipite obliquement sur le plus prochain rivage. Et c'est à présent, lecteur, que vous pouvez juger de la férocité de cet ennemi si redoutable aux habitants

1. C'est-à-dire : a pris la résolution de l'attaquer.

2. Dernière lutte contre la mort.

3. Pattes des rapaces.

4. Fuite simulée dans une direction pour embarrasser l'adversaire.

de l'air, alors que, triomphant sur sa proie, il peut enfin respirer à l'aise. De ses pieds puissants il foule son cadavre, il plonge son bec acéré au plus profond du cœur et des entrailles du cygne expirant ; il rugit avec délices en savourant[1] les dernières convulsions de ses efforts pour lui faire sentir toutes les horreurs possibles de l'agonie. La femelle, cependant, est restée attentive à chaque mouvement du mâle, et si elle ne l'a pas secondé dans la défaite du cygne, ce n'était pas faute de bon vouloir, mais uniquement parce qu'elle était bien assurée que la force et le courage de son seigneur et maître suffisaient amplement à un tel exploit. Maintenant la voilà qui vole à la curée[2] où il l'appelle ; et dès qu'elle est arrivée, ils fouillent ensemble la poitrine du malheureux cygne et se gorgent de son sang.

J.-J. AUDUBON[3].

Le faucon, terreur des oiseaux.

La France est très riche en oiseaux de proie ; leur étude est pleine d'intérêt et leurs mœurs dignes d'être connues, ne serait-ce que pour rendre leur destruction plus facile. Ils comptent, en effet, au nombre de nos ennemis parce qu'ils détruisent les oiseaux dont nous mangeons la chair, tels que les pigeons, ou, indirectement, par la chasse qu'ils font aux petits oiseaux mangeurs d'insectes. L'un des plus terribles, à ce point de vue, est le faucon (fig. 56), qui s'attaque à tous les oiseaux, aussi bien aux grands qu'aux petits.

Il exerce de grands ravages dans les compagnies[4] de perdreaux[5] et dans les bandes de pigeons ; il poursuit les oies sans relâche ; il est même redoutable pour les corneilles qui sont isolées ; pendant des semaines entières, elles font les frais de ses repas. Il ne lui est pas facile de capturer un oiseau à terre, mais il enlève aisément ceux qui perchent[6] ou qui nagent. Pour faire

---

<table>
<tr><td>1. Au figuré, en se délectant.</td><td>5. Jeunes perdrix.</td></tr>
<tr><td>2. Au dépècement de la victime.</td><td>6. Qui se posent sur les branches des arbres.</td></tr>
<tr><td>3. Biographie ornithologique, 1831.</td><td></td></tr>
<tr><td>4. Bandes de perdreaux.</td><td></td></tr>
</table>

prendre leur essor aux perdrix, afin d'avoir prise [1] sur elles, il décrit en volant des cercles au-dessus de la compagnie. Poursuivis par lui, les pigeons, effarés, se précipitent quelquefois à l'eau pour lui échapper. Avant de capturer les oies, il les fatigue jusqu'à ce qu'elles ne puissent plus plonger. Les oiseaux les plus rapides ne lui échappent que très difficilement. Les pigeons domestiques n'ont d'autre moyen de salut qu'un vol très rapide, les pigeons se serrant les uns contre les autres ; mais que l'un d'eux s'écarte, aussitôt le faucon fond sur lui. Le manque-t-il ? le pigeon cherche à dépasser le faucon, à s'élever plus haut

Fig. 56. — Faucon ; à le voir ainsi si calme sur son nid, berceau futur de ses enfants, on ne le croirait jamais animé d'aussi noirs desseins à l'égard des charmants oiseaux chanteurs qui font la joie des campagnes.

que lui, et, s'il y réussit, il est sauvé ; son ennemi se fatigue et abandonne la chasse. Tous les oiseaux connaissent le faucon voyageur, et cherchent par tous les moyens à lui échapper. Les corneilles elles-mêmes fuient dès qu'elles l'aperçoivent et ne se hasardent point à lui tenir tête. C'est ordinairement au vol qu'il capture sa proie ; si cette proie est trop lourde pour qu'il puisse l'emporter,

---

1. De pouvoir les attaquer facilement.

si, par exemple, c'est une gélinotte[1] ou une oie sauvage, il se cramponne à elle, la fatigue et l'épuise jusqu'à ce qu'elle tombe à terre. Il poursuit sa victime avec une rapidité telle que l'œil ne peut le suivre. On entend un bruit, on voit quelque chose qui fend l'air, mais on ne peut en reconnaître la nature. L'impétuosité de cette attaque est la cause, sans doute, pour laquelle le faucon ne s'en prend pas volontiers aux oiseaux perchés ou arrêtés sur le sol, car il est exposé à se tuer en se heurtant contre un objet résistant. L'on a des exemples de faucons qui se sont ainsi assommés contre des branches d'arbres. Pallas[2] assure même qu'ils se noient souvent en poursuivant des canards ; leur vitesse acquise est telle qu'ils plongent fort avant dans l'eau et ne peuvent revenir à la surface. Rarement le faucon manque son coup. Il transporte sa proie à un endroit découvert et la dévore ; si l'oiseau est trop gros pour qu'il puisse l'emporter, il le dévore sur place. Pour le manger, il commence par le plumer au moins en partie. Il avale les petits oiseaux avec leurs entrailles[3], ce qu'il ne fait pas pour les grands. Un fait curieux est que le faucon, de caractère peu commode cependant, abandonne facilement sa proie quand il est harcelé par d'autres rapaces mendiants, les milans parasites par exemple. Ces oiseaux paresseux et inhabiles, se tiennent perchés sur les bornes, les points culminants du terrain ; ils observent le faucon et, dès qu'ils lui voient une proie, ils accourent et la lui enlèvent. Le faucon, d'ordinaire si courageux, si hardi, lorsqu'il voit venir ces hôtes indiscrets, abandonne sa proie, et répétant son cri *kiah, kiah*, remonte dans les airs. Le milan noir lui-même, que met en fuite une poule défendant ses poussins, lui ravit sa capture.

Naumann[4].

---

1. Oiseau de nos pays ayant à peu près la taille de la perdrix.
2. Célèbre naturaliste.
3. Intestins et autres organes contenus dans le ventre.
4. Célèbre naturaliste allemand.

Les coureurs.

La plume de l'autruche.

Les plumes des oiseaux sont extrémement employées dans la parure des dames, notamment pour orner leurs chapeaux. C'est même là une branche importante du commerce et de l'industrie, qui fait vivre un grand nombre d'ouvriers et surtout d'ouvrières. Tous les oiseaux peuvent être exploités à ce point de vue, mais leurs espèces varient d'une année à l'autre, avec le goût du jour, avec la mode. Il n'y a guère qu'une sorte de plumes dont l'emploi n'est jamais interrompu : ce sont celles des autruches (fig. 57), qui sont admirables de souplesse et d'élégance, et se laissent travailler, courber, friser, de toutes les manières. Malheureusement une chasse inconsidérée des autruches a décimé [1] leurs troupeaux vivant en liberté en Afrique ; pour empêcher leur disparition totale, on a commencé dans plusieurs pays tropicaux leur élevage en domesticité (fig. 58). L'auteur des lignes qu'on va lire voudrait, et avec juste raison, que l'on s'en occupât dans les colonies françaises de l'Afrique, dont elles ne pourraient, en effet, qu'augmenter la richesse.

En dehors des emplois pour garnitures des chapeaux, des robes ou vêtements féminins toujours fort élégants, les plumes des ailes servent de bordure aux chapeaux des généraux français, réminiscence [2] de la Convention et du Directoire, et du grand siècle de la monarchie sous Louis XIV. Les grandes plumes blanches simples [3], d'une pièce, servent au pavoisement du dais [4] qui couvre la *Sedia gestatoria* [5] papale. Les plumes caudales [6],

---

1. Diminué considérablement : autrefois, dans la proportion de 1 pour 10 ; aujourd'hui le sens est plus général.

2. Souvenir.

3. Assez grandes pour n'avoir pas besoin d'être *composées* de plusieurs petites plumes cousues ou collées ensemble comme le sont presque toutes celles que l'on voit sur les chapeaux.

4. Sorte de toit porté par de minces piliers.

5. Trône où se tient le pape.

6. De la queue.

de dimensions moindres que les plumes alaires [1], ou à dimensions égales, les remplacent à un prix inférieur.

Autrefois les destriers [2] de la chevalerie au moyen âge étaient panachés à l'égal de leurs maîtres: jusqu'au XIX° siècle, la noblesse militaire et les femmes de l'aristocratie [3] avaient le privilège [4] des plumes d'autruches simples. Les plumes inférieures étaient utilisées dans la coiffure des rangs inférieurs de l'armée et aussi dans l'ornementation des logements aristocratiques ou même de gens riches ; on les plaçait sur les dais et baldaquins [5]

Fig. 57. — Plumes de l'aile et de la queue de l'autruche : de quoi orner de nombreux chapeaux de dames ou faire de superbes panaches décoratifs.

de lits, d'une dimension peu en rapport avec nos appartements modernes.

Autrefois, les plumes du corps, les noires de l'oiseau mâle, les grises des jeunes et des femelles, de qualité inférieure, étaient employées dans la fabrication des draps fins de Sedan, comme lisière [6] des pièces de drap ; on s'en servait aussi dans la fabrication des chapeaux de feutre ; aujourd'hui elles sont utilisées

---

1. Plumes des ailes.
2. Cheval de bataille.
3. La noblesse.
4. Avantage exclusif.
5. Sorte de dôme que l'on suspend au-dessus du lit et qui supporte les rideaux enveloppant celui-ci plus ou moins. L'usage des baldaquins et des rideaux, véritables refuges pour microbes, tend à disparaître.

6. Bordure.

comme panachés de bas prix, boas [1] et autres garnitures de vêtements et aussi pour les plumeaux.

Dans la période de temps comprise entre 1879 et 1888, la
Colonie du Cap n'a pas exporté moins de un million de kilogrammes de plumes. C'est une quantité énorme. Les poids des quantités exportées depuis cette époque suivent l'échelle ascendante [2]
proportionnelle au nombre d'oiseaux vivants.

Fig. 58. — Parc d'autruches. Si les parents ont l'air un peu sot, il n'en est
pas de même des petits autruchons, fort drôles avec leur corps hérissé de
plumes informes et leur physionomie presque éveillée.

L'autruche aime la solitude et les grands espaces : pourvue de
membres très puissants, elle franchit en très peu de temps des
espaces considérables. Pour en faire l'élevage, l'homme a besoin
de grandes étendues de terrain : c'est ce qu'ont bien compris les
Anglais au Cap ; c'est grâce à cette clairvoyance qu'ils ont obtenu
de si brillants résultats. Des fermes de 1000, 2000 arpents [3], sont
les plus communes ; la plupart ont 3000 et même 5000 arpents ;

1. Longue garniture se mettant
autour du cou.

2. La même progression montante.
3. Ancienne mesure valant 51 ares.

quelques-unes possèdent des emplacements représentant des surfaces immenses.

La France, qui dispose de milliers d'hectares incultes dans le
sud de l'Algérie, dans des régions impropres à la création de
centres de population européenne, pourrait et devrait aider à la
création d'une industrie si importante.

J. FOREST [1].

---

1. *La Nature*, 1895.

III

LES REPTILES

Les sauriens.

Le caractère des lézards.

Il semble que l'on ne doit trouver de diversité bien manifeste dans le caractère que chez les espèces très intelligentes, comme le chien, le chat, etc. Il n'en est rien. Un psychologue belge[1] ingénieux, J. Delbœuf, a montré que le caractère peut varier beaucoup d'un individu à un autre chez les lézards (fig. 59), reptiles dont l'intelligence paraît, sinon nulle, du moins très restreinte.

Dans un voyage que j'ai fait à la fin de mai, dans le midi de la France, j'ai capturé deux lézards ocellés, l'un à Port-Bou, près de Banyuls, l'autre sur les bords du Tarn ; l'un est donc espagnol, l'autre français. Ils sont à peu près de même taille, environ 45 centimètres, queue comprise : tous deux adultes, de sorte que la différence de leurs âges, s'il y en a une, ne suffirait pas, me paraît-il, à rendre raison de leurs particularités individuelles.

De retour à Liège, je me suis amusé à les apprivoiser. Je confie à mes lecteurs que j'aime les animaux, surtout les humbles, que je me plais à les familiariser, et que je me crois parfois doué d'un

---

1. Les psychologues sont des sa- | vants qui s'occupent surtout de l'in-
telligence et de l'instinct.

don spécial, car il me faut d'ordinaire fort peu de temps pour gagner leur confiance. Au bout de quelques heures, un tarin ou un chardonneret, que je viens d'acheter, volera après moi dans ma chambre. J'ai autrefois apprivoisé des grenouilles. Il est impossible — et cette constatation m'a jeté dans un profond étonnement — de trouver entre deux hommes, pris au hasard, de plus grandes différences de caractère qu'entre mes deux lézards. Dès le premier jour où j'ai commencé leur éducation, le français, amadoué[1] par le miel que je lui offrais, s'habituait à se laisser prendre et manier sans résistance, ne cherchait plus à mordre ni à fuir, suçait avidement le miel que je lui présentais au bout d'un bâton, se cachait dans ma poitrine, dans mes manches, dans mon dos ; l'autre, farouche, indomptable, ne fuyant pas non plus, mais se campant sur ses pattes de devant, dans une attitude de défi, la gueule large ouverte et menaçante, se précipitant sur la main téméraire, et, s'il la pinçait, la serrant avec une telle force qu'il faisait jaillir le sang, et tenant si ferme qu'il fallait qu'une autre personne entr'ouvrit ses mâchoires des deux mains pour lui faire lâcher prise. Sa mine était si héroïque et si résolue, qu'il tenait à distance même les vaillants d'entre nous, bien que sa morsure fût en réalité inoffensive. Peu avide de miel d'ailleurs, mais, en revanche, aimant l'eau et la buvant à larges

Fig. 59. — Lézard ; il n'a pas son pareil pour animer les ruines et les vieux murs. C'est un être si doux et si gentil qu'il est sympathique à tout le monde, chose fort rare pour un reptile.

---

1. Rendu doux.

lampées[1], tandis que son compagnon a rarement soif. Je leur confectionnai une très grande cage en fil de fer et les mis dans une grande chambre recevant le soleil depuis son lever jusqu'à son coucher par trois côtés différents.

Le français apprenait bientôt à sortir de sa cage, à grimper aux fenêtres par des loques[2] que j'y avais suspendues, passait de l'une à l'autre à la recherche du soleil, le soir rentrait dans sa cage. L'autre, stupide, se promenait au fond de sa cage comme une âme en peine, sans essayer d'en sortir ; si je le plaçais sur l'appui d'une fenêtre au soleil, il se laissait envahir par l'ombre, s'obstinait des heures entières à vouloir passer au travers des vitres et finissait par s'endormir là où je l'avais mis.

Le premier, ayant découvert dans la chambre un vieux lit avec son matelas, faisait la découverte d'un trou dans la toile, et savait retrouver ce trou malgré des déplacements intentionnels. Bien mieux, il apprenait tout de suite à passer, le soir, par un pont de cordons pour rentrer dans le lit et de là dans sa cachette. Le second n'est jamais parvenu à comprendre l'usage du pont.

Aujourd'hui, ils se portent tous deux à merveille : l'espagnol a fini par s'apercevoir que je ne lui veux aucun mal ; il ne cherche plus aussi souvent à mordre, si ce n'est quand j'ai passé tout un jour sans le prendre, ou quand je l'ai laissé jouir quelque temps d'une liberté illimitée ; il aime courir sur moi et se cacher dans mes poches, mon dos et ma poitrine ; il a dans sa cage un vieux gilet à manches pour couchette ; mais il ne sait pas se conduire il ne sait pas trouver de lui-même le bon endroit ; il tâtonne comme un aveugle. Son compagnon connaît admirablement la topographie de mes vêtements ainsi que celle du gilet, quelque forme qu'on lui fasse prendre.

Autre trait : l'un et l'autre connaissent les vers de terre dont je les nourris, mais le français attend le ver que je lui jette et le happe[3] tout de suite ; il le prend même entre mes doigts. L'espagnol commence par fuir, et ce n'est qu'à force de patience que

---

1. Par grosses gorgées à la fois.
2. Linges ou étoffes déchirés.

3. Il l'attrape.

je vaincs sa méfiance. Aussi l'un est gras et tendu comme un petit boudin ; l'autre, naguère encore, était efflanqué comme une vessie dégonflée. Depuis quelque temps, il reprend de l'embonpoint.

J. Delboeuf [1].

Les serpents.

Un serpent dans une vérandah.

Les animaux sont en général sympathiques ; il n'y a guère qu'un groupe jouissant de la haine universelle : ce sont les serpents (fig. 60), qui, il faut l'avouer, ont tout ce qu'il faut pour déplaire : l'air sournois, le toucher froid, la manière de se glisser sans bruit, et enfin leurs dents trop souvent venimeuses. Les serpents sont la plaie des pays chauds ; pour les explorateurs, notamment, la rencontre de l'un d'eux est toujours désagréable et leurs récits seuls suffisent à faire passer des frissons à ceux qui les lisent. Voici le récit d'une de ces rencontres, dû au célèbre naturaliste Wallace, qui parut en avoir fort peur, bien qu'en réalité les pythons (serpents d'Asie) soient peu dangereux et se contentent d'avaler quelques rats et souris.

Un soir, j'étais, comme d'habitude, assis sous ma vérandah [2] prêt à faire la chasse aux insectes qu'attirait la lumière ; vers neuf heures, j'entendis tout à coup un bruit étrange au-dessus de moi, comme si un animal assez lourd rampait sur la toiture. Comme le bruit cessa au bout de peu de temps, je n'y pris pas garde davantage et me couchai. Le lendemain après-midi, peu de temps avant mon repas, j'étais étendu sur mon lit et je lisais ; je vis tout à coup au-dessus de moi une masse jaune et noire que je pris d'abord pour la carapace d'une grande tortue que l'on

---

1. *Revue scientifique.* 1891.
2. Pièce ouverte presque de toute part, munie d'un toit soutenu par des piliers.

aurait suspendue au plafond. L'objet en question se mit à remuer et je ne tardai pas à voir briller deux yeux au milieu des replis ; j'avais affaire à un grand serpent. Je m'expliquai alors le bruit que j'avais entendu la veille. Un python s'était enroulé autour du pilier de la vérandah, avait gagné la toiture et était venu se poster juste au-dessus de ma tête. J'appelai mes deux garçons qui préparaient[1] mes animaux et je leur dis qu'il y avait un serpent au-dessus de mon lit. Avec la plus grande bravoure ils se précipitèrent alors hors de la maison et me supplièrent de faire comme eux. Voyant qu'il n'y avait rien à tirer de ces gens, je fis appel à quelques hommes de la colonie et j'en eus bientôt une demi-douzaine. L'un d'eux, natif d'un pays où les serpents pullulent[2], nous dit qu'il se chargeait volontiers de s'emparer de l'importun ; avec du rotang[3], il confectionna sur-le-champ un lacet[4], le saisit d'une main, pendant que de l'autre,

Fig. 60. — Serpent suspendu à un arbre. On a beau aimer les bêtes, il est difficile d'avoir de l'amitié pour un être aussi repoussant à tous les égards.

---

1. Empaillaient les animaux pour les conserver en collection.
2. Sont très abondants.

3. Fibre tirée d'un palmier et dont on fait des cordes très solides.
4. Corde avec un nœud coulant.

à l'aide d'une longue perche, il frappait sur le serpent jusqu'à ce que celui-ci commençât à se dérouler. Il amena alors le lacs[1] au-dessus de la tête du reptile, saisit le cou et tira fortement à lui. Le serpent s'enroula alors autour d'un des piliers de la chambre dans le but d'opposer une plus grande résistance à son ennemi. L'homme finit par saisir le serpent par la queue et courut de toutes ses forces, sans abandonner toutefois le lacs qui entourait le cou. Le serpent se dégagea, mais il fut ressaisi et tué à coups de hache. L'animal avait près de quatre mètres de long et était proportionnellement très fort et de taille à avaler un chien ou un enfant.

R. WALLACE[2].

Un serpent mélomane[3].

Parmi les animaux qui aiment la musique on cite souvent les serpents. Tous sont en effet sensibles aux sons mélodieux émis par un instrument. Dans l'Inde, les « charmeurs » de serpents n'ont qu'à jouer quelques notes sur une flûte spéciale pour voir ceux-ci sortir du panier où ils sont placés et dérouler leurs anneaux. On a fait des essais analogues sur des espèces américaines, ainsi qu'en témoigne le récit suivant, dû au célèbre écrivain Chateaubriand (1768-1848), qui voyagea longtemps dans le Nouveau-Monde.

Au mois de juillet 1791, nous voyagions dans le Haut-Canada avec quelques familles sauvages de la nation des Onnontagues. Un jour que nous étions arrêtés dans une plaine au bord de la rivière Génésie, un serpent à sonnettes[4] entra dans notre camp. Nous avions parmi nous un Canadien qui jouait de la flûte; il voulut nous amuser et s'avança contre le serpent avec son arme d'une nouvelle espèce. A l'approche de son ennemi, le superbe

---

1. Synonyme de lacet.
2. Zoologiste anglais, connu pour ses explorations et ses idées philosophiques.
3. Qui aime la musique.
4. Ce serpent possède au bout de la queue des sortes de peaux desséchées qui, lorsque l'animal rampe, produisent un bruit que l'on a comparé à celui des sonnettes, mais, qui, en réalité, ressemble plutôt à celui d'une vessie sèche que l'on froisse.

reptile se forme tout à coup en spirale, aplatit sa tête, enfle ses
joues, contracte ses lèvres, découvre ses dents envenimées et sa
gueule rougie ; sa langue fourchue s'agite rapidement au dehors ; ses yeux brillent comme des charbons ardents ; son corps,
gonflé de rage, s'abaisse et s'élève comme un soufflet ; sa peau
dilatée est hérissée d'écailles, et sa queue, en produisant un son
sinistre, oscille avec tant de rapidité qu'elle ressemble à une lé-

FIG. 61. — Serpent à sonnettes, ainsi nommé à cause des organes singuliers
qui garnissent le bout de sa queue et qui, lorsqu'ils frottent le sol, produisent un bruit de grelots dont l'utilité pour le reptile n'apparaît pas
très clairement.

gère vapeur. Alors le Canadien commence à jouer sur sa flûte ;
le serpent fait un mouvement de surprise et retire sa tête en arrière ; il ferme peu à peu sa gueule enflammée. A mesure que
l'effet magique le frappe, ses yeux perdent de leur âpreté, les vi-
brations de sa queue se ralentissent, et le bruit qu'elle fait entendre s'affaiblit et meurt par degrés. Moins perpendiculaires sur
sa ligne spirale, les orbes[1] du serpent charmé s'élargissent et
viennent tour à tour se poser sur la terre en cercles concentriques ; les écailles de la peau s'abaissent et reprennent leur éclat,
et, tournant légèrement la tête, il demeure immobile dans l'atti-

---

1. Cercles décrits par le serpent.

tude de l'attention et du plaisir. Dans ce moment le Canadien marche quelques pas en tirant de sa flûte des sons lents et monotones ; le reptile baisse son cou, entr'ouvre avec sa tête les herbes fines, et se met à ramper sur les traces du musicien qui l'entraîne, s'arrêtant lorsqu'il s'arrête, et commençant à le suivre aussitôt qu'il commence à s'éloigner. Il fut ainsi conduit hors de notre camp au milieu d'une foule de spectateurs tant sauvages qu'Européens qui en croyaient à peine leurs yeux.

CHATEAUBRIAND.

Les crocodiliens.

La chasse aux crocodiles.

Edouard Foà est un explorateur français qui a parcouru l'Afrique pendant plus de quinze ans, presque toujours à pied et avec une escorte très restreinte. Avec une hardiesse inouïe, il s'est attaqué aux animaux les plus féroces et souvent au péril de sa vie. Revenu en France encore tout jeune — il n'avait pas quarante ans — il mourut des fièvres contractées sur le sol africain. Il a laissé de nombreux récits de chasse, aussi intéressants pour les explorateurs que pour les naturalistes. Nous lui empruntons un passage relatif aux crocodiles (fig. 62), qui, malgré leur lenteur à se déplacer, sont des animaux terribles.

Un de ces reptiles de deux mètres de long a parfaitement la force de saisir un homme, de l'entraîner sous l'eau et de le noyer avant de le dévorer, et ils ne se privent pas de le faire. Aussi, en certains endroits, les indigènes [1] ne s'approchent-ils jamais du bord des rivières; ils y puisent l'eau avec des récipients [2] fixés au bout de longues perches.

Un jour, à quelques pas de moi, sur le bord de la rivière Re-

---

1. Habitants du pays. | 2. Des vases.

vougué [1], où je venais de boire et d'où je m'éloignais en allumant ma pipe, une vieille femme s'approchait pour remplir un pot. Je l'entends pousser un grand cri. Je me retourne à temps pour voir une sorte d'ombre disparaître au fond de l'eau, engloutie dans un remous [2]..... et ce fut tout. Le fils de cette malheureuse accourut et, sur le sable, se tordait les mains [3], faisant peine à voir ; il sauta dans une pirogue [4] et avec un bambou fouilla la rivière en tous sens, mais il ne retrouva jamais le corps de sa mère.

Fig. 62. — Crocodile. Bien que d'allure un peu endormie, il n'a pas son pareil pour capturer un baigneur et lui briser le corps entre ses terribles mâchoires.

D'après les empreintes [5], je vis que le crocodile était sorti de la rivière à droite de l'infortunée [6], l'avait attaquée par derrière et l'avait entraînée dans l'eau, la saisissant probablement par une jambe. Tout cela en moins de temps que je n'en mets à l'écrire.

Ce sont surtout des enfants qui disparaissent ainsi lorsque, se dérobant à l'attention de leurs parents, ils vont s'amuser sur le rivage. Si l'on pouvait dresser la liste de tous les accidents de ce genre, cette statistique atteindrait un chiffre considérable. Mais ces tristes expériences ne sont d'aucune utilité aux indigènes, chaque jour on les retrouve s'exposant aux mêmes dangers.

---

1. Dans le sud de l'Afrique.
2. Sorte de tourbillon laissé dans l'eau par un corps qui s'y enfonce brusquement.
3. Pour exprimer sa douleur.

4. Barque légère et de construction simple.
5. Traces laissées sur le sol par les pas de l'animal.
6. La malheureuse victime.

Le crocodile sort rarement de son élément[1] ; néanmoins aux heures chaudes de la journée, surtout quand il est repu[2], il aime à faire la sieste[3] au soleil, sur un banc de sable. Il dort très légèrement en général : le moindre bruit le rappelle à lui. Lorsque son sommeil est profond, il a la mâchoire grande ouverte ; on peut alors s'approcher de lui plus aisément ; mais quand il a la gueule fermée, il est éveillé ou seulement assoupi[4].

On lit dans des ouvrages sérieux que la balle glisse sur les écailles du crocodile et qu'il est presque invulnérable. Erreur. Avec une carabine Flobert de salon[5] de 9 millimètres[6], je me charge de le tuer..... pourvu qu'il veuille bien se laisser approcher à la portée de ce petit fusil. Une balle de Winchester[7] le laisse raide mort ; le tout est naturellement de l'envoyer au bon endroit. L'expérience m'a démontré qu'il n'y a que deux coups capables de tuer net un crocodile, ou tout au moins de l'immobiliser. C'est là le grand point, car, comme il se tient tout à fait au bord de l'eau, le moindre mouvement, même involontaire, l'y fait tomber, de sorte qu'il échappe au chasseur ; c'est même ce qui arrive presque toujours et ce qui a peut-être fait croire que la balle était sans effet sur lui ; il faut donc que le coup soit tellement violent et l'atteigne si sûrement dans ses parties vitales, qu'il reste foudroyé et se trouve dans l'impossibilité absolue de faire un seul mouvement.

On obtient ce résultat en visant l'œil, dont la boîte osseuse[8] fait saillie et touche au crâne, le projectile fait alors sauter toute la partie supérieure de l'enveloppe cervicale[9]. Ce coup est difficile, l'œil n'étant pas toujours aisé à voir ni à atteindre aux grandes distances auxquelles on tire. En outre, il a l'inconvénient de défigurer[10] l'animal. Reste un seul autre point, le cou ;

---

1. Le milieu où il vit, l'eau.
2. Quand il a mangé.
3. Repos pris dans la journée.
4. Sommeil léger.
5. Carabine de peu de force.
6. Diamètre du projectile.
7. Fusil de chasse très puissant, de

marque anglaise.

8. L'œil du crocodile est enveloppé à l'intérieur d'une sorte de carapace en os.

9. Enveloppe du cerveau.

10. Ce qui est regrettable quand on veut garder l'animal en collection.

frappé par une balle vers le milieu du cou, entre la mâchoire et l'épaule, et dans la direction du cœur, le crocodile est instantanément tué. Un très léger mouvement de balancement dans la queue est le dernier signe de vie qui se manifeste chez lui.

J'ai mis longtemps à trouver ce point sensible chez ces reptiles; j'en ai blessé et perdu des quantités, lorsqu'un jour j'en aperçus un qui, sortant la tête et le cou hors de l'eau, était en train de faire descendre par secousses un objet blanc dans son gosier. Pour m'amuser, car la distance était énorme (près de deux cents mètres), j'envoyai sur lui un coup de Winchester. A mon grand étonnement, sa tête retomba, et il ne remua plus. En approchant, je vis que ce qu'il avait entre les mâchoires était un gros poisson. Il était mort sur un banc de sable, dans quinze centimètres d'eau, à côté d'un fond à pic [1] où un seul mouvement eût pu le faire retomber, mais il n'avait pas remué un muscle; la balle l'avait touché au cou et tué raide. Depuis lors, c'est toujours ainsi que je me suis efforcé de tuer ces vilaines bêtes.

S'il est simplement frappé au cœur, le crocodile bat des mâchoires [2] avec un claquement qui s'entend fort loin, mais il a toujours le temps d'aller mourir au fond de la rivière.

Tirer sur lui dans l'eau peut être un passe-temps, mais c'est un coup perdu, car, si on le tue, il coule à fond, et au lieu de remonter comme l'hippopotame au bout de quelques heures, il ne revient à la surface qu'en complète putréfaction [3].

Une façon amusante de capturer [4] un crocodile consiste à mettre un appât [5] de viande sur un hameçon à requin [6] et à le pêcher comme un vulgaire brochet [7]; quelques mois après notre voyage du Zambèze, sur des rivières de l'intérieur, je tentai cette expérience qui réussit pleinement. L'animal ne se fit pas long-

---

1. Perpendiculaire à la surface de l'eau.

2. Ouvre et ferme alternativement et rapidement ses mâchoires.

3. Quand les gaz dégagés par la putréfaction le soulèvent.

4. Prendre.

5. Morceau de viande pour attirer l'animal.

6. C'est-à-dire de forte taille.

7. Poisson de nos eaux douces.

temps attendre; mais il fallut six ou huit hommes pour le hisser à terre, accroché par la gorge; les efforts qu'il faisait, ses sauts de carpe, ses coups de dent formidables, retentissant sur l'acier de la chaîne, étaient des plus récréatifs. Sitôt qu'ils le virent hors de l'eau, les noirs [1] faillirent s'enfuir, craignant un coup de sa formidable queue. En se débattant il aurait bien pu casser la jambe à un homme, tout captif qu'il était. Je l'achevai d'une balle, mais après l'avoir manqué d'abord plusieurs fois à cause de ses bonds [2] désordonnés.

Un crocodile pris ainsi à l'hameçon et blessé d'un coup de sagaie [3] fit entendre pendant plus d'un quart d'heure une espèce de rugissement semblable à un râle. Bien des gens croient pourtant que ce reptile est muet, et j'ai vu des sourires de doute sur la figure des personnes à qui j'ai assuré le contraire. J'ai entendu un crocodile pousser de véritables beuglements à plusieurs reprises, un jour qu'avec un fusil à plombs [4] à quarante mètres, je criblai de six [5] sa gueule large ouverte; fou de douleur, il se mit à courir vers l'eau, manquant de sauter dans nos embarcations.

Edouard FOA [6].

Les chéloniens.

Comment pondent les tortues de mer.

Les tortues de mer (fig. 63) [7] vivent, en temps ordinaire, en pleine mer ; elles nagent non loin de la surface où elles viennent respirer de

---

1. Les nègres.
2. Ses sauts.
3. Lance employée par les nègres.
4. Se chargeant avec de nombreux petits plombs, — par opposition avec les carabines où chaque coup n'envoie qu'une seule grosse balle.

5. Chiffre faisant allusion à la grosseur du plomb employé.
6. *Mes grandes chasses.* Paris, 1901.
7. Voir l'histoire des tortues dans : Henri Coupin, *Les animaux excentriques.* Paris, 1903.

temps à autre. Ce n'est qu'au moment de pondre qu'elles se rapprochent des côtes sableuses sur lesquelles elles se rendent pour y cacher leurs œufs. Elles sont à cette époque aussi peu farouches que, dans la mer, elles sont craintives. On peut alors circuler au milieu d'elles sans les troubler, ainsi qu'on va le voir par le récit d'un témoin oculaire [1].

Notre présence ne gênait nullement la tortue dans l'accomplissement de son œuvre; on pouvait la toucher et même la

Fig. 63. — Une tortue marine : le caret ; c'est avec ces sortes de tuiles qui garnissent son dos que l'on fait l'écaille, substance très appréciée pour confectionner divers bibelots.

soulever, ce qui exigeait les efforts de quatre hommes réunis ; tandis que nous exprimions d'une manière bruyante notre surprise, la bête ne manifesta son impatience qu'en soufflant, à peu près comme font les oies quand on approche de leur nid. Elle poursuivit lentement le travail commencé à l'aide de ses pattes postérieures [2], conformées en nageoires, et creusa ainsi dans le sable un trou cylindrique de 25 centimètres de large environ, en rejetant de part et d'autre, à côté d'elle, la terre affouillée [3], avec

---

1. Ayant vu par lui-même, par ses propres yeux.

2. Pattes de derrière.

3. Creusée.

beaucoup d'adresse et de régularité, et presque en mesure. Ensuite, elle se mit immédiatement à pondre. Un de mes deux soldats s'étendit alors par terre et plongeant sa main jusqu'au fond du trou, il en rejeta tous les œufs au fur et à mesure qu'ils étaient pondus. Nous recueillîmes de la sorte cent œufs dans l'espace d'une dizaine de minutes. On agita alors la question [1] de savoir s'il était opportun d'incorporer cette superbe bête dans notre collection ; mais le poids énorme de cette tortue, à laquelle il eût fallu consacrer exclusivement un de nos mulets, et la difficulté qu'on eût éprouvée à charger ce fardeau peu commode nous déterminèrent à lui faire grâce de la vie et à nous contenter du tribut prélevé sur les œufs. Lorsque nous revînmes sur la rive, au bout de quelques heures, nous ne l'y retrouvâmes plus. Elle avait recouvert son trou, et les larges traces qu'elle avait laissées sur le sable nous prouvèrent qu'elle avait rampé de nouveau jusque dans son élément.

Ce que l'expérience m'a appris, c'est que, pendant la période d'été au Brésil, c'est-à-dire pendant les mois de décembre, de janvier et de février, ces animaux s'approchent en foule des côtes pour y enfouir leurs œufs dans le sable que chauffent les rayons brûlants du soleil. A ce point de vue, toutes les tortues marines agissent de même et ce qui a été dit du procédé usité dans l'accomplissement de cet acte, dont j'ai été témoin oculaire, s'applique à toutes ces créatures apparentées [2] en raison de leur structure [3] et de leur mode d'existence. A l'époque de la ponte, le voyageur trouve souvent dans le sable des côtes, des endroits marqués de deux gouttières parallèles indiquant le chemin qu'ont suivi les tortues en montant sur la terre ferme. Ces sillons sont les traces laissées par les quatre pattes-nageoires [4] ; entre eux, on remarque une large empreinte due au plastron [5] de leur corps si pesant. En remontant la plage sablonneuse jusqu'à une

---

1. On discuta.
2. Ayant des ressemblances, appartenant à la même famille.
3. La conformation de leur corps.
4. Les pattes des tortues marines sont étalées et leur servent de nageoires.
5. Partie de la carapace qui est située sous le ventre.

distance de trente à quarante pas du bord, le long de ces traces, on peut trouver cette grande et lourde bête, immobile dans le creux lisse et peu approfondi qu'elle a formé en pivotant [1] et dans lequel elle est à moitié cachée. Quand tous ses œufs ont été déposés ainsi qu'il a été décrit, la tortue repousse le sable amassé de chaque côté, et, après l'avoir foulé fortement, elle retourne à son élément en parcourant, aussi lentement qu'à son arrivée, le chemin tracé précédemment.

Prince de WIED [2].

---

[1]. En tournant sur elle-même.

[2]. *Contribution à l'histoire naturelle du Brésil.*

IV

LES AMPHIBIENS

Les crapauds ressuscitants.

Les animaux à sang froid sont d'une vitalité extraordinaire. Là où des animaux à sang chaud périraient rapidement, eux résistent et survivent. C'est ainsi qu'il n'est pas rare de voir des poissons ou des grenouilles rester enfermés pendant des mois entiers dans des blocs de glace et en sortir bien vivaces, quand ceux-ci viennent à fondre. On a trouvé aussi des crapauds (fig. 64) enfermés dans des blocs d'argile durcie ou dans du plâtre et y continuer à vivre durant un temps que l'on n'a pas pu apprécier, mais qui paraît fort long. Ces observations ont été longtemps mises en doute et c'est ce qui a engagé un célèbre physiologiste anglais, à faire les expériences relatées ci-dessous.

En 1777, Hérissant renferma dans des boîtes scellées[1] dans du plâtre trois crapauds qui furent déposés à l'Académie des Sciences. On ouvrit les boîtes dix-huit mois après, en présence de quelques-uns de ses membres. Un des crapauds était mort, les deux autres vivaient. Personne ne pouvait douter de l'authenticité du fait ; mais l'expérience elle-même fut exposée aux mêmes objections que les observations auxquelles elle devait servir de terme de comparaison. Ces observations se rapportaient à des crapauds qu'on avait trouvés vivants dans de vieux murs, où ils avaient été scellés pendant des années, dans des blocs de charbon de terre, et même dans des pierres où ils avaient peut-être vécu pendant un temps incalculable. On a objecté que, dans l'un et l'autre cas, il y avait probablement quelque trou ou quelque crevasse par lesquels l'air s'insinuait, ou qui livraient passage

---

1. Enfermées.

aux animaux ; mais cette objection ne me paraît pas valable quant à l'expérience de Hérissant ; l'accès de l'air par une ouverture visible ne pouvait guère échapper à un aussi bon observateur. C'est cependant une chose remarquable que les circonstances de l'expérience aient été complètement passées sous silence ; ni les dimensions, ni la substance de la boîte n'ont été indiquées, ni l'épaisseur du plâtre qui la recouvrait ; et c'est précisément le défaut de précision dans la détermination des circonstances où se trouvèrent les animaux, quand on les a découverts dans des corps solides, qui rend problématiques [1] les conclusions qu'on en tire. Aussi un savant naturaliste qui, dans ses voyages, a beaucoup enrichi l'his

Fig. 64. — Crapaud commun. Il serait difficile de le faire passer pour beau, mais il ne faut pas oublier qu'il mange de nombreuses bestioles nuisibles et a ainsi droit à notre protection.

toire des batraciens, appuyé d'ailleurs de quelques expériences, a-t-il douté de ce résultat.

J'observerai, à l'égard de l'expérience de Hérissant, qu'il paraît y avoir de l'air dans les boîtes où les crapauds étaient renfermés ; ce qui ne s'accorde pas avec le but que je me suis proposé. Mon intention étant d'étudier l'asphyxie dans les corps solides, je ne devais pas y laisser d'air. Cette modification est importante et change la nature de l'expérience.

Le 24 février 1817, je fis sur quinze crapauds communs les expériences suivantes : je pris d'abord cinq boîtes de bois blanc, dont trois avaient 4 pouces [2] cubes, les deux autres 4 pouces 1/2

---

1. Douteuses.

2. Ancienne mesure de longueur, valant $2^{cm},707$.

de long sur 4 de large, et 2 1/2 de profondeur. Je mis du plâtre gâché au fond des boîtes jusque vers le milieu, j'y plaçai ensuite le crapaud que je contins [1] d'une main pour l'empêcher de quitter sa situation au centre ; je le couvris ensuite de plâtre dont je remplis les boîtes, qui furent fermées et ficelées. Je me servis ensuite de cinq autres boîtes circulaires de carton ayant 3 pouces 1/2 de diamètre et 2 pouces de profondeur ; j'y enterrai cinq autres crapauds avec les mêmes précautions ; j'égalisai le plâtre par-dessus, et j'eus bien soin de ne point y laisser de fissure ; j'y adaptai ensuite les couvercles ; en même temps je mis les cinq autres crapauds dans de l'eau, pour comparer la durée de ce genre d'asphyxie avec celui qui pouvait avoir lieu dans le plâtre. Le même jour, à minuit, tous les crapauds que j'avais mis dans l'eau étaient morts, c'est-à-dire huit heures après le commencement de l'asphyxie [2] ; le lendemain, à quatre heures du soir, j'ouvris une des boîtes de carton. Je détachai avec précaution une partie du plâtre, et l'animal, quoique engagé presque entièrement dans cette substance exécuta des mouvements et se mit à coasser. Ainsi, seize heures après la mort des crapauds dans l'eau, celui qui était enfermé dans du plâtre était encore très vivace ; mais comme il n'avait pas atteint la limite à laquelle ces animaux peuvent parvenir dans l'asphyxie par l'eau, je remplis l'ouverture avec du plâtre gâché, ayant soin d'en accumuler plusieurs lignes au-dessus du niveau précédent. Je l'abandonnai ensuite avec les autres, et ne l'ouvrit que le 15 mars suivant, et le trouvai parfaitement en vie le dix-neuvième jour, à dater du commencement de l'expérience [3].

William EDWARDS [4].

---

1. Je maintenais.

2. Les crapauds adultes respirent l'air atmosphérique ; ils ne peuvent, par conséquent, vivre que momentanément dans l'eau, comme les grenouilles d'ailleurs.

3. Cette expérience ne prouve pas que le crapaud puisse vivre sans respirer. Depuis William Edwards, en effet, on a montré que l'air passe réellement au travers de masses mêmes considérables de plâtre.

4. *De l'Influence des agents physiques sur la vie*, 1824.

V

LES POISSONS

Les téléostéens.

Les migrations du hareng.

A certaines époques de l'année, les harengs (fig. 65) deviennent très communs sur nos côtes — et c'est naturellement le moment que l'on choisit pour les pêcher — puis ils disparaissent pour ne revenir que l'année suivante. Que deviennent-ils durant cet intervalle ? Vont-ils, comme le veulent certains naturalistes, dans les régions froides du globe, en remontant vers le nord ? Ou bien se contentent-ils de quitter les côtes pour gagner la profondeur des mers ? C'est à cette dernière opinion — généralement admise aujourd'hui — que se rallie Carl Vogt, célèbre naturaliste suisse, auquel est dû le passage ci-dessous.

Si l'on examine une carte des profondeurs de la mer du Nord, on se convainc facilement que la Grande-Bretagne repose sur un haut plateau d'une vaste étendue qui n'a nulle part plus de 200 mètres de profondeur et qui s'étend à une distance telle que la France, la Hollande, l'Allemagne du Nord et le Danemark seraient réunis sur un seul continent avec l'Angleterre si le fond de la mer était rehaussé de 200 mètres. Ce continent se prolongerait sur le côté oriental de l'Angleterre jusqu'au voisinage de la Norvège, mais serait séparé de ce pays par un bras de mer étroit et profond, enveloppant à quelque distance l'extrémité méridionale de la Norvège. Du côté occidental de l'Angleterre, au contraire, le haut plateau s'étendrait seulement à dix milles environ des côtes de l'Angleterre et de Bretagne pour plonger par une pente escarpée dans la profondeur de l'Océan. Ces profondeurs sont le domicile des harengs ; c'est de là qu'ils se sont mis en route, notamment pour frayer[1].

Il est facile de donner la preuve irréfutable contre l'opinion admise des grandes migrations[2] des harengs venus de la mer polaire. Parmi les harengs, on distingue de nombreuses races. Le hareng de la mer Baltique est le plus petit et le plus faible, celui de Hollande comme celui d'Angletérre sont déjà plus gros,

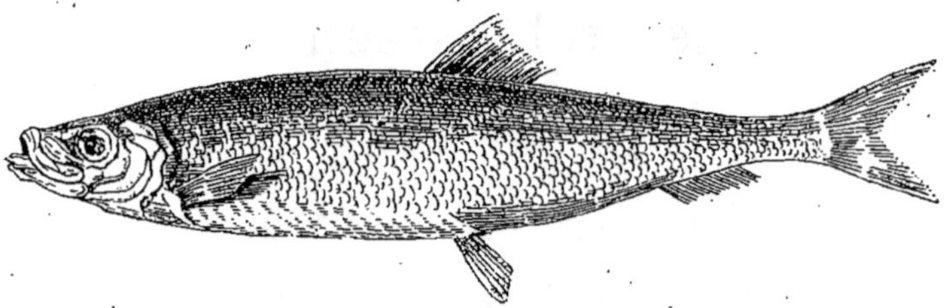

Fig. 65. — Hareng. Au point de vue de la pêche sur nos côtes, il a une grande importance.

tandis que le hareng des îles Shetland et des côtes de Norvège est le plus gros et le plus gras. Sur les côtes mêmes, les pêcheurs distinguent, tout comme les pêcheurs de saumons, le hareng côtier à l'embouchure des rivières, qui séjourne[3] au voisinage du rivage et qui est habituellement plus gros, mais d'un goût moins fin, du hareng de mer qui arrive de distances fort éloignées vers les côtes. Si l'hypothèse de la migration de troupes, parties d'un point central commun placé dans l'Océan glacial, était exacte, comment pourrait-il se faire que les différents bancs se séparent exactement suivant la grosseur, la forme et leurs caractères intimes, qu'ils parviennent sur un temps déterminé à leurs lieux de rendez-vous comme les régiments et les bataillons d'une armée ?

---

1. Déposer ses œufs.
2. Longs voyages effectués tous les ans à la même époque.
3. Reste au même endroit.

Mais ce qui renverse complètement l'édifice[1] par sa base, c'est d'un côté la rareté relative de ces poissons dans les contrées septentrionales, de l'autre la différence qui existe entre les temps d'apparition du poisson aux différents endroits. Autour du Groënland où cependant passerait un courant principal pour se diriger vers l'Amérique, le hareng est si rare que beaucoup de naturalistes ne le citent même pas parmi les poissons du pays.

Carl Vogt.

La pêche à la sardine.

Parmi les poissons de nos côtes, l'un des plus importants est, à coup sûr, la sardine, qui offre cet avantage de pouvoir être conservée dans de l'huile et vendue ainsi toute l'année. Sa pêche ne présente pas de grandes difficultés ; c'est un spectacle des plus attrayants que d'y assister. Le passage qui suit, en même temps qu'il nous le fera connaître, nous rendra familiers divers termes, spéciaux aux pêcheurs, et que l'on ne doit pas ignorer.

Les bateaux de pêche (*fig.* 66) étant gréés[2], pourvus de rames, de *rogue*[3], de filets et de quatre ou cinq hommes, les pêcheurs partent de grand matin, lorsque le temps le permet, pour se rendre à l'aube[4] du jour, à l'endroit où ils présument[5] trouver du poisson. Quelquefois ce sera près de terre, d'autres fois jusqu'à 2 et 3 lieues au large[6]. On remarque en général que les sardines se plaisent dans le remous[7] des courants, à des endroits où l'eau paraît peu agitée, et que les pêcheurs appellent des *limes* ; cependant il arrive quelquefois qu'il n'y a pas plus de poissons dans ces endroits qu'ailleurs ; en tous cas ils essayent de croiser la marée[8]. Autrefois les pêcheurs de Camaret[9] préten-

---

1. L'hypothèse de migrations vers le pôle.
2. Garnis de voiles, de cordages, etc.
3. Substance que l'on jette dans l'eau pour attirer les sardines à l'endroit où on jette le filet. La meilleure rogue consiste en des œufs de morues.
4. Au lever du soleil.
5. Espèrent.
6. En pleine mer.
7. Sorte de tourbillon produit dans l'eau, souvent peu visible à la surface.
8. Aller contre la mer montante.
9. Port de Bretagne.

daient qu'il ne fallait mettre les filets à la mer que de basse eau[1], ou lorsque la mer était dans son plein et étale[2], jamais à mi-marée ; mais on a reconnu que c'était une erreur, et on jette les filets indistinctement à toutes les heures du jour.

Fig. 66. — Pêche aux sardines : le patron du bateau lance de la « rogue », appât destiné à attirer les poissons dans son filet.

Lorsqu'un bateau est rendu au lieu où il veut pêcher, il amène ses voiles[3] et quelquefois les mâts ; deux ou quatre matelots se mettent aux rames, moins pour faire avancer le bateau que pour tenir le bout au vent[4] ; on ôte le gouvernail, et le maître ou un

---

1. Basse mer.

2. Pendant l'intervalle de temps qui sépare la fin de la marée montante du commencement de la mer descendante.

3. On plie les voiles ou on les descend dans le navire.

4. Avoir le vent venant en avant du navire. On dit aussi avoir « vent debout ».

matelot met le filet à l'eau par l'arrière[1], et l'attache au bateau par le bout de la ralingue[2] qui porte les lièges[3]. Pendant ce temps, l'équipage[4] rame pour que le filet s'étende dans l'eau.

Pendant que l'équipage est occupé à ces opérations, un mousse[5] délaye[6] dans l'eau de la rogue, de sorte qu'il en forme comme une bouillie claire ; le maître placé à l'arrière et ayant auprès de lui un seilleau[7] rempli de cette bouillie, en prend dans une gamelle, et avec une cuiller de bois, il en jette de temps en temps des deux côtés du bateau, le plus loin qu'il peut. Quelques-uns ne se servent pas de cuiller, ils en jettent à la main et suivant la direction que prend le filet. On répand quelquefois la rogue par l'avant[8] ; mais ce n'est pas l'ordinaire ; l'attention que doit avoir celui qui jette la rogue est de la répandre à bâbord[9] s'il aperçoit le poisson à tribord[10], et le contraire, afin que le poisson soit déterminé[11] à traverser le filet pour attraper l'appât ; car les sardines, apercevant cet appât, dont elles sont avides, s'élèvent près de la surface de l'eau : elles nagent de côté et d'autre pour en attraper et elles se maillent[12]. Quand on voit des écailles[13] qui flottent sur l'eau, on juge que les sardines ont donné[14] dans le filet ; on en juge aussi quand on voit que les lièges sont agités à la surface de l'eau, ou mieux encore, quand les filets étant chargés de poissons, les lièges entrent dans l'eau ; alors on répand abondamment de la résine, pour les engager encore mieux à donner dans le filet.

Quand le patron soupçonne que son filet est bien chargé de poisson, il le relève ; ou bien, s'il s'aperçoit qu'il y a beaucoup

---

1. En arrière du navire.

2. Cordage qui supporte le filet.

3. Les morceaux de liège qui, attachés à la ralingue, empêchent le filet de s'enfoncer.

4. Les marins qui sont sur le navire.

5. Tout jeune matelot.

6. Mélange en remuant.

7. Petit seau.

8. Le devant du navire.

9. Côté gauche du navire en partant de l'arrière.

10. Côté droit du navire en partant de l'arrière.

11. Forcé.

12. Leur corps se prend dans les mailles du filet.

13. Les écailles des sardines qui sont arrachées lorsqu'elles se débattent pour sortir des mailles du filet.

14. Se sont jetées.

de sardines, il ajoute une seconde pièce de filet [1] qu'il attache à la première, en liant ensemble les cordes de liège [2], et ordinairement il met une bouée [3] à l'extrémité foraine [4] de la première pièce de filet, et il attache au bateau la seconde pièce de filet par la corde de liège, de sorte que la pièce qu'on a mise à l'eau la première est reculée du bateau de toute la longueur de la seconde pièce. Lorsque le patron trouve que les sardines sont en grande quantité, il met quelquefois jusqu'à cinq pièces de filet les unes au bout des autres, en ajoutant toujours de la rogue à mesure qu'il ajoute de nouveaux filets. On conçoit combien il est important que le bateau se tienne toujours debout au vent, pour que les filets soient en ligne droite, et qu'ils ne s'embarrassent point les uns dans les autres ; mais par l'addition de ces pièces de filet on forme une tessure [5] de 70 ou 80 brasses [6] de longueur, qu'on trouve quelquefois garnie de poissons dans toute son étendue, comme était la première pièce.

Lorsque le filet est bien garni de sardines, ou lorsqu'on est pressé de gagner la terre [7] pour livrer [8] le poisson, ou encore lorsqu'un gros poisson vorace qui s'est jeté dans les filets les brise et fait fuir les sardines, ou quand le jour manque, il faut retirer les filets, et voici comment on fait cette manœuvre.

Quand, pour quelque cause que ce soit, on veut relever les filets, on détache du bateau la pièce de filet qu'on a mise la dernière à l'eau, et on attache une bouée à la ralingue qui porte les lièges ; puis le bateau va à la rame chercher les bouées qu'on a mises au bout de la pièce de filet qu'on a jetée la première à l'eau ou au bout forain de la tessure, car c'est ce bout qu'on a tiré le premier à bord [9] ; et à mesure qu'on amène le filet, un mousse, avec un camarade, fait sortir les poissons des mailles en secouant le filet, et, suivant de même, les unes après les autres, toutes les

---

1. Un second filet.
2. Les cordes qui supportent les lièges.
3. Corps léger et flottant.
4. L'extrémité qui d'abord était attachée au navire.

5. Corde.
6. La brasse vaut environ 1 m. 60.
7. Retourner sur la terre.
8. Vendre.
9. Sur le navire.

pièces ; le poisson se trouve rassemblé dans le fond de la chaloupe [1]. Le filet que l'on a mis le dernier à l'eau étant aussi le dernier qu'on a tiré à bord, il continue à s'y mailler des poissons pendant qu'on lève les premières pièces, et c'est une raison pour le haler [2] le dernier.

Il y en a qui suivent une autre méthode ; ils retirent une couple [3] de pièces de filet du bord forain de la tessure ; et, quand ils en ont secoué le poisson, ils mettent à l'eau ces filets du côté où le bateau se trouvait, et ils continuent cette manœuvre jusqu'à ce qu'ils aient chargé leur bateau ; ou quand ils ont vendu leur poisson à des chasse-marées [4], qui les distribuent le long de la côte, ils continuent leur pêche jusqu'à la nuit sans interruption. On a quelquefois vu la pêche donner si abondamment qu'un bateau étant revenu chargé de 5o milliers de sardines, a retourné faire une seconde pêche ; mais elle n'est pas toujours aussi heureuse. Il arrive que les bateaux sont dehors des journées entières infructueusement [5], et après avoir consommé [6] beaucoup de rogue, ils rentrent sans avoir rien ou presque rien pris ; et le malheur est encore plus grand quand des marsouins [7] ou de gros poissons se sont jetés dans les filets et les ont déchirés.

BAUDRILLART [8].

---

1. Petit navire léger.
2. Le tirer.
3. Deux.
4. Négociants qui achètent leur pêche aux marins et la vendent ensuite à ceux qui l'importent dans les grandes villes ou en font des conserves.
5. Sans rien prendre.
6. Employé.
7. Cétacés.
8. *Traité général des eaux et forêts, chasses et pêches.* Paris, 183o.

Les ganoïdes.

Un poisson à tout faire : l'esturgeon.

L'esturgeon (fig. 67) se rencontre quelquefois à l'embouchure de nos fleuves, mais sa véritable patrie est la Russie. Un grand nombre de peuplades même ne vivent que de la pêche qui a lieu, bien souvent jusque sous la glace, à l'aide de crocs passés dans des trous pratiqués à la surface. Il est curieux de voir tout le parti que les Russes savent tirer de ce grand poisson.

La chair de l'esturgeon est d'une précieuse ressource alimentaire pour les peuplades de la Russie d'Europe et d'Asie. On emploie trois procédés principaux pour conserver ce poisson : on le gèle [1], on le sèche simplement, ou on le sale et le sèche ensuite ; dans les lieux de pêche, et à peu de distance, on le mange frais. Le poisson gelé a presque toutes les qualités du poisson frais, ce qui permet de le vendre plus cher.

Le *balyk*, essentiellement spécial à la Russie, se prépare surtout sur la partie sud de la Caspienne ; ce n'est au fond que du poisson salé, puis séché à l'air, mais on met tant de soins et de précautions à cette préparation, que le poisson en acquiert un goût tout à fait spécial et jugé exquis. On choisit pour cela les esturgeons les plus gros ; on leur ôte la tête et la queue, ainsi que le ventre et les parties latérales du corps, ne conservant que le dos ; les parties séparées sont salées à la manière ordinaire ; le dos de l'esturgeon, resté entier, est mis à mariner [2] dans des auges [3] en bois de noyer, pleines d'une saumure [4] à laquelle on

---

1. On le soumet à la température de la glace.

2. Rester assez longtemps dans un liquide pour qu'il ait le temps de s'en imprégner.

3. Larges cuves en bois.

4. Dissolution très concentrée de sel marin.

ajoute du salpêtre [1], et parfois du poivre, des feuilles de laurier, des clous de girofle [2]. Lorsque les pièces ont été suffisamment imprégnées de sel, on les retire des auges, on les lave à l'eau douce, puis on les fait sécher, d'abord au soleil, puis à l'ombre, dans des hangars exposés à tous les vents.

Le *vésiga* consiste dans la corde dorsale [3] de l'esturgeon séchée à l'air ; après avoir retiré les œufs et la vessie natatoire, l'on fait une incision [4] suivant la longueur du poisson et on retire la corde

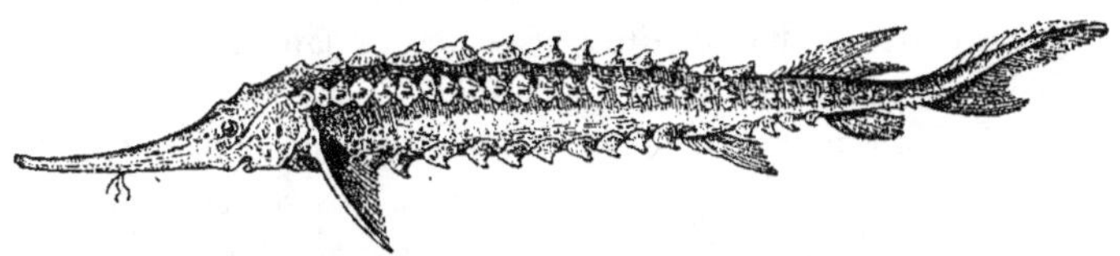

FIG. 67. — Esturgeon. A voir ses écailles extraordinaires on croirait avoir affaire à un être aujourd'hui disparu ; il est au contraire très « moderne », car ses œufs sont servis en Russie sur les meilleures tables.

sous la forme d'un long ruban ; cette corde, bien débarrassée du sang qui la souille [5] par de nombreux lavages, est retirée et pressée de manière à perdre toute sa substance visqueuse [6] ; puis les cartilages sont rincés jusqu'à ce qu'ils soient devenus très blancs, enfin séchés. Cette substance gonfle beaucoup lorsqu'on la cuit dans l'eau ; on l'emploie seule ou avec de la chair de poisson pour garnir les pâtés ; c'est son unique emploi.

Les Ostiaks [7] de l'Obi et de l'Yénisséi ne font presque jamais cuire la corde dorsale des esturgeons ; ils la mangent ordinairement crue, ainsi que la substance demi-gélatineuse qui se trouve entre les vertèbres et les cartilages du poisson et c'est pour eux un mets délicieux ; mais ils ont grand soin de ne pas y toucher avec un couteau, dans la crainte que cela ne porte malheur à la

---

1. Ou azotate de potassium. On le trouve, par exemple, à la surface des murs dans les caves.

2. Fleurs desséchées d'une plante des colonies et très aromatique.

3. Sorte de longue corde cartilagineuse qui se trouve dans toute la longueur de la colonne vertébrale ou épine dorsale de l'esturgeon.

4. Coupure.

5. Qui la salit.

6. Collante.

7. Race asiatique.

future pêche ; la pêche serait, du reste, tout aussi malheureuse, à ce qu'ils assurent, s'ils fendaient le ventre de l'esturgeon en long, alors qu'ils le dépècent [1] ; aussi les femmes chargées de cette opération ont-elles grand soin d'ouvrir toujours le poisson par une incision faite en travers.

Le *kouardouk* des Turcomans [2] est une préparation faite avec le *belouga* [3] de la manière suivante : le poisson est découpé dans sa longueur en tranches larges de deux doigts ; ces tranches sont séchées à l'air libre [4], puis réduites en petits morceaux que l'on fait cuire pendant environ deux heures dans des chaudrons avec de la graisse de poisson ; quand la bouillie s'épaissit et prend une teinte rougeâtre, ils la retirent du feu, la salent et laissent refroidir, pour l'entasser ensuite dans des vessies de bélouga. Le kouardouk se conserve parfaitement et sert aux Turcomans nomades [5], qui en sont très friands [6], pour préparer une soupe au poisson assez agréable au goût ; on expédie cette préparation dans le pays de Khiva, en Boukharie [7], et même au delà.

Les Ostiaks ôtent de la vessie natatoire de l'esturgeon toute la graisse qui l'entoure et la pendent à l'air libre pour la faire un peu sécher ; ils la font ensuite bouillir dans une chaudière jusqu'à ce qu'elle nage sur l'eau, puis ils la broient dans de l'eau fraîche, lui donnent la forme d'un gâteau et s'en servent comme aliment. Ce n'est toutefois point là le principal usage de la vessie de l'esturgeon qui sert principalement à faire la colle la plus estimée ou ichthyocolle [8].

La colle de poisson est préparée dans divers pays et peut, du reste, se fabriquer avec les vessies natatoires de tous les poissons, mais en Russie on ne l'obtient qu'avec le corégone [9], la carpe et l'esturgeon.

---

1. Qu'ils le découpent.
2. Race asiatique.
3. Race particulière d'esturgeons.
4. En plein air, non dans un hangar.
5. Qui vivent en se déplaçant sans cesse d'un point à un autre en emportant leurs tentes.
6. Très gourmands.
7. Dans l'Asie centrale.
8. *Ichthyo* vient d'un mot grec voulant dire *poisson*.
9. Poisson ressemblant un peu à la truite.

La colle d'esturgeon est pour la Russie le produit le plus considérable de la pêche et il s'en expédie chaque année une grande quantité pour la fabrication du porter [1]. La colle la plus estimée est celle qui s'extrait du sterlet [2]. Après avoir servi le poisson et retiré soigneusement les œufs, on détache avec beaucoup de précaution la vessie natatoire très adhérente au corps : on la met dans des seaux que l'on transporte sur un point spécial du ponton [3] spécialement affecté [4] au travail de l'ichthyocolle. Là, sous la surveillance d'un contre-maître [5], des femmes lavent la vessie à grande eau jusqu'à ce que toute trace de sang ait disparu. Les vessies sont alors pendues suivant leur longueur et plongées pendant quelques heures dans de l'eau glacée, puis séchées au soleil, la surface interne étant placée en dessus ; dès que cette surface est devenue lisse et comme satinée [6] des ouvriers s'emparent des vessies et enlèvent avec précaution la membrane externe ; cela fait, les pelures placées sur de grandes tables, sont examinées avec soin et débarrassées de toute l'ichthyocolle qui pourrait encore y adhérer ; ces rognures sont pétries entre les doigts, partagées en petits ronds et vendues comme une sorte inférieure ; les pelures sont salées et servent à l'alimentation ; la membrane interne qui constitue l'ichthyocolle de qualité supérieure est séchée et soumise à la presse avant d'être livrée au commerce.

L'ichthyocolle sert à une foule d'usages importants dans les arts et dans l'industrie. Son principal emploi en France est la clarification [7] des vins et des liqueurs. La gelée d'ichthyocolle forme un vernis fin et translucide ; aussi les gaziers [8], les rubaniers [9] s'en servent-ils pour donner du lustre [10] et de l'apprêt [11] à leurs tissus. La bonne colle à bouche, si fréquemment employée par les architectes et les dessinateurs pour fixer [12] leur papier,

---

1. Bière de couleur café noir.
2. Petite race d'esturgeons.
3. Sorte de petit débarcadère s'avançant un peu dans la rivière.
4. Réservé.
5. Celui qui remplace le maître et commande en son ordre.
6. Luisante.

7. Opération qui enlève aux liquides leur aspect trouble.
8. Les fabricants de gazes.
9. Les fabricants de rubans.
10. Du brillant.
11. De la raideur.
12. Attacher.

est préparée avec de l'ichthyocolle dissoute dans de l'eau sucrée et aromatisée [1]. La ténacité de cette substance qui, en séchant, présente ce précieux avantage de conserver toute sa transparence, fait qu'elle est employée pour fixer l'essence d'Orient [2] préparée avec les écailles des ablettes, dans les globules de verre qui forment les perles fausses. On se sert fréquemment de l'ichthyocolle de qualité supérieure dans la confiserie et la pharmacie, pour préparer des gelées, des capsules [3] ; elle est la base [4] de nombreux bonbons. Enfin c'est avec la colle de poisson et le taffetas [5] que l'on fait ce sparadrap si utile dans les coupures légères et connu sous le nom de taffetas d'Angleterre.

Avec les œufs de l'esturgeon, on obtient un aliment connu sous le nom de *caviar*. D'après M. Danileswsky, on met le caviar qu'on a retiré du poisson et dont le noir ou le gris foncé est la couleur naturelle, sur un tamis composé d'un cadre en bois sur lequel on a tendu un filet en cordon ou en fil d'archal [6] à mailles très serrées, à travers lesquelles les grains de caviar doivent pourtant facilement passer. On étend le caviar sur ce tamis en le pressant entre les mains. Par ce procédé, les grains se séparent du tissu dont ils sont entourés, en tombant à travers les mailles du tamis dans un vase en bois, tandis que les fibres et la graisse restent sur le tamis. Quand on a l'intention de préparer du caviar liquide, on met, dans le vase qui reçoit les grains de caviar, du meilleur sel en poudre fine, en proportion de une à quatre demi-livres sur un poud [7] de caviar, selon la saison et la température. Moins le caviar est salé, plus on l'estime, mais le caviar liquide peu salé ne peut être préparé que pendant les froids de l'hiver, car il ne se conserve un peu longtemps que gelé. Quand on remue le caviar avec le sel, il se sent au toucher d'a-

---

1. Additionnée d'une substance lui donnant une bonne odeur.

2. Pâte tirée des petits poissons appelés ablettes et qui, coulée dans de fines boules de verre, donnent les perles fines artificielles.

3. Sorte de bonbon à liqueur contenant un médicament et qu'on avale sans croquer.

4. La partie principale.

5. Étoffe.

6. Fil de laiton.

7. Le poud est une mesure de poids russe qui vaut 20 kilogrammes.

bord comme une pâte homogène [1] et liquide ; mais bientôt les grains acquièrent plus de résistance en s'imbibant de sel et on a la sensation de remuer un tas de perles. C'est le signe que le caviar est fait à point. On le transvase alors dans des barils de tilleul [2], les seuls qui ne lui communiquent aucun goût désagréable. Si on veut préparer du caviar solide, on verse dans le vase qui doit réunir les grains du caviar une dissolution de sel dont le degré de concentration varie selon la saison et la température. Pour que chaque grain s'imprègne bien de sel, on imprime à la saumure un mouvement circulaire [3] en la remuant avec une pelle, toujours dans le même sens, puis on verse toute la masse sur un grand tamis en crin. Quand le liquide superflu [4] s'est écoulé, on met le caviar dans des sacs de natte [5] ; on place ces sacs sous presse pour en supprimer la saumure superflue et pour les comprimer [6] en une masse compacte [7]. Il va sans dire [8] que cette compression écrase beaucoup de grains du caviar, dont le contenu s'écoule avec la saumure, raison pour laquelle ce caviar n'est jamais aussi délicat que le caviar liquide.

H. E. SAUVAGE [9].

Les sélaciens.

La voracité du requin.

Lacépède (1756-1825) semblait au début se destiner exclusivement à la littérature. Mais, séduit par l'histoire naturelle, il se fit le continuateur de Buffon en écrivant l'histoire des reptiles et des poissons. « Grand admirateur de ce célèbre naturaliste, jusqu'à s'être assimilé, au moyen

---

1. Formant une masse compacte, sans grumeaux.	6. Presser.
2. En bois de tilleul	7. Résistante.
3. On fait tourner.	8. Il est évident.
4. Qui est en trop.	9. *La grande pêche (Les poissons).* Paris, 1891.
5. Sacs faits avec des fibres tressées.	

d'une longue étude, ses expressions, ses tournures et la coupe même de ses phrases, il essaya d'égaler les brillantes peintures et les tableaux éloquents de celui qu'il avait pris pour modèle. Mais en cherchant avant tout la noblesse de la diction, il renchérit encore sur la pompe [1] *quelquefois excessive du maître ; et, s'il put l'imiter avec succès, il ne parvint pas à lui emprunter son génie d'écrivain* [2]. » *Le lecteur va pouvoir en juger.*

Ce sont les plus grands animaux que le requin (*fig.* 68) recherche avec ardeur ; et par suite de la perfection de son odorat, ainsi

FIG. 68. — Requin. Sa bouche, placée sous sa tête, semble devoir le rendre très maladroit, mais il sait si bien se jouer dans la mer qu'en un clin d'œil il a avalé tout ce qui tombe des navires.

que de la préférence qu'on lui donne pour les substances dont l'odeur est la plus exaltée [3], il est surtout très empressé de courir partout où l'attirent des corps morts de poissons ou de quadrupèdes, et des cadavres humains.

Il s'attache, par exemple, aux vaisseaux négriers [4], qui, malgré les lumières de la philosophie, la voix du véritable intérêt, et le cri plaintif de l'humanité outragée, partent encore des côtes de la malheureuse Afrique. Digne compagnon de tant de cruels

---

1. Le style pompeux, à grand effet.
2. *Dictionnaire des écrivains et des littératures.* Paris, 1898.
3. La plus forte.
4. Vaisseaux qui servaient à transporter les nègres esclaves. On sait qu'aujourd'hui, grâce aux efforts des peuples civilisés, l'esclavage a été aboli.

conducteurs de ces funestes embarcations, il les escorte avec constance, il les suit avec acharnement jusque dans les ports des colonies américaines, et, se montrant sans cesse autour des bâtiments, s'agitant à la surface de l'eau, et, pour ainsi dire, sa gueule toujours ouverte, il y attend pour les engloutir, les cadavres des noirs qui succombent sous le poids de l'esclavage ou aux fatigues d'une traversée. On a vu de ces cadavres de noirs pendre au bout d'une vergue [1] élevée de 6 mètres au-dessus de l'eau de la mer, et un requin s'élancer à plusieurs reprises vers cette dépouille, et y atteindre enfin, et la dépecer [2] sans crainte, membre par membre.

Quelle énergie dans les muscles de la queue et de la partie postérieure du corps ne doit-on pas supposer, pour qu'un animal aussi gros et aussi pesant puisse s'élever comme une flèche à une aussi grande hauteur ! Comment être surpris maintenant des autres traits de l'histoire de la voracité des requins ? Et tous les navigateurs ne savent-ils pas quel danger court un passager qui tombe dans la mer, auprès des endroits les plus infestés [3] par ces animaux ? S'il s'efforce de se sauver à la nage, bientôt il se sent saisi par un de ces squales [4] qui l'entraîne au fond des ondes. Si l'on parvient à jeter jusqu'à lui une corde secourable, et à l'élever au-dessus des flots, le requin s'élance et se retourne avec tant de promptitude que, malgré la position de l'ouverture de sa bouche au-dessous de son museau, il arrête le malheureux qui se croyait près de lui échapper, le déchire en lambeaux, et le dévore aux yeux de ses compagnons effrayés. Oh ! quels périls environnent donc la vie de l'homme, et sur la terre et sur les ondes, et pourquoi faut-il que nos passions aveugles [5] ajoutent à chaque instant à ceux qui le menacent !

On a vu quelquefois cependant des marins surpris par le

---

1. Longue pièce de bois placée horizontalement sur un mât.
2. Déchirer en lambeaux.
3. Peuplés.
4. Nom général sous lequel on désigne tous les requins et les espèces voisines.
5. La haine, la vengeance, par exemple, causes de périls, de guerres et autres calamités.

requin au milieu de l'eau, profiter, pour s'échapper, des effets de cette situation de la bouche de ce squale dans la partie inférieure de sa tête, et de la nécessité de se retourner, à laquelle cet animal est condamné par cette conformation, lorsqu'il veut saisir les objets qui ne sont pas placés au-dessous de lui.

C'est par une suite de cette même nécessité que lorsque les requins s'attaquent mutuellement (car comment des êtres aussi atroces, comment les tigres de la mer pourraient-ils conserver la paix entre eux ?), ils élèvent au-dessus de l'eau et leur tête et la partie antérieure de leur corps ; et c'est alors que, faisant briller leurs yeux sanguinolents [1] et enflammés de colère, ils se portent des coups si terribles que, suivant plusieurs voyageurs, la surface des ondes en retentit au loin.

LACÉPÈDE [2].

---

1. Injectés de sang.

2. *Histoire naturelle des poissons,* Paris.

VI

LES INSECTES

Les insectes dans le monde.

De tous les animaux de la création, il n'en est pas qui soient, autant que les insectes, susceptibles d'exciter l'admiration par leur abondance, leur forme, leurs couleurs ou leurs mœurs. Pour peu que l'on veuille les observer, on est saisi pour eux d'une passion sans borne. C'est bien l'impression qui se dégage du passage ci-dessous, dû à Émile Blanchard, autrefois professeur d'entomologie [1] au Muséum d'histoire naturelle de Paris. Après l'avoir lu, on ne pourra apprendre sans un serrement de cœur que, sur la fin de sa vie, l'éminent savant était devenu aveugle et ne pouvait plus contempler les insectes qu'il aimait tant !

Les insectes abondent sur presque toute la surface du globe. Dans les volcans, dans les champs, au milieu des marécages, les insectes courent, voltigent, bourdonnent. Dans les eaux tranquilles, ils fourmillent et se combattent sans relâche. C'est le mouvement, l'activité, la destruction, la vie, sous les aspects les plus variés.

Sur les terres glacées, sur les glaces elles-mêmes, là où toute existence nous semble impossible, et où, dans la saison la moins rigoureuse, s'aventurent quelques familles d'Esquimaux [2] s'agi-

---

1. Science qui s'occupe de l'étude des insectes. Celui qui s'occupe d'entomologie est un entomologiste.

2. Peuplades qui habitent les régions froides du nord de la terre.

tent encore des myriades d'insectes. Leurs espèces ne sont pas nombreuses dans ces régions désolées, mais, par une sorte de compensation, les individus de chaque espèce se montrent en immenses légions [1]. Les plantes et les animaux, par la vague abandonnés sur le rivage, les débris organiques [2] jetés par le flot sur la grève [3], les débris qui décèlent [4] le passage des hommes, servent à les nourrir.

Sous les tropiques, dans ces contrées où la création se manifeste avec une splendeur éblouissante, la scène est partout animée de la façon la plus séduisante par des multitudes d'insectes aux élytres [5] plus éclatantes que les métaux, aux ailes diaprées [6] de suaves nuances ou parées de couleur étincelantes à faire pâlir les pierres précieuses.

Sous nos climats, où rares sont les beaux jours pleins de lumière, les parures des insectes, sont en général, fort modestes, et cependant le charme que répandent ces humbles créatures est immense.

Se figure-t-on des prés où ne voltigent ni une mouche, ni un papillon ; la lisière [7] d'un bois dont toutes les fleurs sont délaissées, où ne se fait entendre le moindre bourdonnement [8] ? Ceux qui se laissent captiver par les beaux sites [9], par les riants [10] paysages, ont-ils jamais songé à l'impression que produirait la campagne la plus verdoyante et la plus fleurie sans la présence de ces milliers de créatures ? Rien, souvent, n'appellerait l'attention. Nul mouvement ne viendrait, ou distraire l'esprit d'une préoccupation, ou faire naître une pensée dans l'esprit inoccupé. Les oiseaux se cachent ou demeurent à grande distance de

---

1. Multitude. — Ces insectes des régions froides sont surtout des cousins ou moustiques.

2. Provenant d'êtres vivants, soit des plantes, soit des animaux.

3. Bord de la mer qui est alternativement à sec et recouvert par la mer.

4. Révèlent.

5. Les élytres sont des ailes dures qui ne servent pas à voler, mais à protéger les autres ailes minces. On en a un bel exemple dans la classe des coléoptères, par exemple le hanneton.

6. Ornées de couleurs variées.

7. Bord d'un bois.

8. Bruit que certains insectes font en volant.

9. Paysage remarquable.

10. Gais par leur beauté.

l'observateur ; les insectes s'offrent partout à ses regards.

FIG. 69. — Insectes au moment d'une inondation. De toutes parts ils sortent de leurs abris et gagnent le sommet des plantes, montrant ainsi leurs innombrables bataillons dont la présence un instant auparavant n'était même pas soupçonnée.

Le promeneur errant dans la campagne ou dans les allées de la forêt, le philosophe faisant le tour de son jardin, avec la conscience que tout ce qui est du domaine de la nature offre de nobles enseignements à l'esprit humain, est facilement porté à la contemplation de tous ces insectes, les uns paisibles, les autres pleins d'agitation (*fig.* 69).

Pour tous les yeux attentifs, c'est un spectacle à la fois étrange et d'une grandeur singulière que celui des insectes industrieux [1] déployant dans leurs travaux l'art le plus raffiné. L'instinct [2] porté ainsi au plus haut degré dont la nature offre des exemples, confond la raison humaine. Le trouble de l'esprit augmente, lorsque intervient l'observation patente [3] et minutieuse [4] de tous les détails de la vie des êtres les mieux doués sous le rapport de l instinct.

Les individus d'une espèce exécutent toujours les mêmes travaux sans avoir rien appris ; l'instinct, et l'instinct seul, donc les dirige. Mais, pour l'exécution du travail, des obstacles surviennent, des accidents se produisent ; l'individu tourne l'obstacle, et choisit le meilleur endroit pour l'établissement de sa demeure, il pare à l'accident, il se met en garde contre le danger. L'instinct, que l'on peut supposer agissant à la manière d'une machine, donne à chaque instant la pensée qu'il se rend compte de la situation où il se trouve placé, et d'une foule [5] de circonstances fortuites [6], et, par conséquent impossibles à prévoir.

Se rendre compte d'une situation mauvaise et chercher à la rendre meilleure, savoir choisir, concevoir l'idée de s'épargner un travail tout en voulant parvenir au même but, est-ce de l'instinct ?

Émile BLANCHARD [7].

---

1. Les industries des insectes sont décrites d'une manière complète dans l'ouvrage suivant : Henri Coupin. *Les Arts et Métiers chez les animaux.* Paris, 1903.

2. Sentiment qui est naturel aux animaux, et qui les fait agir sans le secours de la réflexion.

3. Évidente, manifeste.

4. Qui s'occupe des plus petits faits, des moindres détails.

5. Grande quantité.

6. Arrivant sans que l'on s'y attende.

7. *Les métamorphoses des insectes.* Paris, 1877.

Les coléoptères.

Les mœurs du hanneton.

Le hanneton (fig. 70) est un des coléoptères les plus nuisibles de nos contrées, un peu à l'état adulte, beaucoup à l'état de larve (fig. 71 et 72) c'est-à-dire de « ver blanc ». Le meilleur moyen de détruire les hannetons consiste à recueillir ceux qui se trouvent sur les branches des arbres et à les écraser. Dans cette lutte contre cet ennemi des jardiniers, les enfants peuvent être très utiles (fig. 73).

En général, les hannetons commencent à paraître en France à la mi-avril et durent, à l'état parfait[1], jusqu'à la fin de mai. Quand ils sont très nombreux, ils dévorent les feuilles des arbres et arbrisseaux dans les jardins, les vergers, les haies, à la lisière des bois ; ils aiment beaucoup le feuillage des ormes, dont les enfants désignent les samares[2] sous le nom de *pain de hanneton*. Les arbres, dépouillés de leur verdure, prennent l'aspect qu'ils ont en hiver et restent longtemps malades ; ceux des vergers[3] ne donnent plus de fruits quelquefois pendant deux années. Dans les bois, on voit les chênes dégarnis, d'abord au sommet, de préférence aux bouleaux et aux peupliers, qui ne sont attaqués que dans les années de grande abondance de hannetons.

Ce n'est qu'à défaut d'arbres que les hannetons attaquent les plantes basses[4] et le moins possible les crucifères[5]. Ces insectes se tiennent endormis sous les feuilles pendant la forte chaleur du jour, qu'ils redoutent beaucoup. La trop vive lumière les gêne,

---

1. A l'état adulte, par opposition avec l'état de larve.

2. Semences de l'orme. Elles sont entourées d'un repli membraneux.

3. Des arbres fruitiers.

4. Les plantes herbacées, par opposition aux arbres.

5. Famille de plantes comprenant divers végétaux, à goût fort qui déplaît sans doute aux hannetons : l'alliaire, le radis, la moutarde, etc.

et parfois les oblige à prendre leur essor [1] pour chercher de l'ombre ; mais, le soir, presque tous, surtout les mâles, s'élancent dans les airs, à la recherche de la nourriture. Ils commencent par gonfler d'air leurs trachées vésiculeuses [2], en soulevant et abaissant leurs élytres et faisant mouvoir les anneaux de leur abdomen dans des inspirations précipitées. Les enfants disent alors qu'ils *comptent leurs écus*, et s'empressent de répéter l'antique chant traditionnel : *hanneton, vole, vole, vole !* Le vol des hannetons est accompagné d'un bourdonnement monotone ; il est lourd, mal dirigé,

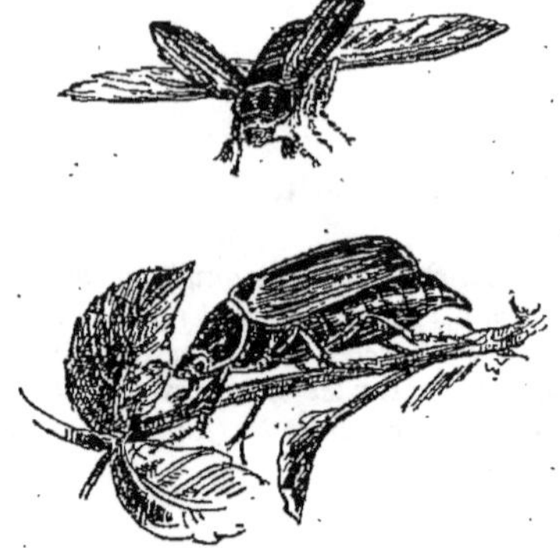

Fig. 70. — Hanneton commun, au vol et au repos, la joie des enfants, la terreur des jardiniers.

se fait généralement vent arrière [3] ; ils tombent au moindre choc et ne savent pas éviter les obtacles ; d'où le proverbe : *étourdi comme un hanneton*.

Malgré cette locomotion [4] défectueuse, l'instinct oblige quelquefois les hannetons à de désastreuses émigrations, quand, ayant ravagé le pays, ils se jettent par bandes innombrables sur d'autres localités. Ainsi, en 1688, les hannetons détruisirent toute la végétation du comte de Galway, en Irlande, de sorte que le paysage prit l'aspect désolé de l'hiver. Le bruit de leurs multi-

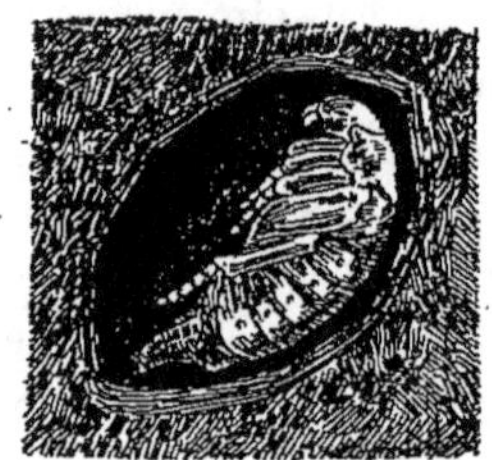

Fig. 71. — Nymphe de hanneton couchée dans sa loge, tel un enfant dans son berceau.

---

1. A s'envoler.
2. Les trachées des insectes sont des tubes faisant partie de leur appareil respiratoire et se ramifiant dans tous leurs organes. Certaines des trachées de hannetons sont plus grosses que d'autres.

3. Le vent soufflant par derrière.
4. La manière de se déplacer.

tudes dévorant les feuilles était comparable au sciage d'une grosse pièce de bois, et, le soir, le bourdonnement de leurs ailes résonnait comme des roulements éloignés de tambours. Les habitants avaient de la peine à retrouver leur chemin, aveuglés par cette grêle vivante. Les malheureux Irlandais furent réduits à cuire les hannetons et à les manger. En 1804, des nuées immen-

Fig. 72. — Larve de hanneton, vulgairement appelée ver blanc ; il faut la détruire chaque fois qu'on la rencontre.

ses de hannetons, précipités par un vent violent dans le lac de Zurich, formèrent un banc épais de cadavres amoncelés sur le rivage, dont les exhalaisons putrides empestèrent l'atmosphère. Le 18 mai 1832, à neuf heures du soir, la route de Gournay à Gisors (Eure) fut envahie par une telle myriade de hannetons, qu'à la sortie du village de Talmoutiers, les chevaux de la diligence, aveuglés et épouvantés, refusèrent opiniâtrément d'avancer et forcèrent le conducteur à revenir sur ses pas. En 1841, ils ravagèrent les vignobles du Mâconnais, et certaines de leurs nuées s'abattirent sur Mâcon, au point qu'on avait grand'peine à s'en garantir, en passant sur le pont, par des moulinets de canne les plus rapides, et qu'on les ramassait à la pelle dans certaines rues.

Pour pondre, la femelle quitte les arbres, et, presque exclusivement pendant la nuit, creuse la terre avec ses pattes de devant ; là, au fond d'un canal de 1 à 2 décimètres, elle dépose environ trente ou trente-cinq œufs au plus ; ils sont ovales et de la grosseur d'un petit grain de chènevis. Cette femelle donne une grande importance au lieu où elle dépose ses œufs. Elle ne s'adresse pas aux terres compactes et battues que les jeunes vers ne pourraient sillonner de leurs galeries, mais choisit les terres fumées [1], légères et aérées [2], ameublies [3] par des labours récents

1. Recouvertes de fumier.
2. Peu compactes.
3. Remuées.

et riches en racines[1] : un instinct merveilleux lui fait pressentir[2]
que sa progéniture[3] a besoin d'une habitation saine, ouverte aux
influences de l'air et du soleil, exempte d'humidité. Elle fuit
l'ombrage des grands arbres, les lieux marécageux, les terres

Fig. 73. — Récolte des hannetons, le matin :
on secoue les branches violemment et
les coléoptères engourdis tombent.

fortes[4] ou qui reposent sur un fond de glaise. Les hannetons peuvent dévorer les feuilles des forêts, mais ne pondent pas dans leur intérieur ombreux ; les taillis[5] serrés, les cultures touffues, sont exemptes de larves pour la même raison. Un arbre isolé peut préserver un certain nombre de plantes ; dans les jardins, les groseilliers, les cassis et les arbustes dont les branches

et les feuilles descendent jusqu'à terre, échappent[6] en général
aux larves. La direction du vent a aussi de l'influence : les pontes
se font bien en France par les vents du sud et de l'ouest, et mal
par les autres. La prudence conseille donc aux cultivateurs de
terrains légers et secs, de s'abstenir de fumer et labourer au
printemps ; il vaut mieux remettre ces travaux après la ponte.

Maurice GIRARD[7].

1. Où les racines se développent abondamment.

2. Deviner.

3. Les jeunes issus de ses œufs.

4. Argileuses.

5. Bois que l'on coupe de temps en temps.

6. Ne sont pas attaqués par les larves.

7. *Traité élémentaire d'entomologie.* Paris, 1873.

Les orthoptères.

Un fléau de l'Algérie.

Le nord de l'Afrique possède un fléau des plus redoutables ; ce sont les légions de sauterelles — ou plus exactement de criquets (fig. 74) — qui, à certaines époques de l'année, se répandent en nuées immenses dans les terres cultivées et anéantissent les futures récoltes en un rien de temps. On en détruit aujourd'hui de grandes quantités à l'aide du dispositif que représente notre gravure (fig. 75). On connaît les lieux de ponte des criquets et la direction dans laquelle marchent les petits au sortir de l'œuf : c'est perpendiculairement à cette direction que l'on dispose de très longues bandes de toile cirée disposées verticalement. Les jeunes criquets — encore dépourvus d'ailes — qui arrivent sur cette toile essayent de passer par dessus, glissent à sa surface et finalement tombent dans les trous que l'on a creusés de place en place le long de la toile. Lorsque ces trous sont pleins, les Arabes arrivent et écrasent tout l'intérieur en le piétinant. On possédait autrefois en général assez peu de détails sur les mœurs de ces terribles animaux — une des dix plaies de l'Egypte. — M. Kunckel d'Herculais, envoyé en mission pour les étudier, a recueilli sur eux un grand nombre de renseignements.

Nous sommes en avril, le soleil commence à réchauffer le sol ; voici que tout à coup du penchant de la montagne aride où l'on a signalé l'année précédente un point de ponte[1] couvrant de 50 à 400 mètres carrés, sortent de terre tout à coup des milliers de petits êtres blancs et faibles de 3 à 4 millimètres de longueur ; sous l'action de la lumière, ils prennent bientôt une coloration brune ; la terre paraît alors constellée d'innombrables petits points noirs ; on demeure stupéfait de les voir si nombreux ; combien sont-ils ? Cinq hommes se mirent un jour à les compter dans une mesure d'un quart de litre ; il fallut deux heures

---

1. Un endroit où l'on a vu des criquets pondre.

pour la remplir de 12,285 sujets ; cela donne 5 millions à l'hectolitre en chiffres ronds ; on peut donc évaluer que chaque espace de 50 mètres carrés peut contenir 5 hectolitres ou environ 25 millions de jeunes acridiens [1].

Six jours se passent, les petits êtres tendres et délicats se sont raffermis [2] sur leurs membres et ont pris quelque force ; la faim se fait sentir ; ils se mettent alors en mouvement avec une méthode, une régularité que bien des généraux leur envieraient. Ils ne marchent pas en colonne à la façon des fourmis et de nos armées, ils

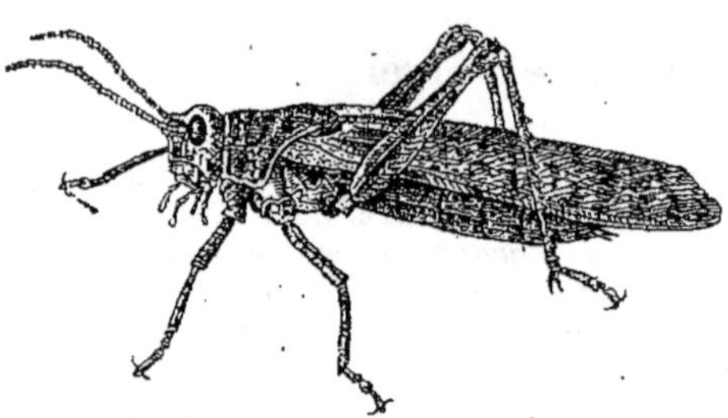

FIG. 74. — Criquet pèlerin, le fléau de l'Afrique, une des « dix plaies » d'Egypte.

s'avancent en formant un front d'une étendue plus ou moins considérable, dessinant une longue ligne sinueuse épousant [3] toutes les irrégularités du sol. C'est lorsqu'on aperçoit ces petits êtres marchant et sautillant qu'on ne peut réprimer son étonnement de les voir tous se diriger dans un sens absolument déterminé sans qu'aucun chef ne commande leurs mouvements. Ils sont sans nul doute dirigés par des sens dont nous ne pouvons comprendre la perfection ; quittant les montagnes arides, les collines desséchées, ils marchent droit devant eux, parcourant chaque jour une étape régulière, vers les champs de céréales qui vont leur offrir une riche provende [4]. Ils cheminent [5] de neuf heures du matin à trois ou quatre heures de l'après-midi, et avancent d'environ cent mètres par jour ; ils s'arrêtent si un nuage vient voiler [6] le soleil ; ils suspendent [7] complètement leur

---

1. Nom général sous lequel on réunit toutes les espèces de criquets.
2. Durcis.
3. Suivant toutes les inégalités.

4. Récolte.
5. Ils marchent.
6. Cacher en partie. Obscurcir.
7. Ils arrêtent.

marche en avant si le soleil se cachant tout à fait, la température vient à baisser ou si la pluie se met à tomber ; tout le long de leur route ils dévorent les mille petites plantes sauvages qui poussent çà et là, ne laissant derrière eux que le roc ou le sable dénudé ; mais ces végétaux spontanés [1] ne suffiront bientôt plus

Fig. 75. — Dispositif pour arrêter les migrations des jeunes criquets et les détruire.

à leur insatiable voracité ; la main de l'homme leur a préparé de verdoyants champs d'orge et de blé, où ils vont venir se gorger à merci [2].

Ils subissent successivement cinq mues [3] et deviennent de plus en plus vigoureux et agiles. En quinze jours ou trois semaines,

1. Poussant sans être cultivés.
2. Autant qu'ils veulent.

3. Changements de peau.

ils arrivent à moitié de leur développement et atteignent environ
un centimètre et demi de longueur ; on en compte alors 800 au
litre et 80,000 à l'hectolitre. Après la cinquième mue, c'est-à-dire
vers le quarantième jour, ils mesurent deux ou trois centimètres ; le front du corps d'armée s'étend alors considérablement ; tant que le soleil est à l'horizon, nos envahisseurs marchent en avant, parcourant en sautant de 100 à 110 mètres à
l'heure ; on en a vu qui, en l'espace de douze jours (du 21 mai
au 2 juin) avaient franchi jusqu'à 16 kilomètres.

C'est maintenant qu'il est intéressant de suivre les évolutions [1]
des acridiens. Nous sommes sur un terrain en jachère [2], nous
apercevons la longue et épaisse ligne noire quelque peu ondulée
que dessine le front de l'armée d'invasion : on entend bientôt un
bruissement particulier qui rappelle celui que fait un troupeau
de moutons passant au loin ; l'armée est à nos pieds ; elle passe
rapide, mais la voilà qui atteint le champ d'orge tant convoité ;
elle se débande [3] pour courir au pillage. C'est merveille de voir
nos acridiens grimper avec agilité le long des tiges ; ils sont cinq,
dix, davantage encore, suspendus à un épi ; les tiges ploient
sous la charge. Approchez et regardez ; votre présence ne
trouble pas les affamés ; d'un coup de mandibules les glumes [4]
de l'épillet sont coupées ; d'un second coup les barbes [5] sont
tranchées ; débarrassés de leurs enveloppes protectrices, les grains
encore tendres sont dévorés gloutonnement. Les retardataires [6]
qui n'ont pas trouvé place au festin sont là qui dévorent les
miettes tombées à terre ou rongent les feuilles basses [7]. En
quelques heures la plantureuse [8] moisson, riche d'espérance, a
disparu ; seuls les chaumes [9] se dressent comme de lugubres té-
moins.

---

1. Les déplacements.
2. Non cultivé.
3. Se sépare en petits groupes.
4. Petites membranes sèches qui
enveloppent en partie les graines des
céréales.

5. Sortes de poils longs et durs
que portent certains épis.
6. Ceux qui arrivent en retard.
7. Les feuilles poussant tout au
bas des plantes.
8. Abondante.
9. Tige creuse des graminées.

L'armée a tout pillé sur son passage ; elle a marché cinquante à cinquante-cinq jours, dévorant tout devant elle ; elle s'arrête repue [1]. Ils sont arrivés au terme de leur existence terrestre ; ils vont revêtir un autre uniforme pour parcourir le second cycle [2] de leur évolution [3] ; tout à coup leur tégument [4] se fend sur le dos ; laissant derrière eux leurs vêtements fripés [5], ils apparaissent pourvus d'ailes. S'ils vont encore marcher et sauter, ils pourraient quitter la terre et voler à tire-d'aile. Là encore se manifeste cet étonnant esprit d'association qui force ces acridiens à vivre en troupe ; on les voit pendant une huitaine de jours voleter [6] de ci de là, puis, tout à coup prendre leur essor en bandes immenses, volant à d'assez grandes hauteurs tant que le soleil demeure à l'horizon ; vers la fin du jour, ils descendent à terre pour passer la nuit et repartent au soleil levant. Bientôt, ils ont trouvé sur le penchant d'une montagne, exposé à l'est ou au sud, sur un plateau aride [7], un terrain favorable au dépôt des œufs : ils s'y abattent.

Les femelles ne tardent pas à sentir le besoin de mettre en lieu sûr leur postérité ; les voilà qui courent et sautillent fiévreusement. C'est plaisir de les voir aussi soucieuses, toutes réunies sur un même point, sondant [8] çà et là le sol avec leur abdomen, puis tout à coup, l'endroit propice choisi, forant [9] la terre avec cadence. La nature a mis à leur disposition des procédés de forage bien singuliers ; l'extrémité de l'abdomen porte des outils perfectionnés ayant l'apparence de crochets, qui sont merveilleusement appropriés au rôle qu'ils doivent jouer ; ce ne sont pas des outils capables de porter les déblais [10] à la surface, mais destinés à écarter et à maintenir les grains de sable ; l'homme n'a jamais eu à son service d'instruments aussi parfaits. Le trou

---

1. N'ayant plus faim.
2. La seconde partie.
3. Leur développement.
4. Leur peau.
5. La peau qu'ils viennent d'abandonner.

6. Voler à petits coups d'ailes et sans trop s'éloigner.
7. Sans végétation.
8. Tâtant.
9. Trouant.
10. Débris enlevés quand on perce un trou.

foré à une profondeur d'environ 4 centimètres, nos femelles s'arrêtent et commencent à pondre; elles ont l'habitude de recouvrir leur ponte d'une couche de petits grains de sable agglutinés [1] avec une extrême régularité. Ainsi revêtues, ces coques ovigères [2], enfoncées dans le sol à 1 ou 2 centimètres au-dessous de la surface, se confondent si bien avec le terrain environnant qu'elles échappent à l'œil le plus exercé; l'Arabe seul est capable de les découvrir. Ces coques ovigères ont la forme de petits cylindres légèrement arqués, à extrémité inférieure arrondie, à extrémité supérieure aplatie. Ouvrons une de ces coques, nous y trouverons, symétriquement rangés, trente à quarante œufs d'un blanc jaunâtre. Nous sommes à la fin de juin, au commencement de juillet, ils vont dormir en paix jusqu'au printemps suivant, c'est-à-dire rester neuf mois ensevelis avant que la vie se réveille en eux.

J. Kunckel d'Herculais [3].

Les névroptères.

Les ravages des termites.

Les termites (fig. 76) sont de très curieux insectes qui habitent surtout les pays chauds où ils élèvent des constructions gigantesques (fig. 77) et d'un aménagement extraordinaire [4]. En France, ils sont fort rares, on n'en trouve guère que dans le sud-ouest, mais là, ils s'y développent parfois énormément et causent alors des ravages considérables dans les maisons qu'ils envahissent. C'est ce qui arriva notamment en 1850 à La Rochelle, où les dégâts auxquels ils se livrèrent furent si importants, que le gouvernement envoya le célèbre naturaliste de Quatrefages étudier le fléau sur place. Voici un extrait de ses études.

---

1. Collés.
2. Coques contenant les œufs.
3. *Les acridiens et leurs invasions* en Algérie. 1888.

4. Voir : Henri Coupin, *Les Arts et Métiers chez les Animaux*. Paris, 1903.

La préfecture et quelques maisons voisines sont le principal théâtre des ravages exercés par les termites. Ici la prise de possession est complète : dans le jardin, on ne saurait planter un piquet ou laisser un morceau de planche sur une plate-bande sans les trouver attaqués vingt-quatre ou quarante-huit heures après.

Les tuteurs[1] donnés aux jeunes arbres sont rongés par le pied, les arbres eux-mêmes sont parfois minés jusqu'aux branches.

Fig. 76. Termitières : proportionnellement à la taille des termites, ces constructions sont aussi grandes qu'une montagne telle que le Puy-de-Dôme par rapport à l'homme.

Dans l'hôtel, appartements et bureaux sont également envahis. J'ai vu au plafond d'une chambre à coucher récemment réparée des galeries semblables à des stalactites[2] de plusieurs centimètres, qui venaient de s'y montrer le lendemain même du jour où les ouvriers avaient quitté la place.

Dans les caves, j'ai retrouvé des galeries pareilles, tantôt à mi-chemin de la voûte au plancher, tantôt collées le long des murs et arrivant sans doute jusqu'au grenier, car dans le grand escalier d'autres galeries partaient du rez-de-chaussée et atteignaient le second étage, tantôt en s'enfonçant sous le plâtre quand celui-ci présentait assez

---

1. Morceaux de bois piqués dans la terre et auxquels on attache les jeunes arbres pour les empêcher de se plier.

2. Concrétions calcaires ou siliceuses qui pendent aux murs dans certaines grottes.

d'épaisseur, tantôt reparaissant à nu quand les pierres étaient trop près de la surface. C'est que, pas plus que les autres espèces, le termite de la Rochelle ne travaille à découvert. Une vigilance incessante, parfois le hasard, peuvent seuls mettre sur ses traces et prévenir [1] ses ravages. A l'époque du voyage de M. Audouin [2], on venait d'en acquérir une preuve curieuse. Un beau jour, les archives [3] du département s'étaient trouvées détruites presque en totalité, et cela sans que la moindre trace du dégât parût au dehors. Les termites étaient arrivés aux cartons en minant les boi-

Fig. 77. — Termites : en haut mâle volant ; en bas, à droite, la reine en bas, à gauche, un soldat ; au milieu, un ouvrier.

series, puis ils avaient tout à leur aise mangé les papiers administratifs, respectant avec le plus grand soin la feuille supérieure et le bord des feuillets, si bien qu'un carton rempli seulement de détritus informes semblait renfermer des liasses en parfait état. Les bois les plus durs sont d'ailleurs attaqués de même. J'ai vu, dans l'escalier des bureaux, une poutre de chêne dans laquelle un employé, faisant un faux pas, avait enfoncé la main jusqu'au-dessus du poignet. L'intérieur, entièrement formé de cellules [4] abandonnées, s'égrenait [5] avec un grattoir et la couche laissée in-

---

1. Empêcher les ravages avant qu'ils ne commencent.

2 Célèbre zoologiste français qui avait également étudié les termites.

3. Registres où l'on garde des documents importants.

4. Cavités creusées dans le bois.

5. Tombait en petits grains, en poussière.

tacte par les termites n'était guère plus épaisse qu'une feuille de papier.

DE QUATREFAGES [1].

Les libellules, amies des eaux.

Par leurs formes et leurs allures particulières, les libellules ou demoiselles ont attiré l'attention de tout le monde ; peu d'insectes sont, en effet, aussi légers et aussi élégants qu'elles lorsque, au bord des eaux, leur lieu favori, elles volent de fleur en fleur, sillonnant l'air de leurs zigzags rapides.

C'est au bord des ruisseaux, dont les flots s'écoulent doucement, parmi les herbes aquatiques et les roseaux qui bruissent [2] au moindre vent, qu'on rencontre les demoiselles ou libellules (*fig.* 78).

> La frissonnante libellule
> Mire les globes de ses yeux
> Dans l'étang splendide où pullule
> Tout un monde mystérieux [3].

Le ruisseau, répandant partout sa fraîcheur, poursuit sa route silencieuse, tantôt entre les prairies fleuries, tantôt à travers les plaines cultivées. On peut suivre son trajet tortueux entre les buissons des saules qui le bordent ou entre les herbes plus élevées de ses rives, à travers les rouges tapis des menthes d'eau en fleurs et les bouquets des grêles sanguisorbes [4]. De joyeuses troupes d'insectes suivent son cours et tourbillonnent parmi les fleurs de ses rives. Le roseau, le buisson de saules, la voûte du pont, ou les mares isolées dans la prairie, telles sont les résidences accoutumées des demoiselles ; c'est là qu'à partir de juin, elles s'installent de préférence ; grêles, élancées, à reflets métalliques bleus

---

1. *Souvenirs d'un naturaliste.* Paris, 1834.

2. Provoquent un léger bruit en s'agitant.

3. Victor Hugo. *Les Rayons et les Ombres.*

4. Petite plante aux fleurs vertes qui croît dans les endroits un peu humides.

ou verts, tantôt elles planent[1], tantôt elles voltigent de fleur en
fleur d'un vol saccadé ; une feuille ne leur convient pas, elles
vont se balancer sur une autre ou s'y accrocher solidement, les
ailes toujours redressées comme celles des papillons diurnes[2].
Leur vol indolent est de courte durée ; elles voltigent sans but déterminé, mais ne négligent aucune occasion de happer au passage et à l'improviste quelque moustique ou quelque mouche
qu'elles dévorent immédiatement. C'est ainsi du moins que se
comporte une des tribus de la famille. D'autres demoiselles, gé-

FIG. 78. — Libellule adulte : qui
croirait qu'un être aussi « aérien »
a une origine « aquatique » ?

néralement plus grandes, nous
permettent d'apprécier toute
leur sauvagerie dans les clairières des forêts, alors que
l'atmosphère orageuse rend
notre respiration haletante[3] et
difficile. Plus nous nous sen-
tons oppressés, plus ces insectes
tourbillonnent à nos oreilles
avec acharnement.

Les demoiselles — ce nom galant de demoiselles qu'on leur a
donné en France a été conservé en Allemagne — ont des mouvements légers et souples ; leur corps présente des reflets soyeux
et bariolés ; les ailes paraissent très pointues. Leur caractère pourtant ne motive en rien le nom qu'elles portent. Oken les désigne
sous le nom de *Schillebolde* (*le lutin aux mille couleurs*) ou de
Teufelsnadeln (*aiguilles du diable*). Les Anglais leur ont donné
celui de *dragon-flies* (*mouches-dragons*). L'approche ou le passage d'un orage excite chez elles une agitation fébrile. Tantôt
on les voit se poser brusquement sur un tronc d'arbre ou sur la
route, leurs ailes longues et finement réticulées[4] brillent de mille

---

1. Elles volent à certains moments
sans agiter les ailes, à la manière des
hirondelles.

2. Les papillons qui volent pendant
le jour, tandis que les papillons nocturnes (qui volent pendant la nuit),
tiennent généralement leurs ailes à
plat.

3. Essoufflée.

4. Marquées d'un réseau.

couleurs éclatantes : au même instant, elles s'envolent à l'improviste comme elles sont venues s'abattre. On en voit se précipiter
comme des oiseaux de proie sur une pauvre mouche qu'elles dévorent tout en volant, cherchant en même temps de leurs gros
yeux quelque nouvelle proie à saisir. Plus d'une libellule, plus
agile que le chasseur [1], vient enlever sous ses yeux une phalène
ou quelque autre insecte errant qu'il n'avait eu que le temps d'en-
trevoir.

Plusieurs d'entre elles aiment à voltiger en cercle, surtout au-
dessus des nappes d'eau assez étendues ; pendant leur vol, elles
happent tout ce qui se trouve à leur portée et poursuivent même
leur semblable.

J. KUNCKEL D'HERCULAIS[2] .

Les hyménoptères.

Les trois coups de poignard.

*L'instinct des hyménoptères est merveilleux. Leurs mœurs ont été
étudiées de main de maître par M. J.-H. Fabre, un modeste instituteur
de province, — modeste parce qu'il ne voulut jamais quitter sa campagne qu'il aimait tant. — Il a fait connaître ses recherches dans une
série de neuf volumes, les « Souvenirs entomologiques » qui sont peut-être
le plus beau monument élevé à la zoologie française. Les faits et gestes
des insectes y sont décrits avec une exactitude inouïe, une intensité
d'observation merveilleuse et dans un style charmant, familier, qui en
rend la lecture agréable à tous. De cette œuvre colossale, nous détachons un chapitre relatif à une sorte de guêpe, le sphex, remarquable
en ce que, comme plusieurs autres hyménoptères, il peut paralyser des
insectes en les piquant d'une manière spéciale, afin de les donner en
pâture à ses petits ; l'intérêt de ce passage en excuse la longueur.*

---

1. Le chasseur d'insectes. | 2. *Les Insectes*, Paris.

C'est vers la fin du mois de juillet que le sphex à ailes jaunes déchire le cocon qui l'a protégé jusqu'ici et s'envole de son berceau souterrain[1]. Pendant tout le mois d'août, on le voit communément voltiger, à la recherche de quelque gouttelette mielleuse[2] autour des têtes épineuses du chardon-roland, la plus commune des plantes robustes qui bravent impunément les feux caniculaires de ce mois. Mais cette vie insouciante est de courte durée, car dès les premiers jours de septembre, le sphex est à sa rude tâche de pionnier[3] et de chasseur.

... Aussitôt le terrier creusé, la chasse commence. Mettons à profit les courses lointaines de l'hyménoptère à la recherche du gibier, pour examiner son domicile.

L'emplacement général d'une colonie de sphex est un terrain horizontal. Cependant le sol n'y est pas tellement uni qu'on n'y trouve quelques petits mamelons couronnés d'une touffe de gazon ou d'armoise, quelques plis consolidés par les maigres racines de la végétation qui les recouvre : c'est sur le flanc de ces rives qu'est établi le repaire du sphex.

... Le sphex n'hérite pas du travail de ses devanciers : il a tout à faire et rapidement. Sa demeure est la tente d'un jour qu'on dresse à la hâte pour la lever le lendemain. En compensation, les larves, recouvertes seulement d'une mince couche de sable, savent elles-mêmes suppléer à l'abri que leur mère n'a pu leur créer ; elles savent se revêtir d'une triple et quadruple enveloppe imperméable[4], bien supérieure au mince cocon des cerceris[5]. Mais voici venir bruyamment un sphex qui, de retour de la chasse, s'arrête sur un buisson voisin et soutient par une antenne, avec les mandibules, un volumineux grillon, plusieurs fois aussi pesant que lui (*fig.* 79).

Accablé sous le poids, un instant il se repose. Puis il reprend sa capture entre les pattes, et par un suprême effort, franchit

---

1. Son nid est souterrain.
2. De miel, de nectar sécrété par des fleurs.
3. Celui qui travaille la terre aride.

4. Ne se laissant pas traverser par l'eau.
5. Hyménoptère dont les mœurs sont assez voisines de celles du sphex.

d'un seul trait la largeur du ravin qui le sépare de son domicile.
Il s'abat lourdement sur le plateau où je suis en observation, au
milieu même d'une bourgade de sphex. Le reste du trajet s'effectue à pied. L'hyménoptère, que ma présence n'intimide en rien,
est à califourchon sur sa victime, et s'avance, la tête haute et
fière, tirant par une antenne à l'aide de ses mandibules, le grillon
qu'il traîne entre ses pattes. Si le sol est nu, le transport s'effec-

FIG. 79. — Sphex traînant un autre insecte paralysé : quoi de plus saisissant
que la sveltesse du vainqueur et la corpulence du vaincu ?

tue sans encombre ; mais si quelquefois une touffe de gramen [1]
étend, en travers de la route à parcourir, le réseau de ses stolons [2],
il est curieux de voir la stupéfaction du sphex lorsqu'une de ces
cordelettes vient tout à coup à paralyser ses efforts. Il est curieux
d'être témoin de ses marches et contre-marches, de ses tentatives réitérées, jusqu'à ce que l'obstacle soit surmonté, soit par
le secours des ailes, soit par un détour habilement calculé. Le
grillon est enfin amené à destination.

... C'est sans doute au moment d'immoler le grillon que le sphex

---

1. D'une graminée. | 2. Tiges rampantes.

déploie ses plus savantes ressources ; il importe donc de constater la manière dont la victime est sacrifiée. Instruit par mes tentatives multipliées dans le but d'observer les manœuvres de guerre des cerceris, j'ai immédiatement appliqué au sphex la méthode qui m'avait réussi avec les premiers, méthode consistant à enlever la proie au chasseur et à la remplacer aussitôt par une autre vivante. ... Son audacieuse familiarité, qui le porte à venir saisir au bout de vos doigts et jusque sur votre main, le grillon qu'on vient de lui ravir et qu'on lui offre de nouveau, se prête à merveille à l'heureuse issue de l'expérience, en permettant d'observer de très près tous les détails du drame.

Trouver des grillons vivants, c'est encore chose facile : il n'y a qu'à soulever les premières pierres venues pour en trouver de tapis[1] à l'abri du soleil. Ces grillons sont des jeunes de l'année, n'ayant encore que des ailes rudimentaires[2], et qui, dépourvus de l'industrie de l'adulte, ne savent pas encore se creuser ces profondes retraites où ils seraient à l'abri des investigations des sphex. En peu d'instants me voilà possesseur d'autant de grillons vivants que je peux en désirer. Voilà tous mes préparatifs faits. Je me hisse au haut de mon observatoire, je m'établis sur le plateau au centre de la bourgade des sphex, et j'attends.

Un chasseur survient, charrie son grillon jusqu'à l'entrée du logis et pénètre seul dans son terrier. Ce grillon est rapidement enlevé et remplacé, mais à quelque distance du trou, par un des miens. Le ravisseur revient, regarde et court saisir la proie trop éloignée. Je suis tout yeux, tout attention. Pour rien au monde, je ne céderais ma part du dramatique spectacle auquel je vais assister. Le grillon effrayé s'enfuit en sautillant ; le sphex le serre de près, l'atteint, se précipite sur lui. C'est alors au milieu de la poussière un pêle-mêle confus, où tantôt vainqueur, tantôt vaincu, chaque champion[3] occupe tour à tour le dessus ou le dessous de la lutte. Le succès, un instant balancé, couronne enfin les efforts de l'agresseur. Malgré ses vigoureuses ruades, malgré

---

1. Cachés, réfugiés.
2. Pas encore bien formées.

3. Combattant.

les coups de tenaille de ses mandibules, le grillon est terrassé, étendu sur le dos.

Les dispositions du meurtrier sont bientôt prises. Il se met ventre à ventre avec son adversaire, mais en sens contraire, saisit avec les mandibules l'un ou l'autre des filaments terminant l'abdomen du grillon, et maîtrise [1] avec les pattes de devant les efforts convulsifs des grosses cuisses postérieures. En même temps ses pattes intermédiaires étreignent les flancs pantelants [2] du vaincu, et ses pattes postérieures, s'appuyant comme deux leviers sur la face, font largement bâiller l'articulation du cou. Le sphex recourbe alors verticalement l'abdomen de manière à ne présenter aux mandibules du grillon qu'une surface convexe insaisissable ; et l'on voit, non sans émotion, son stylet empoisonné plonger une première fois dans le cou de la victime, puis une seconde fois dans l'articulation des deux segments antérieurs du thorax, puis encore vers l'abdomen. En bien moins de temps qu'il n'en faut pour le raconter, le meurtre est consommé, et le sphex, après avoir réparé le désordre de sa toilette, s'apprête à charrier au logis la victime, dont les membres sont encore animés des frémissements de l'agonie. Arrêtons-nous un instant sur ce que présente d'admirable la tactique de guerre dont je viens de donner un pâle aperçu.

... La proie est armée de mandibules redoutables, capables d'éventrer l'agresseur, si elles parviennent à le saisir ; elle est pourvue de deux pattes vigoureuses, véritables massues hérissées d'un double rang d'épines acérées, qui peuvent tour à tour servir au grillon pour bondir loin de son ennemi, ou pour le culbuter sous de brutales ruades. Aussi voyez quelles précautions de la part du sphex, avant de faire manœuvrer son aiguillon. La victime, renversée sur le dos, ne peut, faute de point d'appui, faire usage pour s'évader de ses leviers postérieurs, ce qu'elle ne manquerait pas de faire si elle était attaquée dans la station normale. Ses jambes épineuses, maîtrisées par les pattes anté-

---

1. Maintient solidement. | 2. Palpitants.

rieures du sphex, ne peuvent non plus agir comme armes offensives ; et ses mandibules, retenues à distance par les pattes postérieures de l'hyménoptère, s'entr'ouvrent menaçantes mais sans pouvoir rien saisir. Mais ce n'est pas assez pour le sphex de mettre sa victime dans l'impossibilité de lui nuire ; il lui faut encore la tenir si étroitement garottée, qu'elle ne puisse faire le moindre mouvement capable de détourner l'aiguille des points où doit être instillée[1] la goutte de venin ; et c'est probablement dans le but de paralyser les mouvements de l'abdomen qu'est saisi l'un des filets qui le terminent.

... Je viens de dire que l'aiguillon est dardé à plusieurs reprises dans le corps du patient : d'abord sous le cou, puis en arrière du prothorax, puis enfin vers la naissance de l'abdomen. C'est dans ce triple coup de poignard que se montrent, dans toute leur magnificence, l'infaillibilité, la science infuse de l'instinct. Les victimes des hyménoptères dont les larves vivent de proies, ne sont pas de vrais cadavres malgré leur immobilité parfois complète.

Chez elles, il y a simple paralysie[2] totale ou partielle des mouvements, il y a anéantissement plus ou moins complet de la vie animale ; mais la vie végétative, la vie des organes de nutrition se maintient longtemps encore, et préserve de la décomposition la proie que la larve ne doit dévorer qu'à une époque assez reculée.

... La tâche du sphex est accomplie ; je terminerai la mienne par l'examen de son arme. L'organe destiné à l'élaboration du venin se compose de deux tubes élégamment ramifiés, aboutissant séparément dans un réservoir commun ou ampoule en forme de poire. — De cette ampoule part un canal délié qui plonge dans l'axe du stylet, et amène à son extrémité la gouttelette empoisonnée. Le stylet n'a que des dimensions très exiguës, auxquelles on ne s'attendrait pas d'après la taille du sphex, et sur-

---

1. Introduite.
2. C'est-à-dire que les victimes ne sont pas tuées ; elles vivent toujours, mais elles ne peuvent plus bouger.

tout d'après les effets que sa piqûre produit sur les grillons. La raison en est évidente. L'abeille ne se sert de son aiguillon que pour venger une injure, même aux dépens de sa vie, les dentelures du dard s'opposant à son issue de la plaie et amenant ainsi des ruptures mortelles dans les viscères de l'extrémité de l'abdomen. Qu'aurait fait le sphex d'une arme qui lui aurait été fatale à sa première expédition ? En supposant même qu'avec des dentelures, le dard puisse se retirer, je doute qu'aucun hyménoptère se servant avant tout de son arme pour blesser le gibier destiné à ses larves soit pourvu d'un aiguillon dentelé. Pour lui le dard n'est pas arme de luxe, qu'on dégaine pour la satisfaction de la vengeance, plaisir des Dieux, dit-on, mais plaisir bien coûteux puisque la vindicative abeille le paie quelquefois de sa vie : c'est un instrument de travail, un outil duquel dépend l'avenir des larves. Il doit donc être d'un emploi facile dans la lutte avec la proie saisie ; il doit plonger dans les chairs et en sortir sans hésitation aucune, condition bien mieux remplie avec une lame unie qu'avec une lame barbelée.

J'ai voulu m'assurer à mes dépens si la piqûre du sphex est bien douloureuse, elle qui terrasse avec une effrayante rapidité de robustes victimes. Eh bien ! je le confesse avec une haute admiration, cette piqûre est insignifiante et ne peut nullement se comparer, pour l'intensité de la douleur, aux piqûres des abeilles et des guêpes irascibles. Elle est si peu douloureuse qu'au lieu de faire usage de pinces, je prenais sans scrupule avec les doigts les sphex vivants dont j'avais besoin dans mes recherches.

... Une dernière remarque. On sait avec quelle fureur les hyménoptères armés d'un dard uniquement pour leur défense, les guêpes, par exemple, se précipitent sur l'audacieux qui trouble leur domicile, et punissent sa témérité. Ceux dont le dard est destiné au gibier sont au contraire très pacifiques, comme s'ils avaient conscience de l'importance qu'a, pour leur famille, la gouttelette venimeuse de leur ampoule. Cette gouttelette est la sauvegarde de leur race, volontiers je dirais son gagne-pain ;

aussi ne la dépensent-ils qu'avec économie et dans les circonstances solennelles de la chasse, sans faire parade d'un courage
vindicatif. Établi au milieu des peuplades de nos divers hyménoptères chasseurs, dont je bouleversais les nids, ravissais les
larves et les provisions, il ne m'est pas arrivé une seule fois
d'être puni par un coup d'aiguillon. Il faut saisir l'animal pour le
décider à faire usage de son arme ; et encore ne parvient-il pas
toujours à transpercer l'épiderme si l'on ne met à sa portée une
partie plus délicate que les doigts, le poignet, par exemple.

J. H. Fabre[1].

Le soleil d'artifice des abeilles.

*Les mœurs merveilleuses des insectes n'ont guère jusqu'ici inspiré les
littérateurs : les deux seuls livres connus à cet égard sont L'Insecte, de
Michelet, dont les phrases sont plus belles que scientifiques, et La Vie
des Abeilles, d'un original écrivain belge, M. Maurice Maeterlinck.
Celui-ci, par exemple, est hors de pair[2], car, bien que ne quittant
jamais l'exactitude scientifique, il nous fait connaître, dans un style
admirable, l'existence de ces animaux industrieux et actifs (fig. 80) : le
récit en est passionnant comme un roman. Détachons-en un fragment :
il est relatif à ce qui se passe dans la ruche (fig. 81) après le départ
de l'essaim, lequel, on le sait, n'y revient plus et va fonder ailleurs
une nouvelle colonie.*

Le tumulte du départ apaisé, et les deux tiers de ses enfants
l'ayant abandonnée sans esprit de retour, la malheureuse ville[3] est
comme un corps qui a perdu son sang : elle est déserte, lasse,
presque morte. Pourtant, quelques milliers d'abeilles y sont res-
tées, qui, inébranlées, mais un peu alanguies[4], reprennent le
travail, remplaçant de leur mieux les absentes, effaçant les traces
de l'orgie[5], resserrent les provisions mises au pillage, vont aux

---

<table>
<tr><td>

1. *Souvenirs entomologiques*, 1re sé-
rie. Paris, 1879.
2. Tout à fait supérieur.
3. La ruche après le départ d'un
essaim.

</td><td>

4. Fatiguées.
5. Remue-ménage que les abeilles
ont opéré dans la ruche avant d'es-
saimer.

</td></tr>
</table>

fleurs, veillent sur le dépôt de l'avenir, conscientes de leur mission et fidèles au devoir qu'un destin précis leur impose.

Mais si le présent paraît morne, tout ce que l'œil rencontre [1] est peuplé d'espérances. Nous sommes dans un de ces châteaux des légendes allemandes où les murs sont formés de milliers de fioles qui contiennent les âmes des hommes qui vont naître. Nous sommes dans le séjour de la vie qui précède la vie. Il y a là, de toutes parts, en suspens dans des berceaux bien clos [2], dans la superposition infinie des merveilleux alvéoles à six pans [3] des myriades de nymphes, plus blanches que le lait, qui, les bras

Reine.   Ouvrière.

FIG. 80. — Abeilles.

repliés et la tête inclinée sur la poitrine, attendent l'heure du réveil. A les voir dans leurs sépultures [4] uniformes, innombrables et presque transparentes, on dirait des gnomes [5] chenus [6] qui méditent, ou des légions de vierges déformées par les plis du suaire [7] et ensevelies en des prismes hexagones [8] multipliés jusqu'au délire par un géomètre [9] inflexible.

Sur toute l'étendue de ces murs perpendiculaires qui renferment un monde qui grandit, se transforme, tourne sur lui-même,

---

1. Le conteur suppose qu'il a pu pénétrer dans la ruche.

2. Les alvéoles qui renferment les nymphes sont oblitérés en haut par un « opercule » de cire.

3. A six faces latérales.

4. Les cellules dans lesquelles elles sont momentanément enfermées res-

semblent un peu à des cercueils.

5. Petits génies légendaires.

6. Blanchis par la vieillesse.

7. Drap dans lequel on ensevelit un mort.

8. A six faces latérales.

9. Celui qui s'occupe des lignes et des surfaces.

change quatre ou cinq fois de vêtements [1] et file son linceul
dans l'ombre, battent des ailes et dansent des centaines d'ouvrières, pour entretenir la chaleur nécessaire et aussi pour une
fin plus obscure [2], car leur danse a des trémoussements extraordinaires et méthodiques qui doivent répondre à quelque but
qu'aucun observateur n'a, je crois, démêlé.

Au bout de quelques jours, les couvercles de ces myriades
d'urnes (on en compte, dans une forte ruche, de soixante à
quatre-vingt mille) se lézardent [3], et deux grands yeux noirs

Ruche ordinaire en paille.

Ruche à cadres mobiles.

FIG. 81. — Ruches.

et graves apparaissent, surmontés d'antennes qui palpent déjà
l'existence autour d'elles, tandis que d'actives mâchoires achèvent
d'élargir l'ouverture. Aussitôt, les nourrices [4] accourent, aident
la jeune abeille à sortir de sa prison, la soutiennent, la brossent,
la nettoient et lui offrent au bout de leur langue, le premier miel
de sa nouvelle vie. Elle, qui arrive d'un autre monde, est encore
étourdie, un peu pâle, vacillante [5]. Elle a l'air débile d'un petit
vieillard échappé de la tombe. On dirait d'une voyageuse couverte
de la poussière duveteuse [6] des chemins inconnus qui mènent à
la naissance. Du reste, elle est parfaite des pieds à la tête, sait
immédiatement tout ce qu'il faut savoir, et, pareille à ces enfants
du peuple qui apprennent pour ainsi dire en naissant qu'ils n'au-

---

1. C'est-à dire : changent de peau.
2. Un but non encore connu.
3. Craquent en plusieurs endroits.
4. Les abeilles qui ont pour mission de nourrir leurs sœurs.
5. Marchant d'une manière hésitante.
6. Ressemblant à du duvet.

ront guère le temps de jouer ni de rire, elle se dirige vers les cellules closes et se met à battre des ailes et à s'agiter en cadence pour réchauffer à son tour ses sœurs ensevelies, sans s'attarder à déchiffrer [1] l'étonnante énigme de son destin et de sa race.

Pourtant, les plus fatigantes besognes lui sont d'abord épargnées. Elle ne sort de la ruche que huit jours après sa naissance, pour accomplir son premier « vol de propreté » et remplir d'air ses sacs trachéens qui se gonflent, épanouissent tout son corps et la font, à partir de cette heure, l'épouse de l'espace. Elle rentre ensuite, attend encore une semaine, et alors s'organise, en compagnie de ses sœurs du même âge, sa première sortie de butineuse [2] au milieu d'un émoi très spécial que les apiculteurs appellent le *soleil d'artifice*. Il faudrait plutôt dire le *soleil d'inquiétude*. On voit en effet qu'elles ont peur, elles qui sont filles de l'ombre étroite et de la foule, on voit qu'elles ont peur de l'abîme azuré et de la solitude infinie de la lumière, et leur joie tâtonnante [3] est tissue de terreurs [4]. Elles se promènent sur le seuil ; elles hésitent, elles partent et reviennent vingt fois. Elles se balancent dans les airs, la tête obstinément tournée vers la maison natale, elles décrivent de grands cercles qui s'élèvent et qui, soudain, retombent sous le poids d'un regret, et leurs treize mille yeux interrogent, reflètent et retiennent à la fois tous les arbres, la fontaine, la grille, l'espalier, les toitures et les fenêtres des environs, jusqu'à ce que la route aérienne sur laquelle elles glisseront au retour soit aussi inflexiblement tracée dans leur mémoire que si deux traits d'acier la marquaient dans l'éther [5].

Maurice MAETERLINCK [6].

---

1. Expliquer.
2. Des abeilles allant butiner, c'est-à-dire recueillir le miel sur les fleurs.
3. Hésitante, troublée.
4. Les abeilles sont remplies de crainte en même temps que de joie.
5. On admet que c'est par la vue et le souvenir que l'abeille retrouve sa ruche. L'éther est ici l'air même.
6. *La Vie des Abeilles*. Paris, 1901.

Les lépidoptères.

Comment se produit la soie.

Tous les écoliers élèvent des vers à soie (fig. 82) et connaissent gros-
sièrement leur manière de fabriquer un fil de soie et de le contourner
de mille manières pour en faire un cocon. Ils liront avec intérêt,
croyons-nous, les lignes qui vont suivre, sur ce sujet.

Le plus ancien monument littéraire [1] de la Chine, le *Chou-King*,
apprend qu'à une époque, que l'on fixe à environ 2600 ans avant
l'ère chrétienne, une impératrice, du nom de *Si-ling-Ki*, trouva
la première le moyen de dévider [2] les cocons du ver à soie. La
souveraine, émerveillée de sa découverte, occupa bientôt toutes
les dames de son entourage à filer et à tisser la soie. Dans le pa-
lais impérial même, on s'adonna alors avec ivresse à l'éducation
de l'insecte qui fournissait la précieuse matière textile. L'exemple
était donné ; il fut suivi par les autres impératrices de la Chine,
et l'une d'elles, la femme de l'empereur *Ya-ho*, qui vivait 2360
ans avant J.-C., se montra ardente entre toutes à vulgariser un
art qui était la source d'un luxe nouveau, et qui permettait d'accroître singulièrement la richesse du pays.

L'éducation du ver à soie, le dévidage des cocons, le tissage
des étoffes, devinrent au Céleste-Empire [3] l'occupation des
femmes de toutes les classes de la société. Seulement, les habits
de soie devaient rester le partage des classes privilégiées [4].

Vint une époque où la production de la soie fut considérable
en Chine. Dès ce moment, un commerce des plus fructueux

---

1. Ouvrage de littérature.   3. La Chine.
2. Dérouler le fil.   4. Des nobles.

s'établit sur les frontières, et de brillantes étoffes arrivèrent ainsi dans les villes opulentes de l'Orient.

La matière première elle-même pouvait être exportée ; seulement ni l'insecte ni les œufs (la graine, comme on dit habituellement par suite d'un abus de mot) ni le moindre renseignement sur l'art d'obtenir la soie ne devaient être livrés à un étranger. L'interdiction était absolue ; celui qui l'eût enfreinte, eût été puni sévèrement.

Des nations asiatiques se trouvant en possession de la matière première, on façonna bientôt dans plusieurs cités des étoffes d'un nouveau genre, suivant des goûts particuliers, sous l'inspiration de divers sentiments artistiques. On sait que, dans l'antiquité, les tentures et les tapis de Babylone ont eu la plus belle renommée. Dans ces tissus, l'or et la soie étaient souvent mélangés, comme étant aux yeux des Orientaux les deux plus belles matières qu'il y ait au monde, et ainsi tout

Fig. 82. — La vie du ver à soie. En haut : papillon et chenille. En bas : cocon et nymphe extraite de celui-ci.

à fait dignes d'être mariées l'une à l'autre.

La Chine ne fut pas toujours la seule contrée qui approvisionna de soieries les villes de l'Asie-Mineure. A une époque très reculée, l'Inde leur en fournissait, au moyen des caravanes [1], des quantités considérables ; mais, suivant toute probabilité, les tissus de

---

1. Troupes de voyageurs et de marchandises.

l'Inde étaient confectionnés avec une soie différente de celle de la Chine, c'est-à-dire avec la soie de quelques-uns d'autres grands bombyx [1].

Malgré tout, la soie conserva pendant des siècles un prix des plus élevés. Au temps d'Alexandre le Grand, sa valeur dans la Grèce était exactement son pesant d'or.

On rapporte que Jules César, à son retour de l'Égypte, ayant fait placer dans le cirque une tenture de soie pour garantir les spectateurs des rayons du soleil, une si fastueuse prodigalité excita au plus haut degré les murmures du peuple. A un désir manifesté par l'impératrice Severina, l'empereur Aurélien n'aurait-il pas répondu du ton courroucé que prend volontiers un mari auquel on demande une parure trop coûteuse : Quoi, madame, donnerais-je tant d'or pour un peu de soie !

C'est à une circonstance presque fortuite que l'on doit l'introduction en Europe de la sériciculture [2].

Deux moines de l'ordre de Saint-Basile, dans leur ardeur pour la propagation de leur foi [3], s'étaient avancés jusqu'en Chine et avaient eu de la sorte l'occasion d'observer comment on se procurait la matière textile si recherchée. A leur retour à Constantinople, l'émotion s'était faite au récit des connaissances qu'ils avaient acquises. Si bien que l'empereur Justinien fit appeler les deux voyageurs en sa présence, et par des supplications, par de brillantes promesses, les décida à retourner au pays des *Serres* [4] pour se procurer, par tous les moyens possibles, des œufs de l'insecte producteur de la soie. Le danger était grand, car si les ravisseurs étaient découverts, leur sort ne pouvait être douteux. Malgré le péril, les deux pauvres moines s'acheminèrent résolument vers le pays lointain, et, heureusement parvenus au terme de leur voyage, ils réussirent à s'emparer d'une certaine quantité de graines de ver à soie. Tout n'était pas fini ; il était indis-

---

1. Nom de genre de divers vers à soie.

2. L'élevage des vers à soie.

3. L'introduction du christianisme en Chine.

4. Nom donné autrefois au pays où se produisait la soie.

pensable de cacher à tous les yeux, de pouvoir soustraire à toutes les recherches possibles l'objet tombé en leur possession. Mais les bons Pères étaient gens de ressources : deux gros bâtons furent creusés de manière à offrir une cavité assez spacieuse pour y loger la précieuse graine.

C'est ainsi que vers le milieu du vi[e] siècle, l'insecte, destiné a devenir un jour en Europe la source de tant de luxe et de tant de richesses, a franchi humblement la frontière de la Chine, emprisonné dans le bâton d'un pèlerin. A Constantinople, on vit éclore les jeunes chenilles; les premières éducations du ver à soie réussirent à merveille. Des plantations de mûriers, l'arbre qui nourrit l'insecte, se multiplièrent, et l'on sait que, suivant une assertion [1], du reste fort contestée [2], c'est à la présence du mûrier (en latin *morus, moro* dans certains dialectes), répandu en abondance, que la partie méridionale de la Grèce a dû de perdre son beau nom antique de Péloponèse pour s'appeler la Morée.

C'est de l'empire d'Orient, c'est-à-dire de Constantinople et de la Grèce, qu'ont été tirés pendant des siècles tous les vers à soie répandus successivement en Europe.

La date de l'introduction du mûrier et du ver à soie en France est restée fort incertaine. On a dit qu'après la cession du comtat Venaissin au pape Grégoire X par Philippe le Hardi, c'est-à-dire en 1274, la sériciculture avait été introduite en France, et que les premières fabriques de soieries avaient été établies à Nîmes et à Avignon. Mais, suivant d'autres assertions, la France n'aurait été en possession de l'industrie de la soie que beaucoup plus tard. C'est en 1440, assurent plusieurs auteurs, que des gentilshommes français qui avaient séjourné à Naples transportèrent dans le Dauphiné nos premiers mûriers.

Ici encore le fait est douteux. Ce qui est certain, c'est que Louis XI s'efforça de développer l'industrie de la soie en France

---

1. Renseignement très affirmatif. | 2. Dont on doute.

en y appelant des ouvriers italiens, et que l'on commença alors à fabriquer des soieries dans la Touraine et à Lyon.

Mais sous Louis XI et ses successeurs, Louis XII et François Ier, les manufactures de soieries semblent n'avoir été approvisionnées que par des soies tirées d'Italie. Des plantations de mûriers furent positivement effectuées à Nîmes en 1564, sous Charles IX ; mais ce ne fut qu'à la fin du XVIe siècle, et surtout dans les premières années du XVIIe, que la sériciculture prit une grande importance en France. Tout le monde sait qu'on est redevable de ce grand bienfait au célèbre agriculteur Olivier de Serres et à Henri IV. Olivier de Serres, le premier parmi nos compatriotes, publia des instructions relatives à la culture du mûrier et à l'éducation du ver à soie. Ses écrits, remarqués du roi, le firent appeler à Paris. Henri IV, malgré les répugnances, malgré l'opposition bien connue de Sully, stimula [1] le zèle d'Olivier de Serres, qui n'hésita pas à conseiller de faire venir d'Italie quatorze ou quinze mille plants de mûriers et une grande quantité de graines pour en faire une gigantesque distribution par toute la France. Dès ce moment, la sériciculture se propagea avec rapidité dans la Provence, dans le Languedoc, dans les Cévennes, dans la Touraine et dans plusieurs autres encore de nos provinces. On planta des mûriers à Fontainebleau, et un établissement spécial fut même créé au parc royal des Tournelles. Dans le siècle actuel, l'industrie de la soie n'a presque jamais cessé d'être en progrès.

Nous allons maintenant nous occuper de l'insecte même dont le produit est si estimé.

Mais auparavant remarquons ici un étonnant contraste : le ver à soie, le bombyx du mûrier, dont le produit est sans pareil, n'a rien de séduisant, ni par les formes, ni par les couleurs, et il appartient à cet ordre des lépidoptères où chacun admire toutes les élégances de la forme, toutes les magnificences du coloris. Il y a des chenilles de bombyx qui ont sur les anneaux de leur corps des perles rouges comme du corail ou des rubis ; d'autres qui

---

1. Encouragea.

portent des globules verts comme des émeraudes ou bleus comme des saphirs : celles-ci fournissent une soie qui n'a ni la finesse ni l'éclat de la soie que tout le monde connaît bien.

Notre humble ver à soie, le bombyx du mûrier, qui donne au monde tant de belles parures, n'en a aucune lui-même. La nature montre ici que le plus beau trésor peut se trouver où l'apparence est la plus modeste.

Négligeant d'entreprendre une description générale de notre insecte, nous examinerons au moins quelques parties de son organisation.

Le ver à soie, la chenille, porte en avant trois paires de petites pattes articulées : par suite d'un développement qui s'effectuera lorsque l'animal sera en état de chrysalide, ces pattes deviendront celles du papillon. Mais le corps de l'insecte est porté au milieu et en arrière par cinq paires de pattes bien différentes des premières. Celles-ci, qui sont molles et épaisses, ne laisseront aucune trace chez l'insecte adulte, c'est-à-dire chez le papillon. On les appelle du nom de *pattes membraneuses*, ou du nom plus joli et heureusement expressif de *pattes en couronne*. En effet, ce sont de simples prolongements de la peau garnis en dessous d'une couronne, ou au moins d'un cercle d'épines, d'une telle finesse qu'elles échappent à la vue simple. On comprend l'utilité de cette armature mignonne. C'est par son secours que la chenille se maintient avec tant de force sur les feuilles ou les tiges qui viennent à être agitées.

Considérons à présent la bouche du ver à soie. Nous voyons que cette bouche est pourvue de six petites pièces articulées, comme cela se voit chez la plupart des insectes.

En dessus, c'est une lame simple, la lèvre supérieure présentant une échancrure dans son milieu. Remarquez l'importance des moindres détails : l'animal fait entrer dans l'échancrure de cette pièce le bord de la feuille qu'il ronge et le maintient ainsi sans effort. Au-dessous de la lèvre sont insérées deux grosses mâchoires, les mandibules, qui taillent la feuille comme le ferait une paire de ciseaux. Au-dessous, des mâchoires plus faibles achèvent la division des fragments, et une petite tige articulée à chaque mâchoire, une palpe, refoule vers la bouche et empêche de tomber les moindres parcelles de feuille. Enfin, dans l'espace compris entre les deux mâchoires, il y a une lèvre inférieure qui complète en dessous la clôture de la bouche. A l'extrémité de cette pièce, on remarque un petit prolongement, une sorte de papille percée d'un trou ; ce trou est l'orifice qui donne issue au fil soyeux.

Ce serait peu d'avoir jeté un coup d'œil sur ces parties extérieures ; il importe bien davantage de constater plusieurs traits de l'organisation intérieure de notre insecte.

En ouvrant l'animal en long, nous apercevons aussitôt le canal alimentaire[1] rempli d'aliments, et si volumineux, qu'il occupe la très grande partie de la cavité du corps. Ceci explique comment le ver à soie, dont la digestion s'effectue avec rapidité, peut consommer une énorme quantité de nourriture. Sur ce tube digestif rampent des vaisseaux sinueux[2] qui remplissent dans l'économie[3] de l'insecte le rôle du foie et des reins des animaux supérieurs[4]. De chaque côté apparaissent des tubes ramifiés à l'infini sur tous les organes ; ces tubes sont remplis d'air : ce sont les trachées, les organes respiratoires, qui ressemblent, vus dans l'eau, à de véritables rameaux d'argent. Sur les parties latérales, vous remarquez deux gros tubes contournés sur eux-mêmes, tant leur longueur est grande. Ce sont les glandes qui sécrètent la soie, mais disparaissent en avant sous le canal alimentaire. A leur extrémité, ils sont assez grêles[5], mais ils se renflent en avant pour former un vaste réservoir. Chaque glande se continue en un tuyau très grêle : c'est la filière. Les deux filières se réunissent vers le haut, il n'y a plus alors qu'un seul canal où arrivent deux fils d'une extrême finesse et où aboutissent les conduits de deux petites glandes qui ont un rôle très important dans la production de la soie. Ce canal s'ouvre au dehors par

---

1. Le tube digestif.
2. Faisant des détours.
3. Organisme.

4. Les vertébrés.
5. Assez minces.

cet orifice percé dans la lèvre inférieure signalé plus haut.

Ces glandes productrices de la soie, les glandes séricipares, comme on les appelle, ne sont pas, comme on pourrait le penser au premier abord, des organes particuliers, sans analogue chez les autres insectes qui ne filent en aucune façon. Ce sont les glandes salivaires, dont le produit, chez la plupart des insectes, remplit à peu près le même rôle que la salive chez les animaux supérieurs.

Il y a donc à cet égard, chez le ver à soie, une modification fonctionnelle vraiment intéressante pour le physiologiste.

Le contenu des glandes est une matière visqueuse [1] presque transparente, peu colorée.

Ces glandes se trouvent être gorgées de cette substance visqueuse, lorsque le ver à soie a acquis à peu près toute sa croissance, c'est-à-dire quand il est sur le point de filer son cocon.

La matière, engagée dans ces réservoirs, dans ces glandes, va s'écouler lentement par les deux filières et s'étirer en fils d'une extrême ténuité [2]. En passant par ces étroits conduits, elle commence à prendre plus de consistance et se solidifie bientôt après être arrivée au contact de l'air.

Ces faits ont été observés depuis fort longtemps. Aussi certaines personnes ont-elles imaginé que si l'on prenait la matière visqueuse contenue dans les glandes elles-mêmes, on parviendrait à en former de la soie de tous les calibres. L'espoir a été déçu ; on a pu voir la matière se coaguler [3] au contact de l'air, on a pu l'étirer en fils plus ou moins déliés, mais on n'a rien obtenu qui ressemblât à de la soie, et bien mieux, on n'a pas eu même une substance ayant les propriétés de la soie. Cette matière, qui, desséchée, ressemble plus ou moins à de la corde à boyau, se laisse attaquer assez rapidement par l'eau. Dans les éducations de vers à soie, au moins dans certains pays, on met de côté les vers malades, lorsque, arrivés à leur dernier âge, ils sont reconnus incapables de filer leurs cocons. On les ouvre pour en

---

1. Collante.
2. Finesse.

3. Se solidifier.

tirer les glandes séricipares, et avec leur contenu on fabrique des fils plus ou moins déliés, dont les pêcheurs font usage pour leurs lignes.

La substance visqueuse contenue dans les glandes ne constitue donc pas à elle seule toute la soie. Lorsqu'elle a traversé les deux conduits grêles, les deux filières dont il a été question, elle arrive dans un conduit commun que je vous ai signalé. Ici les deux fils qui sont parvenus simultanément dans ce conduit commun sont imprégnés par une sorte de vernis, versé par deux petites glandes. Le vernis réunit ainsi les deux fils en un seul, donne à ce fil le brillant de la soie et la propriété de résister à l'action de l'eau.

C'est pendant le dernier âge, lorsque le terme de la croissance approche pour le ver à soie, que la matière soyeuse devient abondante dans les glandes. Dans les premiers temps de la vie, l'animal consomme encore peu de nourriture, ses organes contiennent peu de substance ; mais pendant les quatre ou cinq jours qui précèdent la montée, le ver à soie dévorant jour et nuit, la matière soyeuse s'accumule dans les glandes. Les éducateurs peuvent déterminer très approximativement, par l'appétit qu'un ver à soie a montré pendant son dernier âge, si son cocon sera plus ou moins volumineux.

Il n'est donc pas douteux que la substance qui sera convertie en fils soyeux ne soit formée aux dépens de la feuille du mûrier dont l'insecte se nourrit.

Aussi s'est-il trouvé des industriels qui ont espéré tirer de la soie directement des feuilles du mûrier. Plusieurs d'entre eux se sont mis à l'œuvre, mais on ne peut pas dire que leur tentative ait été couronnée de succès. Avec les feuilles de mûrier, ils ont obtenu au lieu de soie une mauvaise filasse.

Les organes de l'insecte dans lesquels s'accumule la matière destinée à devenir la soie, sont de petits laboratoires où se passent des actions dont il n'a pas été possible encore de reconnaître la nature. La substance, ou au moins la partie principale de la substance qui s'amasse dans les glandes, est tirée indubita-

blement[1] des feuilles dont l'insecte se nourrit. Cette substance
passe dans le sang, et les glandes s'en emparent en lui faisant
subir peut-être une certaine modification. Une preuve que le
transport de la substance destinée à former la soie s'effectue
comme je viens de l'exposer, c'est le résultat de l'emploi du
procédé qui permet d'obtenir des cocons colorés. Si l'on sau-
poudre des feuilles de mûrier avec de l'indigo, la substance
soyeuse se colore; on obtient des cocons bleus. Les feuilles de
mûrier données en pâture aux vers à soie sont-elles saupoudrées
avec de la garance, on a des cocons roses. Si l'on parvenait,
instruit par le travail de la nature même, à faire de la soie artifi-
cielle[2], les avantages pour l'industrie en seraient incalculables.
Dans tous les cas, il ne serait plus nécessaire d'aller porter
l'argent de la France aux Chinois et aux Japonais pour avoir de
leur bonne graine.

Tout en rêvant à un tel avenir, il nous faut bien compter
uniquement encore sur le bombyx du mûrier.

Si le ver à soie file, s'il se forme un cocon épais et moelleux,
c'est pour sa protection lorsqu'il est à l'état de chrysalide, lorsqu'il est condamné à l'immobilité durant une période de développement qui doit amener l'insecte à la forme de papillon. Tout
le monde a remarqué comment l'animal s'y prend pour accomplir son travail. Après avoir fait choix d'un endroit propice,
comme l'intervalle de deux branches, il jette de divers endroits
des fils destinés à fixer le cocon : c'est de la bourre de soie.
L'espace convenable étant circonscrit au moyen de cette bourre,
le ver commence à dérouler son fil, et le déroule ainsi sans
discontinuité, en lui faisant décrire sans interruption des tours
successifs dont la forme du cocon indique le mouvement. Rien
de plus facile d'ailleurs que de suivre l'insecte dans son travail.
Tant que la paroi du cocon n'est pas devenue bien épaisse, on le
voit au travers, appliquant et fixant son fil, encore à un certain
degré de mollesse, de façon à lui faire contracter une adhérence
intime avec les parties déjà établies.

---

1. Sans aucun doute. | 2. On y est parvenu aujourd'hui.

Cette adhérence est surtout très forte à la partie extérieure du cocon, elle l'est moins à la partie interne. Au commencement le vernis formé par les deux toutes petites glandes était abondant, le fil en était plus imprégné, ce vernis est très réduit lorsque le fil approche de la fin.

Ce vernis, cette matière d'apparence gommeuse, résiste complètement à l'action de l'eau froide ; elle est ramollie par l'eau bouillante. Aussi est-ce à l'aide de l'eau bouillante que l'on peut opérer le dévidage des cocons.

Émile BLANCHARD [1].

Les hémiptères.

La destruction du phylloxéra.

C'est quelque chose de prodigieux que de voir la lutte qui s'est engagée il y a quelques années entre les viticulteurs et le phylloxéra qui envahissait leurs vignes. Ce fut pendant longtemps une perte effroyable du fait de cet insecte, puis l'ennemi fut petit à petit, sinon anéanti, du moins très réduit, et aujourd'hui il est devenu beaucoup moins redoutable.

L'importance des dégâts causés par le redoutable insecte (*fig.* 83) s'est imposée à la préoccupation publique, et a été la cause de recherches nombreuses, d'études approfondies sur les moyens à employer pour enrayer [2] sa marche.

Le plus radical [3] et, en même temps, l'un des plus efficaces, consiste dans la submersion [4] totale des vignes contaminées [5],

---

1. *De la production de la soie et de quelques autres matières textiles fournies par les animaux.*
2. Arrêter.
3. Complet, absolu.

4. Inondation des vignes de manière que les racines seules soient dans l'eau.
5. Attaquées par le parasite.

submersion qui doit durer de quarante à cinquante jours. Elle a pour conséquence la destruction complète des parasites. Mais elle n'est pas applicable partout.

Partant de ce fait que le phylloxéra ne tue pas les vignes américaines et ne fait périr en Amérique que les espèces importées d'Europe, on a imaginé, pour combattre le mal dans notre pays, de remplacer les vignes indigènes par des ceps[1] américains. Quelques variétés donnent des cépages[2] véritablement résistants ;

FIG. 83. — Radicelle couverte de phylloxéras.

mais toutes ne peuvent pas produire un vin utilisable, et beaucoup ne sauraient être employées que comme porte-greffes[3]. Dans ces conditions, on a obtenu du procédé d'assez bons résultats ; mais on ne peut le généraliser, car le vin des vignes américaines ne paraît pas pouvoir lutter[4] avec les exquis produits de nos vignes françaises.

Un troisième moyen, et c'est le meilleur, consiste dans l'emploi d'insecticides[5] appropriés, capables de tuer le phylloxéra sans nuire à la vigne. De tous les produits essayés, le seul sulfure de carbone[6] a donné des résultats assez concluants pour qu'on n'ait plus guère aujourd'hui recours qu'à lui. Cette substance est injectée dans le sol à l'aide d'un pal[7] spécial muni de tous les engins accessoires, à la dose de 20 grammes au moins et de 25 grammes au plus par mètre carré. Il est indispensable, pour réussir, de traiter l'ensemble des vignes envahies, et non pas seulement les taches[8] ; les injections doivent être faites toutes entre

1. Pieds de vignes.

2. Races de vignes.

3. C'est-à-dire en greffant sur elles des branches de vignes françaises.

4. Ne pouvoir entrer en concurrence et supplanter.

5. Corps qui tuent les insectes.

6. Liquide à odeur très désa-

gréable.

7. Tige creuse que l'on enfonce dans le sol.

8. Les vignes franchement attaquées, qui, par leur ensemble, forment des « taches » au milieu du vignoble.

les ceps de telle manière que chacun de ceux-ci soit compris entre quatre trous. Le traitement doit être mis en action de novembre à mars, et on doit l'arrêter au moment où la sève commence à monter [1]. Cependant, on a remarqué que l'emploi du sulfure de carbone en été, à faibles doses, n'avait aucune influence mauvaise sur la végétation de la vigne ; opéré à cette époque, le traitement offre l'avantage de faire périr les femelles ailées [2].

Le sulfure de carbone ne pénètre pas facilement dans les terres où le sol peu épais repose sur un sous-sol argileux imperméable [3]; il est difficile aussi de faire pénétrer le pal dans les terrains pierreux. On a conseillé de le remplacer en pareil cas par le sulfocarbonate de potassium, qui, mêlé à l'eau, peut être aisément introduit dans le sol, et qui a l'avantage de dégager lentement du sulfure de carbone, qui tue le phylloxéra, et de laisser dans la terre du carbonate de potassium, excellent engrais pour la vigne. Toutefois, l'emploi de ce produit est très dispendieux [4], et peut coûter jusqu'à 5oo francs par hectare. Il est indispensable de compléter le traitement par la destruction des œufs d'hiver [5] ; on arrive à ce résultat soit par le flambage [6] des écorces, soit par un badigeonnage avec un mélange composé d'une partie d'huile lourde [7] et de neuf parties de goudron de houille.

A. Acloque [8].

---

1. Au réveil de la végétation, quand les bourgeons commencent à grossir.

2. Femelles qui, grâce à leurs ailes, peuvent aller pondre ailleurs et répandre ainsi le fléau.

3. Ne se laissant pas traverser par l'eau.

4. Revient à un prix élevé.

5. Œufs placés dans les fentes des écorces et n'éclosant qu'au printemps.

6. En promenant une flamme rapidement à la surface des écorces.

7. Huiles provenant de la distillation du pétrole.

8. *Les Insectes nuisibles.* Paris, 1900.

Les diptères.

La piqûre du cousin.

Réaumur (1683-1757) était un savant français extraordinaire qui a laissé un nom aussi connu dans les sciences physiques (son thermomètre est classique) que dans les sciences naturelles. Il a, pour ainsi dire, passé toute sa vie à observer les insectes, à décrire leurs rouages, à découvrir leurs mœurs. Le résultat de ses recherches est consigné dans six gros volumes intitulés : Mémoires pour l'histoire des insectes. Ses descriptions sont admirables de précision et de détails, peut-être même trop détaillées, car souvent elles finissent par fatiguer le lecteur. Citons un court passage de ses œuvres relatif à l'insecte connu vulgairement sous le nom de cousin (fig. 84).

Loin de tâcher de tuer les cousins qui me piquaient ou qui cherchaient à me piquer, il m'est arrivé plus d'une fois de n'avoir d'autre crainte que de les troubler dans leur opération. Plus d'une fois je les ai invités à venir sur le dessus de mes mains ; plus d'une fois je l'ai offerte à ceux qui étaient en l'air, en l'approchant d'eux tout doucement, et cela pendant que je tenais de l'autre main une loupe [1], pour m'aider dans la suite [2] à mieux voir le jeu [3] de leur trompe. On croit bien que j'ai réussi à me faire piquer ; je n'ai pourtant pas été piqué toujours autant de

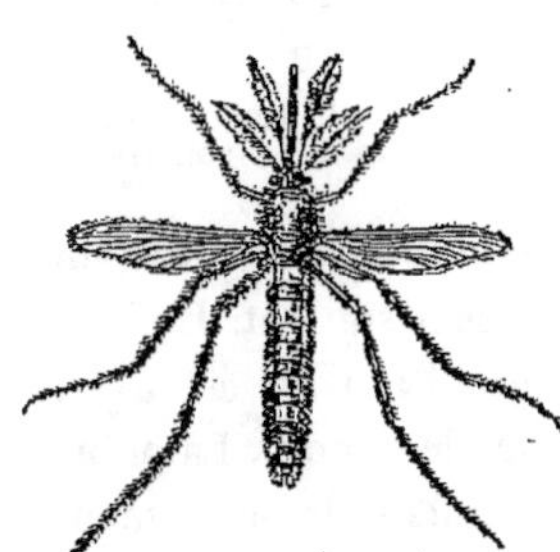

Fig. 84. — Cousin : si frêle qu'il paraisse, il a tôt fait de nous transpercer l'épiderme.

1. Instrument d'optique qui sert à voir les objets plus gros qu'ils ne sont en réalité et avec plus de détails naturellement.

2. Expression ancienne voulant dire : plus tard.

3. Le mécanisme.

fois que je l'eusse voulu et quand je l'eusse voulu. Lorsqu'on a
eu une fois le plaisir de voir le cousin dans l'action, on oublie le
petit mal qu'il nous fait en nous blessant et les suites de la blessure, qui, sur la main, ne sauraient être ni dangereuses [1], ni de
longue durée. Après qu'un cousin m'avait fait la grâce de se venir
poser sur la main que je lui avais offerte, je voyais qu'il faisait
sortir du bout de sa trompe une pointe très fine, qu'il tâtait avec
le bout de cette pointe (*fig.* 85, A) successivement quatre à
cinq endroits de ma peau. Il sait choisir apparemment celui qui

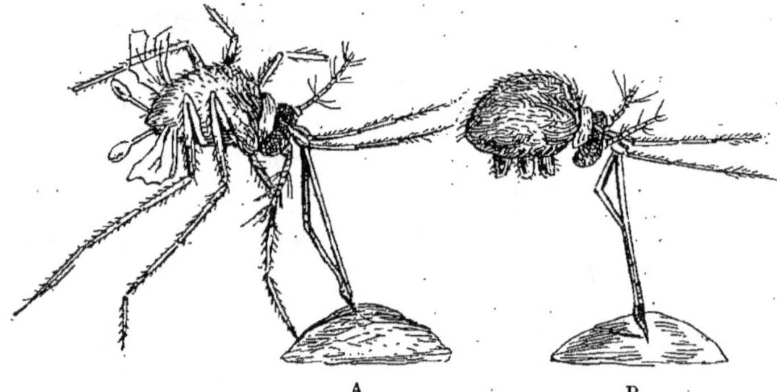

Fig. 85. — La piqûre du cousin, ou un
phases successives de la pénétration

est le plus aisé à percer et celui au-dessous duquel se trouve un
vaisseau [2] dans lequel le sang peut être puisé à souhait. Enfin il
a bientôt fait son choix et on sent qu'il l'a fait : on en est averti
par la petite douleur que la piqûre cause sur-le-champ. La pointe
de l'aiguillon composé [3], car pour nous exprimer plus brièvement,
nous ne regarderons désormais que comme une seule pointe,
celle qui est formée de plusieurs pointes extrêmement fines et
que comme un seul aiguillon l'assemblage de plusieurs, la pointe,
dis-je, de l'aiguillon s'introduit dans la peau, elle y pénètre, elle

1. On sait aujourd'hui que cette piqure est plus dangereuse qu'elle ne le parait, car la trompe introduit dans notre peau des microbes parfois très dangereux.

2. Une veine, une artère ou des capillaires.

3. Composé de plusieurs pièces.

sort par le bout du bouton qui termine l'étui. A quoi sert donc
la fente qui est presque tout du long de cet étui? C'est ce qui
mérite le plus d'être expliqué, ou plutôt d'être vu ici ; c'est ce
que la mécanique [1] de la trompe du cousin a de plus particulier.
L'aiguillon doit pénétrer dans la chair, et la nature ne l'a pas
fait capable d'être allongé, ou au moins d'être allongé d'autant
qu'il y doit pénétrer ; cependant il ne saurait s'introduire dans
la chair couvert de son étui, car le diamètre de cet étui étant
beaucoup plus grand que celui de l'aiguillon, l'ouverture capable
de laisser passer l'étui serait beaucoup plus grande que celle

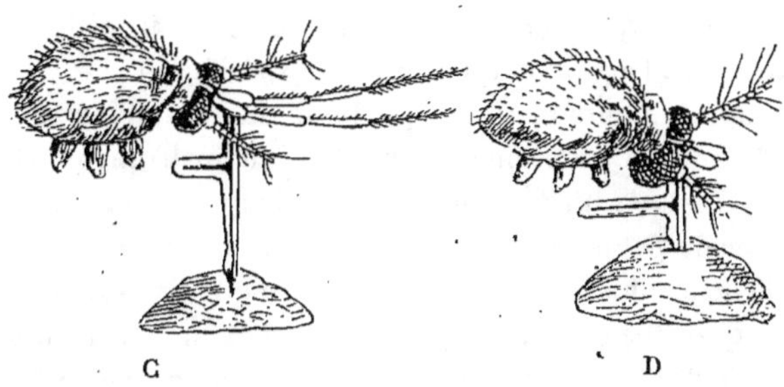

drame en quatre actes. A, B, C, D, les
de la trompe dans notre épiderme.

que l'aiguillon peut faire ; le bout de l'étui reste donc nécessairement sur le bord de la plaie. Si cet étui n'était composé que
d'une seule membrane très mince et très flexible, il pourrait se
plisser quand l'aiguillon s'enfonce, et lorsque l'aiguillon serait
sorti de la chair, le ressort de cette membrane lui ferait reprendre
sa première forme. Mais les pièces déliées qui composent l'aiguillon demandaient un fourreau plus solide que ne ferait une
membrane si mince ; et quelque mince qu'il eût été, il eût été
difficile qu'elle se fût plissée assez, qu'elle eût été réduite à assez
peu de volume : car l'aiguillon doit pénétrer presque tout entier
dans la chair, il s'y enfonce jusqu'auprès de son origine ; un

---

1. Le mécanisme.

aiguillon qui a environ une ligne [1] de longueur, s'enfonce dans la chair d'une longueur de trois quarts de ligne.

La nature a donc eu besoin d'employer ici une toute autre mécanique, pour que l'étui auquel de la solidité était nécessaire, pût être raccourci à mesure que la partie de l'aiguillon qui est hors de la plaie, devient plus courte. Le moyen auquel elle a eu recours est simple : l'étui, quoique solide, a une force de flexibilité ; il se courbe à mesure que l'aiguillon pénètre dans la chair, il s'éloigne de l'aiguillon, qui doit rester toujours tendu et droit ; l'étui, qui s'ouvre, peut se tirer en arrière, et s'y tirer sans amener l'aiguillon. Mais celui-ci a besoin d'y être soutenu immédiatement au-dessus du bord du trou, aussi l'étui ne fait-il comme nous venons de le dire, que se courber, il devient d'abord un arc, dont l'aiguillon est la corde [2] (*fig.* 85, A). Le bouton de l'étui doit toujours rester sur le bord du trou, pour aider à y maintenir et à empêcher de vaciller un instrument délicat et faible. C'est par un expédient semblable que les ouvriers qui ont à percer de petits trous dans des corps durs savent maintenir la pointe déliée du foret [3]. Enfin, à mesure que l'aiguillon pénètre, l'étui se courbe de plus en plus, il s'y fait même quelque part un angle dont le sommet est variable, au moins ne m'a-t-il pas toujours paru placé dans le même endroit. Cet angle, d'abord obtus (*fig.* 85, B) le devient de moins en moins, il passe à être aigu, et l'est à un tel point, quand l'aiguillon a pénétré aussi avant qu'il lui eût été possible, c'est-à-dire quand la tête du cousin est prête à toucher la peau, qu'alors l'étui est plié en deux ; sa moitié inférieure est alors appliquée contre sa moitié supérieure (*fig.* 85, C et D).

Pour considérer plus à mon aise l'étui ainsi plié en deux, j'ai quelquefois tué le cousin sur la blessure, rendue aussi profonde qu'elle le pouvait être ; quelquefois l'étui a conservé pendant un

---

1. La douzième partie du pouce, environ 0ᵐ,0025.
2. Ligne droite qui réunit les deux extrémités d'un arc de cercle.
3. Instrument pointu destiné à percer.

temps assez long, le pli qu'il avait pris, mais le ressort de ses fibres, qui tend à l'allonger, l'a ensuite déplié et l'a redressé.

RÉAUMUR [1].

---

[1]. *Mémoires pour servir à l'histoire des insectes.* Paris, 1738.

<h1 style="text-align:center">VII</h1>

<h1 style="text-align:center">LES MYRIAPODES
ET LES ARACHNIDES</h1>

Les mille-pieds odorants.

Les myriapodes (fig. 86) n'ont pas beaucoup de caractères pour attirer la sympathie. Les uns sont insignifiants, les autres ont une morsure dangereuse. Tous ont un aspect déplaisant qui invite plutôt à les écraser qu'à les étudier. C'est un tort, car certains, comme on va le voir, peuvent présenter des faits assez inattendus.

Certains mille-pieds sont fort intéressants par la variété des sécrétions protectrices[1] qu'ils produisent. Un zoologiste américain, M. O.F. Cook, qui les étudie depuis plusieurs années, a reconnu chez eux l'existence de quatre composés différents, pour le moins.

L'un d'eux est l'acide prussique[2]. Les différentes espèces qui le produisent ne le mettent en liberté qu'en cas de nécessité absolue et il y a à cela une excellente raison. C'est que les vapeurs d'acide prussique, foudroyantes pour leurs ennemis, le sont tout autant pour elles-mêmes.

---

1. Sécrétion de liquides qui, par leur odeur ou leur nocivité, engagent les ennemis à s'éloigner.
2. Poison violent.

Les polydesmes[1], par exemple, ne sont point immunisés[2] contre leur propre sécrétion : s'ils sont enfermés dans une boîte où ils ont sécrété leur poison, ils meurent de celui-ci. Pourtant il peut y avoir une certaine immunité : on connaît un singe[3] de Libérie qui a une prédilection pour les mille-pieds, et dont la chair, grâce à ce régime, est amère et toxique. Un fait curieux, en ce qui concerne divers mille-pieds, c'est l'impossibilité où ils se trouvent de supporter, pendant plus de quelques minutes, l'action des rayons solaires. La lumière les tue rapidement. Il semble que celle-ci agisse en opérant des modifications dans la sécrétion emmagasinée[4], en la dissociant[5] peut-être ou en opérant une synthèse[6] prématurée[7] et dangereuse.

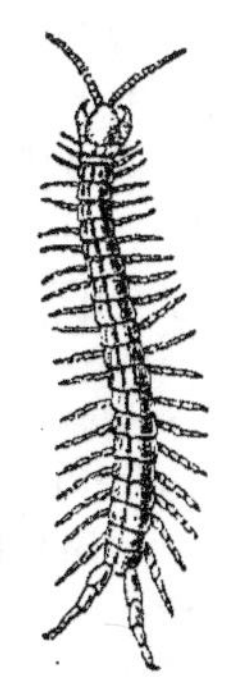

Fig. 86. — Un mille-pieds : le nom est peut-être exagéré, mais il a tout de même un nombre respectable d'appendices locomoteurs.

Un second composé est le camphre. Il y a des mille-pieds qui fabriquent du camphre en abondance. M. Cook s'est aperçu de la chose il y a une dizaine d'années. Les mille-pieds ne sécrètent leur camphre que si on les tracasse, on voit alors suinter[8] par les pores dorsaux[9] un liquide laiteux qui, à l'air, devient visqueux, et se laisse étirer en fils minces. L'odeur et la saveur fortes du camphre sont très prononcées : l'une et l'autre disparaissent peu à peu, par volatilisation[10] de la substance. Soit dit en passant, le *polyzonium* observé par M. Cook est le seul animal à qui l'on connaisse la propriété de produire du camphre, et qui possède jusqu'ici les aptitudes spéciales aux différentes plantes à qui l'industrie demande cette utile substance.

---

1. Genre de myriapodes.
2. En état de supporter le poison sans en être incommodés.
3. Une espèce de singes.
4. Conservée pendant quelque temps.
5. Divisant en quelque sorte en plusieurs corps.

6. Une combinaison avec d'autres corps.
7. Apparaissant trop tôt.
8. Sortir lentement en gouttelettes très fines.
9. Petits trous se trouvant sur le dos.
10. Évaporation à l'air.

Le camphre des mille-pieds « camphriers » — lesquels existent
-en Europe aussi bien qu'en Amérique, vivant dans l'humus[1] des
forêts humides et retirées : ce sont des bêtes qui fuient le monde,
ses pompes et ses œuvres — le camphre des mille-pieds est une
substance plus complexe que l'acide prussique au point de vue
chimique et s'il est beaucoup moins toxique, comme chacun
sait, il n'en rend pas moins des services très réels en écartant
beaucoup d'animaux mal intentionnés.

Certains mille-pieds semblent encore produire de la pyridine[2]
ou une substance qui s'en rapproche. Tel est le cas pour diverses
espèces, à Porto-Rico entre autres. Ils projettent un jet de vapeur
très âcre, qui brûle les yeux et les muqueuses nasales[3]. Les indigènes en ont fort peur, de là le mythe[4] d'après lequel ces animaux
ont, à la queue, une glande pleine d'un venin mortel. La peur ne
développe pas plus le sens de l'observation que l'intelligence. La
substance dont il s'agit, — et dont la nature n'a pas été exactement déterminée — est modifiée rapidement à l'air ; elle déter-
mine sur les mains une tache vert-jaune qui devient bientôt
pourpre foncé ; la peau ainsi maculée se détache quelques jours
après.

H. DE VARIGNY[5].

Les fils et les toiles des araignées.

*Les fils sécrétés par les araignées ne sortent pas au voisinage de la
bouche comme cela a lieu chez les chenilles, mais à la partie postérieure
du corps, au sommet d'un certain nombre de papilles ou filières. Elles
sont très habiles à s'en servir, soit pour se déplacer, soit pour envelopper leurs œufs dans des cocons, soit pour confectionner des toiles d'une*

---

1. Terreau produit par la décomposition des végétaux à la surface du
sol.
2. Substance du groupe des alca-
loïdes.

3. La fine peau qui recouvre les
narines à l'intérieur.
4. La fable.
5. *Revue scientifique*, 1900

régularité parfois admirable (fig. 87) et destinées à capturer les petits insectes dont elles font leur nourriture.

La matière qui sort des papilles de toutes les aranéides [1] n'est point de la soie, mais une liqueur glutineuse [2] dont les gouttelettes, par le seul contact de l'air, en s'éloignant des corps qui

Fɪɢ. 87. — Une toilé d'araignée : c'est un ouvrage admirable de régularité, de souplesse et de solidité.

en ont été touchés, s'allongent en plusieurs fils qui se réunissent en un seul. Les aranéides, en se balançant, ne touchent pas un corps qu'elles ne tendent un fil, et lorsque vous les prenez elles s'échappent par un fil latéral [3] que vous n'aviez pas aperçu. Si vous prenez une très jeune épeire [4] sur votre doigt, et que vous

1. Synonyme d'araignées.
2. Collante.
3. De côté.

4. Araignée commune dans les jardins.

l'isoliez bien de tous les corps environnants, l'aranéide, n'ayant pas de fil latéral flottant, ne peut s'échapper latéralement ; mais, suspendue à votre doigt par sa matière glutineuse, elle se laisse tomber assez lentement au bout de son fil qui s'allonge. Si plusieurs fois vous raccourcissez ce fil en le coupant avec un doigt de l'autre main, auquel il adhère, l'aranéide, désespérant d'arriver à terre, emploie un autre moyen pour s'échapper. Elle remonte le long de son fil, et, à une certaine distance du point d'attache, elle travaille vivement avec ses pattes et sa bouche, et parvient à former, sur la corde où elle est suspendue, un petit flocon de soie ; puis elle monte et descend rapidement au-dessus et au-dessous de ce flocon, laissant des fils très fins à chaque course, qui s'appuient sur le flocon et y aboutissent, et qu'on voit briller et flotter au soleil. L'araignée s'essaie sur un de ces fils, qui souvent n'est pas assez fort pour la porter ; alors elle revient sur ses pas pour le renforcer, puis, se dirigeant le long de ce fil qui s'allonge toujours, devient plus ferme, et la soutient d'autant mieux qu'il est plus long, elle croît de vitesse à mesure qu'elle s'éloigne du point d'attache.

Les aranéides, au besoin, tirent de leurs filières différents fils et les composent[1] diversement ; chaque fil étant une sorte de petit écheveau formé de cinq ou six autres : la même espèce d'araignée forme des fils frisés ou tendus ; elle les croise en tissu comme une toile ou une pellicule, ou elle les écarte en mailles plus ou moins grandes. La même aranéide a souvent pour sa toile des fils dont la couleur sera bleuâtre, et d'autres, pour son cocon, d'un blanc éclatant, ou de couleur jaune de fauve, et souvent de toutes ces sortes de fils dans un même cocon ; enfin elle produit, sur une même toile, des fils gluants qui gardent longtemps leur viscosité[2], et d'autres secs et cassants aussitôt qu'elle les a tendus.

Toutes les aranéides d'une même espèce font leurs toiles et leurs cocons de la même manière, avec la même sorte de fil, et

---

1. Les agencent. | 2. Leur pouvoir collant.

selon les mêmes formes. Le cocon ne varie jamais ; mais lorsque l'araignée est emprisonnée et gênée dans le déploiement de ses moyens, elle sait varier son industrie et construit une toile appropriée au local, différente de celle qui lui est habituelle.

Dans nos étables, dans nos écuries, dans l'intérieur de nos maisons, des toiles construites par les aranéides, couvertes de poussière, vieilles et tombant en lambeaux, importunent nos regards et n'inspirent que le dégoût.

Il n'en est pas ainsi lorsque, dans une de ces belles matinées de la fin de septembre, si communes dans nos climats, où la nature est souvent voilée par un léger brouillard, on se promène au lever de l'aurore dans une vigne à haute tige, ou dans le parterre orné d'arbustes et de fleurs, ou dans les larges allées d'un bois ou d'un bosquet, ou dans un potager où végètent avec abondance des arbres fruitiers et des plantes de toutes dimensions, soutenues et protégées par des supports et des treillages. Alors, de tous côtés, des toiles d'araignées, tendues en cercles concentriques [1], étalées en tapis, suspendues en drapeaux, allongées en guirlandes, frappent vos regards. Le soleil, après avoir dissipé les vapeurs nocturnes [2], projette ses rayons sur les chefs-d'œuvre d'industrie de nos araignées, donne l'éclat des diamants aux gouttelettes de rosée qui s'y trouvent attachées, et les font briller de toutes les couleurs de l'arc-en-ciel. Alors on aperçoit mieux la merveilleuse contexture [3] de leurs tissus, alors les plus indifférents observateurs admirent cet insecte, avant si dédaigné par eux, et éprouvent le besoin de connaître son étonnante industrie, et ses espèces si variées dans leurs couleurs et dans leurs formes.

Baron WALCKENAER [4].

---

1. Cercles décrits les uns dans les autres autour d'un même centre.
2. La brume.

3. La manière dont elles sont formées.
4. *Suites à Buffon.* Paris, 1837.

VIII

LES CRUSTACÉS

La pêche aux crevettes.

Les communications devenant de plus en plus faciles et nombreuses, beaucoup de personnes aujourd'hui vont passer leurs vacances au bord de la mer, autant pour respirer un bon air fortifiant, que pour se divertir et contempler la nature. Sur les plages, les plaisirs ne manquent pas, mais celui qui réunit tous les suffrages est certainement la pêche aux crevettes. Petits et grands s'y livrent avec ardeur et récoltent des « assiettées » de ces excellents crustacés. Quelques renseignements sur eux seront, croyons-nous, bien accueillis de nos lecteurs.

Deux espèces sont plus particulièrement recherchées sur nos côtes pour l'alimentation : le crangon vulgaire ou crevette grise, au rostre [1] très court; le palémon, facilement reconnaissable à son long rostre dentelé en scie sur le bord supérieur.

La crevette grise, chevrette ou sauterelle, est trop connue pour que nous ayons à en faire la description. On sait que ce crustacé a la forme d'une écrevisse de petite taille, au corps arqué [2], comme bossu; quatre longues antennes, en forme de soies, terminent la partie antérieure du corps et servent à l'animal pour explorer tous les objets qui se trouvent à sa portée; les pattes sont au nombre de dix, les antérieures [3] terminées en pinces;

---

1. Partie de la carapace qui s'avance en avant entre les deux yeux.

2. Courbé sur lui-même.

3. Celles de devant.

l'extrémité de la première paire de pattes est pourvue d'une sorte

Fig. 88. — La pêche aux crevettes : plaisir charmant aussi bien pour les
grandes personnes que pour les bambins qui, au bord de la mer, s'y
livrent sans jamais s'en lasser.

de râteau, formé de poils très courts, à l'aide duquel la bête ramasse les plus petites épluchures qu'elle porte délicatement à sa bouche à l'aide d'une paire de pattes ; après le repas, la crevette se sert de sa brosse pour nettoyer ses fausses pattes [1] et les lobes [2] de sa queue. La queue de la crevette grise est formée de quatre pièces disposées en éventail qui peuvent se replier ou s'écarter ; ces sortes d'ailes, qui servent à la natation, sont garnies de cils sur leurs bords. La crevette grise porte sous la queue un grand nombre d'œufs. Les jeunes subissent de nombreuses métamorphoses [3].

Le palémon ou bouquet, de plus grande taille que la crevette, a les antennes très grandes, plus longues même que le corps. La couleur, au lieu d'être grisâtre comme celle de la chevrette, est d'un vert pâle ; étant cuit, l'animal devient d'un beau rouge, tandis que la crevette reste grisâtre.

Les palémons recherchent les endroits obscurs, les rochers, les algues touffues ; ils se creusent même de petits terriers, soulevant, au moment du danger, un nuage de sable [4] qui les dérobe à la vue de leurs nombreux ennemis et leur permet de fuir avec une rapidité vraiment extraordinaire. « Mais lorsque le palémon ne peut fuir, écrit de la Blachère, il se laisse tomber au fond de la mer, prend un point d'appui sur sa queue reployée en dessous, ce qui lui donne la forme d'un arc, se lance en avant, et se détend par soubresauts [5] en cherchant à frapper son ennemi du dard qu'il porte au front. Au moment où on le retire de l'eau en le pêchant, il se détend de même et menace la main du pêcheur. La crevette palémon n'est point un animal sédentaire ; loin de là, elle voyage, elle vogue suivant le cours des flots, suivant l'aire [6] du vent, tantôt au large, tantôt près des rochers, selon que l'orage menace ou que le flot porte au rivage [7]. Ce petit crus-

---

1. Pattes de l'abdomen qui ne servent pas à marcher mais à nager et, chez la femelle, supportent les œufs.
2. Les différentes pièces.
3. Passent par diverses formes avant de prendre celle de la crevette adulte.

4. Dans l'eau.
5. Petites secousses successives.
6. La direction du vent.
7. Se dirige vers le rivage.

tacé vit en famille ou plutôt en essaim[1]. Ces essaims ne se tiennent jamais en haute mer ; ils suivent les sinuosités de la côte et surtout les rochers, de préférence même aux sables : ils avancent timidement. »

La pêche de la crevette est très simple. Sur les côtes unies et sablonneuses du Boulonnais, de la Picardie, de Normandie, il suffit d'entrer dans l'eau jusqu'au dessus du genou (*fig.* 88) muni d'un filet nommé *bouqueton, truble* ou *haveneau*. Ce filet a la forme d'une grande poche, dont le fond est tendu par un demi-cercle de bois et par une corde ; un bâton est fixé par une de ses extrémités au milieu de la corde, le bâton étant également attaché au milieu de l'arc. Le pêcheur, tenant l'extrémité du manche appuyée contre la poitrine, ratisse le fond de l'eau au moyen de la corde tendue.

Sur les côtes de Flandre, on emploie une sorte de *bouteux* appelé *grenadier*, ne portant pas de cerceau, mais muni de deux traverses réunies entre elles par deux cordes.

En Vendée, la pêche se fait au moyen d'un filet nommé *ret*. Ce filet consiste en une poche, suspendue par le cercle qui la tient ouverte à une corde ; la poche est lestée[2] par une pierre ou un morceau de plomb. La nuit étant venue, le pêcheur descend le ret, amorcé[3] au moyen de fragments de crabes et de poisson, entre les anfractuosités des rochers ; au bout de quelques minutes, il retire le filet dans lequel se trouvent les crevettes attirées par l'appât.

H.-E. SAUVAGE[4].

---

1. Groupe de plusieurs individus n'appartenant pas à la même famille.

2. Munie d'un poids lourd qui l'oblige à descendre au fond de l'eau.

3. Pourvue d'un aliment susceptible d'attirer les crevettes.

4. *La grande pêche (Animaux inférieurs).* Paris, 1887.

IX

LES VERS

Un modeste laboureur.

Les vers de terre ne sont pas, comme beaucoup de personnes se l'imaginent, des animaux nuisibles. Ils sont, au contraire, très utiles en ramenant sans cesse à la surface du sol la terre de la profondeur, celle qui, par conséquent, n'a pas été épuisée par les plantes : cet apport se fait par la terre qu'ils avalent en creusant leurs galeries et qu'ils rejettent sous forme de tortillons que tout le monde a remarqués. C'est ce fait qui a été développé par Darwin, l'illustre philosophe et naturaliste anglais, dans un ouvrage dont nous allons reproduire les conclusions.

Les vers de terre (*fig.* 89) ont joué, dans l'histoire du globe, un rôle plus important que ne le supposeraient, au premier abord la plupart des personnes. Dans presque toutes les contrées humides, ils sont extraordinairement nombreux, et possèdent une grande puissance musculaire pour leur taille. Dans beaucoup de parties de l'Angleterre, plus de 10 tonnes[1] de terre passent chaque année par leur corps et sont apportées à la surface vers chaque acre[2] de superficie ; ainsi tout le lot superficiel[3] de terre végétale doit dans le cours de quelques années, passer une fois par leur corps. L'écroulement des anciennes galeries[4] maintient la terre végétale en mouvement constant bien que lent et les par-

---

1. 10 516 kilogrammes.
2. Ancienne mesure valant autrefois 52 ares en France mais d'étendue variable selon les pays : en Angleterre, l'acre vaut aujourd'hui 40 ares et demi.
3. La partie supérieure du sol.
4. Les galeries creusées par les vers dans le sol.

ties qui la composent sont ainsi frottées l'une contre l'autre. Par suite, des surfaces nouvelles sont continuellement exposées à l'action de l'acide carbonique dans le sol et à celle des acides de l'humus[1] qui paraissent avoir encore plus d'effet sur la décomposition des roches. La production des acides de l'humus est probablement accélérée pendant la digestion des masses de feuilles à demi décomposées que consomment les vers. C'est ainsi que les particules de terre formant la couche superficielle sont soumises à des conditions éminemment favorables à leur dé-

Fig. 89. — Ver de terre sorti de son trou et rampant sur le sol.

composition et à leur désagrégation[2]. D'autre part, les particules des roches plus tendres subissent un certain degré de trituration[3] mécanique dans le gésier[4] musculaire des vers, dans lequel de petites pierres servent de meules.

Les déjections[5] finement pulvérisées[6] coulent par un temps de pluie le long de toute pente modérée, quand elles ont été apportées à la surface dans un état humide, et les particules les plus petites sont emportées au loin, même sur une surface faiblement inclinée. Quand elles sont sèches, les déjections s'émiettent souvent en petites boulettes et celles-ci peuvent rouler en bas de toute surface en pente. Là où le sol est tout à fait horizontal et couvert d'herbe, et où le climat est assez humide pour empêcher

---

1. Mélange de terre et de feuilles à demi décomposées.
2. Leur division en petites particules.
3. De pilage et de déchirage.

4. Partie du tube digestif des vers qui est très épaisse et broie les aliments.
5. Terre rejetée sous forme de tortillons.
6. Réduites en poussière.

que le vent n'emporte beaucoup de poussière, il paraît au premier abord impossible qu'il y ait une dénudation sous-aérienne[1] d'une étendue appréciable ; mais c'est un fait que les déjections des vers sont emportées dans une direction uniforme par les vents dominants accompagnés de pluie, surtout pendant qu'elles sont humides et visqueuses. Ces différents moyens empêchent la terre végétale superficielle de s'accumuler à une grande épaisseur, et un lit épais de terre végétale arrête de bien des façons la désagrégation des roches et fragments de roches sous-jacentes[2].

Le déplacement des déjections des vers par les moyens indiqués plus haut a des résultats qui sont loin d'être sans importance. Une assise de terre épaisse de 0,2 pouce[3] est, à maints endroits, apportée chaque année à la surface par acre ; si une partie de cette assise coule ou roule, est entraînée même à peu de distance par la pluie le long de chaque surface en pente, ou est emportée à plusieurs reprises par le vent dans une direction, il en résultera un effet considérable dans le cours des siècles. Au moyen de mesures prises et de calculs, on a trouvé que, sur une surface d'une inclinaison moyenne de 9°26′[4], 2,4 pouces cubiques de terre rejetée par les vers avaient dépassé dans le cours d'un an une ligne horizontale longue d'une toise[5] ; de sorte que 240 pouces cubiques dépasseraient une ligne longue de 100 toises. Cette dernière quantité pèserait à l'état humide onze livres et demie. C'est ainsi qu'un poids considérable de terre descend continuellement sur toutes les pentes des coteaux, et arrive, avec le temps, à atteindre le fond des vallées. Cette terre finira par être transportée dans l'Océan par les fleuves arrosant les vallées, et ce grand réceptacle réunira toutes les matières de dénudation provenant du continent. On sait, d'après le montant des sédiments[6] annuellement apportés à la mer par le Mississipi, que son énorme bassin de

---

1. Sol dépouillé de sa végétation par le vent.

2. Placées au-dessous.

3. Mesure de longueur anglaise qui vaut 2^{cm},53.

4. Le sol formant avec l'horizon un angle de cette valeur.

5. Ancienne mesure française valant environ 2^{m}.

6. Terrains apportés par les eaux.

drainage[1] doit s'abaisser en moyenne de 0,00263 de pouce par
an ; ce qui suffirait en quatre millions et demi d'années pour
abaisser la totalité du bassin au niveau de la côte de la mer. Si,
de la sorte, une petite fraction de l'assise de terre fine, épaisse de
0,2 de pouce, annuellement apportée à la surface par les vers, est
emportée au loin, il ne manquera pas d'y avoir un grand résultat
de produit dans une période de temps que pas un géologue[2] ne
considère comme extrêmement longue.

Les archéologues[3] devraient être reconnaissants envers les
vers, car ils protègent et conservent pendant une période indé-
finie toute espèce d'objets, non sujets à se décomposer, qui sont
abandonnés à la surface du sol, en les enfouissant sous leurs déjections. C'est aussi de la sorte que nous ont été conservés nombre de pavés élégants, de mosaïques[4] curieuses et d'autres restes
de l'antiquité, bien que, sans doute, les vers aient, dans ces cas, été
puissamment aidés par la terre enlevée par la pluie ou par le
vent au sol adjacent[5], surtout quand il était cultivé. Les anciens
pavés en mosaïques ont cependant souvent souffert, en ce sens
qu'ils se sont affaissés d'une façon inégale, parce qu'ils avaient
été minés inégalement par les vers. Même de vieux murs massifs
peuvent être minés et s'affaisser ; aucun bâtiment n'est garanti
contre ce danger, à moins que les fondations ne soient à 6 ou 7
pieds[6] au-dessous de la surface, épaisseur à laquelle les vers ne
peuvent pas creuser. Il est probable que bien des monolithes[7] et
de vieux murs sont tombés pour avoir été minés par les vers.

Les vers préparent le sol d'une façon excellente pour la nourriture des plantes. Ils exposent périodiquement à l'air la terre

---

1. Bassin parcouru par de l'eau
courante.

2. Celui qui étudie les roches et
les terrains.

3. Ceux qui s'occupent des vieux
monuments.

4. Ouvrage formé de pierres de
différentes couleurs et formant des
dessins par leur ensemble.

5. Placé au-dessous de la partie
superficielle.

6. Ancienne mesure française qui
était la 6° partie de la toise. En Angleterre, le pied vaut 12 pouces c'est-
à-dire 30cm,36.

7. Objets ou monuments formés
d'une seule pierre.

végétale et la tamisent [1] de manière à n'y pas laisser de pierres plus grosses que les particules qu'ils peuvent avaler. Ils mêlent le tout ensemble d'une façon intime, comme un jardinier qui prépare un sol choisi pour ses meilleures plantes. Dans cet état, ce sol est capable de conserver l'humidité, d'absorber toutes les substances solubles et aussi de donner lieu à la formation de salpêtre [2]. Les os d'animaux morts, les parties les plus dures des insectes, les coquilles de mollusques terrestres, des feuilles, des rameaux, etc., sont en peu de temps enterrées sous les déjections accumulées par les vers et mis ainsi dans un état plus ou moins avancé de décomposition, à portée des racines des plantes. Les vers entraînent de même dans leurs galeries un nombre infini de plantes mortes, soit pour en boucher l'ouverture, soit pour s'en servir comme nourriture.

Après avoir été traînées dans les galeries, les feuilles qui servent de nourriture sont déchirées en tout petits lambeaux, digérées en partie et saturées [3] des réactions intestinales [4] pour être mêlées ensuite à une grande quantité de terre. Cette terre forme l'humus riche, de couleur foncée, qui recouvre presque partout d'une assise bien nette la surface du sol.

CH. DARWIN [5].

---

1. La trient comme s'ils la passaient au tamis.
2. Nitrate de potassium.
3. Imbibées entièrement.
4. Les liquides produits par l'in-

testin des vers.
5. *Rôle des vers de terre dans la formation de la terre végétale.* Trad. Levêque. Paris, 1882.

X

LES MOLLUSQUES

Les lamellibranches.

La culture des moules.

Sans avoir la valeur des huîtres, les moules constituent un aliment qu'aiment beaucoup de personnes et dont les populations côtières, en tout cas, font une large consommation. Mais si l'on se borne à récolter celles qui vivent fixées naturellement sur les rochers, la région de pêche ne tarde pas à être dépeuplée et à ne donner que des coquilles trop petites pour être dégustées. Aussi, en plusieurs endroits de nos côtes, a-t-on disposé différents modes de support, sur lesquels les moules se développent abondamment.

Des troncs d'arbres enfoncés dans la vase et s'élevant à deux mètres au-dessus de celle-ci, écartés de 80 centimètres environ, servent de soutien à des palissades de 250 mètres de longueur, disposées en forme de W. Le clayonnage [1] qui réunit les pieux (*fig.* 90) ne descend pas jusqu'au niveau du substratum [2], et le flot, montant ou descendant, peut librement circuler sous les palissades des bouchots [3]. Ceux-ci sont disposés de façon à pré-

---

1. Les branches ou claies qui réunissent les poteaux.
2. De la surface de la vase où sont implantés les pieux.

3. Les bouchots sont les appareils de production et d'élevage des moules.

senter toujours leur sommet vers la mer et à éviter les lames qui pourraient les prendre de flanc et les démolir.

Les bouchots sont échelonnés sur quatre rangs. Suivant leur position par rapport à la mer, on les nomme, en allant du large vers le rivage : bouchots du bas ou d'aval, bâtisses, bouchots bâtards, bouchots milouins, bouchots d'amont.

Les bouchots d'aval ne découvrent[1] qu'aux grandes marées de nouvelle et pleine lune[2]. Ils sont formés simplement par des

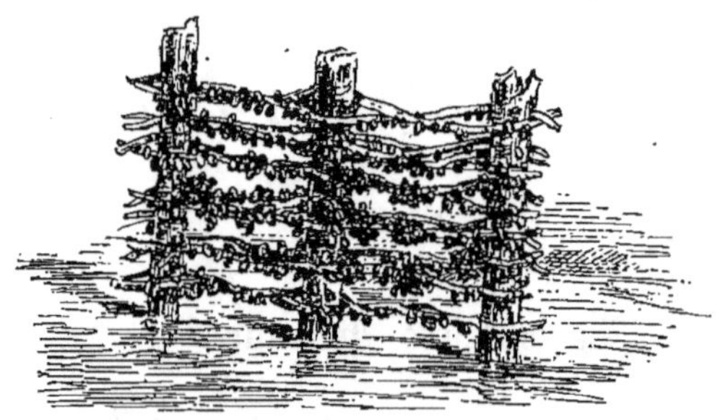

Fig. 90. — Un bouchot chargé de moules.

pieux, espacés de 40 centimètres environ. Ils servent surtout à recueillir le naissain[3]. Celui-ci se fixe sur ces pieux vers le mois de février ou le mois de mars. On le laisse grossir sur les collecteurs, mais en juillet, quand il a atteint la grosseur d'un haricot, on procède à sa transplantation[4]. On l'appelle alors « renouvelain ».

On prend donc sur le bouchot des plaques de renouvelain, on les entoure d'un morceau de filet et on les porte sur les palissades des bouchots bâtards qui recouvrent les marées de vives

---

1. Ne sont pas exposés à l'air.

2. On sait que c'est l'attraction de la lune qui produit le phénomène des marées.

3. Les œufs émis par la moule ne donnent pas naissance directement à des moules, mais à de petites larves qui nagent dans la mer avant de se fixer. Ce sont ces larves que l'on appelle le naissain.

4. A son transport sur d'autres poteaux.

eaux [1] ordinaires. On les insinue entre les branches des clayon-
nages « comme le feraient des maçons qui couleraient du plâtre
pour convertir en muraille ces panneaux à claire-voie ». On a
soin toutefois d'espacer les colonies [2] que l'on intrique dans les
claies, de façon à ce qu'elles puissent librement croître. Aussi
bien, le filet qui l'entoure pourrit rapidement et les mollusques
ne rencontrent plus de difficultés pour grandir librement.

Quand les moules arrivent à se toucher et que l'espace paraît
trop petit sur les bouchots bâtards, pour qu'elles ne puissent se
gêner, on les transplante à nouveau. Alors on les porte sur les
bouchots milouins qui découvrent à toutes les marées de mortes
eaux [3]. C'est l'opération dite du « repiquage », qui s'effectue en
ménageant encore aux moules un espace suffisant pour qu'elles
puissent s'accroître, sans se nuire mutuellement.

Enfin, au bout de six mois environ de culture, les moules sont
devenues commercialement exploitables [4]. On les transfère alors,
au fur et à mesure qu'on les reconnaît susceptibles d'être vendues, sur les bouchots d'amont, qui servent d'entrepôts.

Il n'est pas indispensable que les moules passent par tous les
étages des bouchots avant d'être livrées à la consommation. Les
moules qui croissent sur les bouchots d'aval, ou du bas, ou
bâtisses, y grandissent au point de devenir marchandes [5]. Mais,
comme on ne les pourrait récolter que pendant les fortes marées
de la saison d'hiver, on ne pourrait en fournir à la consommation pendant les autres époques de l'année, si on ne les transplan-
tait sur les autres bouchots ; d'un autre côté, en grossissant sur
des collecteurs trop étroits, ces moules, se superposant, finiraient
par tomber dans la vase et y périr. Sur les bâtards elles deviennent aussi grosses que sur les milouins ; enfin, elles passent

---

1. Ce sont les marées des syzygies
(époques des conjonctions de la lune
avec le soleil), plus fortes que les
marées ordinaires. Les marins les
appellent aussi *malines* ou *reverdies*.

2. Les amas de moules.

3. Ce sont les marées de quadra-

tures (époques où la lune et le soleil
sont à 90° d'écart l'un de l'autre),
plus faibles que les marées ordinaires.

4. Peuvent être vendues pour être
consommées.

5. Susceptibles d'être achetées.

quelquefois, quand elles sont assez grosses, des bâtards et même des bâtisses aux bouchots d'amont, alors surtout que les bouchots intermédiaires sont suffisamment garnis de mollusques.

L'exploitation d'une série de bouchots est faite par un individu ou par plusieurs personnes associées. Les diverses opérations qu'elles nécessitent ne sont exécutées qu'à marée basse, de jour ou de nuit. Les boucholeurs [1] se rendent à leurs concessions [2]

FIG. 91. — Pêcheur de moules et son pousse-pied.

respectives en glissant sur la vase au moyen des acons ou poussepied, dont l'invention est attribuée à Patrick Walton ; ces embarcations, d'un type tout spécial, sont en effet mues au moyen d'une jambe que le boucholeur laisse pendre en dehors de la caisse à fond plat qui constitue son esquif [3] (*fig.* 91) tenant avec les deux mains les bords parallèles de l'acon, dont l'avant est relevé en forme de proue, l'aconier [4] agenouillé sur un genou dans son bateau, plonge sa jambe libre dans la vase, sur laquelle il prend ainsi un point d'appui ; se penchant alors en avant, et contractant les bras, il progressera sur le fond mou ; puis il retire sa jambe de la vase et la projette de nouveau en avant et

---

1. Ceux qui s'occupent des bouchots.

2. L'espace qu'on leur a accordé

pour se livrer à la culture des moules.

3. Son bateau.

4. Celui qui est dans l'acon.

fait ainsi un nouveau pas. Ces manœuvres s'exécutent avec une rapidité très grande, et les aconiers circulent sur leur vasière [1] avec une vitesse dont aucune vitesse ne saurait donner l'idée.

En général, les moules les meilleures et les plus grasses sont celles qui se trouvent à la partie supérieure des bouchots. Celles de la partie inférieure sont non seulement plus maigres, mais présentent en outre un goût de vase, qu'elles doivent évidemment aux particules [2] du fond que les flots mettent en suspension [3] dans l'eau.

G. Roché [4].

Un mollusque gigantesque.

Les très grandes dimensions sont rares chez les mollusques. Exception doit être faite cependant pour les tridacnes ou bénitiers, employés comme l'on sait, dans presque toutes les églises (fig. 92). C'est la plus grande des coquilles connues et sur laquelle on va lire d'intéressants détails.

La tridacne produit un byssus [5] à l'aide duquel elle se suspend aux roches, et on concevra aisément quelle doit être la force de ce byssus si l'on songe que le poids d'un de ces mollusques va parfois jusqu'à 600 livres ! Aussi ne peut-on le couper qu'à coups de hache, et encore faut-il s'y reprendre à plusieurs fois avant qu'il soit entièrement tranché.

L'animal du grand-bénitier ne pèse que 14 livres, mais le poids de chacune de ses valves est de 200 à 300 kilogrammes, et elles atteignent 1^m1/2 de longueur. En Chine, on s'en sert comme abreuvoir pour les bestiaux, et de riches mandarins possèdent des baignoires faites d'une de ces coquilles.

Ce furent les Grecs les premiers qui lui donnèrent le nom de *tridacne*, mais ce n'est qu'au quinzième siècle que ces magnifiques

---

1. L'espace vaseux où sont établies les moules.

2. Les grumeaux de la vase.

3. Fait flotter à l'intérieur de l'eau.

4. *La culture des mers.* Paris, 1898.

5. Le byssus est une glande sécrétant des fils cornés à l'aide desquels les mollusques bivalves se fixent aux rochers. Ces fils sont bien connus chez la moule où on les désigne sous le nom de « barbe ».

mollusques furent apportés en Europe. Le célèbre Dampier[1] en trouva un grand nombre près des Célèbes[2] ; il les appelle, dans ses mémoires, « de grands pétoncles[3] rouges » et dit qu'une

FIG. 92. — La tridacne ou bénitier : c'est une coquille énorme et cependant l'animal en possède deux comme celle qui est ici figurée, accrochée à un pilier dans une église bretonne.

écaille vide pesait 258 livres. Le bénitier, en effet, rappelle quelque peu, par la disposition des cannelures profondes s'emboîtant sur le bord, l'aspect des pétoncles.

La République de Venise fit présent à François Ier d'une magni-

---

1. Voyageur explorateur, a donné son nom à une île et à un détroit d'Océanie.

2. Iles de la Malaisie hollandaise (Océanie).

3. Mollusques comestibles également connus sous les noms de coques, de bucardes, de cardiums, etc.

fique tridacne qui resta jusqu'à Louis XIV dans le trésor royal ; mais le curé Languet finit par l'obtenir de ce monarque, et fit des deux valves deux merveilleux bénitiers qui décorent encore l'église Saint-Sulpice.

D'autres églises, comme celle de Sainte-Eulalie, à Montpellier ; celles de Saint-Jacques, au Havre, etc., possèdent aussi pour bénitiers de beaux coquillages. Plusieurs exemplaires remarquables appartiennent au Muséum de Paris, mais les plus grands que l'on connaisse sont à Rome.

L'animal des tridacnes est vivement coloré, surtout celui de l'espèce dite *Safranci*, qui est bleu sur les bords, violet au centre, rayé en travers d'un bleu pâle, semé de petits ronds jaunes, bruns, etc. Lorsque le voyageur, fouillant de son regard une mer peu profonde, aperçoit un assez grand nombre de ces animaux montrant au travers de l'ouverture bâillante de leurs valves ces brillantes couleurs, il lui semble voir un parterre de fleurs sous-marines à l'éclat velouté.

L'alcool dans lequel on plonge le grand-bénitier se teint en violet rouge très intense, et peut-être pourrait-on utiliser ces propriétés tinctoriales. A notre connaissance, on n'a encore tenté aucun essai dans cette voie.

Toutes les tridacnes habitent des mers chaudes, et l'espèce géante ne se rencontre que dans les mers qui séparent l'Inde et l'Australie, et dans la mer Rouge. Souvent elle vit à de grandes profondeurs, et on ne conçoit pas comment les plongeurs parviennent à s'en emparer.

Les Arabes et les Indiens, et surtout les habitants des Moluques [1], mangent la chair de ce coquillage, dont le goût rappelle de loin celui du homard. C'est néanmoins un aliment peu agréable, coriace et d'une difficile digestion.

« M. Lamiral, dit M. Moquin-Tandon [2], a vu une perle de la grosseur d'un œuf de poule, parfaitement sphérique et blanche comme du lait, provenant du grand-bénitier. »

---

1. Grand archipel volcanique de la Malaisie, entre les Célèbes et la Nou- | velle-Guinée.
2. Célèbre zoologiste.

Malheureusement pour les pêcheurs arabes, de telles trouvailles sont bien rares.

On prétend que lorsqu'un plongeur maladroit vient à engager sa jambe ou son bras entre les valves d'une tridacne entr'ouverte, celle-ci se ferme brusquement et le tient prisonnier au fond de l'eau jusqu'à ce qu'il meure asphyxié. Le fait est-il vrai, nous l'ignorons ; il est certain que le mollusque est bien de force à retenir un homme, malgré ses efforts pour lui échapper. Un naturaliste, M. Vaillant, voulant savoir quelle était sa puissance, attacha une de ses valves à une poutre, puis accrocha à l'autre valve des seaux d'eau jusqu'à ce qu'il l'eût forcée à s'ouvrir. Il put ainsi constater qu'une tridacne de 0^m,21 seulement de longueur, soutient 4914 grammes ; une de 0^m,25, 7220 grammes ; et qu'une autre, qui pèse 250 kilogrammes, ne céda qu'à un poids de 900 kilogrammes ! Or, quel est l'homme capable de faire remuer un poids de 1800 livres ? Pour forcer un grand-bénitier à bâiller malgré lui, il faudrait atteler *trois chevaux* à l'une de ses valves !

A. Landrin[1].

---

1. *Les monstres marins.* Paris.

XI

LES ÉCHINODERMES, LES COELENTÉRÉS ET LES SPONGIAIRES

Les échinodermes.

Les oursins.

Nous donnons ci-après l'histoire naturelle des oursins (fig. 93), d'après un professeur de la faculté des sciences de Marseille, Moquin-Tandon, qui, sous le pseudonyme d'Alfred Frédol, a publié un beau livre de vulgarisation sur les animaux marins. Ses descriptions sont un curieux mélange de faits exacts et d'exclamations admiratives qui ne laissent pas parfois que d'étonner.

Les oursins sont vêtus d'une tunique calcaire souvent globuleuse [1] ou ovoïde [2], quelquefois déprimée [3], composée de plaques hexagonales [4] soudées intimement entre elles, formant six rangées symétriques distribuées par paires. Les rangées les plus larges portent des piquants mobiles [5] ou baguettes qui sont à la fois des organes de protection et des organes de mouvement ; les autres sont percées de pores [6] en séries longitudinales régulières comme les allées d'un jardin, lesquels donnent issue [7] à des filaments dont l'animal se sert pour respirer ou pour marcher.

---

1. En forme de sphère.
2. En forme d'œuf.
3. Aplatie.
4. Limitées par six arêtes.

5. Pouvant se pencher dans plusieurs sens à la volonté de l'animal.
6. Petits trous.
7. Laissent sortir.

Dans l'oursin comestible, la coquille est composée d'au moins 10.000 pièces distinctes, admirablement assemblées et si solidement unies, que l'ensemble paraît former un seul corps.

Les piquants sont souvent très nombreux ; ils recouvrent et protègent l'enveloppe. De là le nom de *hérissons de mer* qu'on a souvent donné à ces animaux. Les mots *oursin, echinus*[1], *échinodermes*, indiquent aussi cette armure épineuse. Dans une espèce, on a compté jusqu'à 2 000 piquants ; dans l'oursin comestible, il y en a au moins 3 000. Ces appendices cachent tout à fait la tunique calcaire qui les porte, comme les perles nombreuses qui couvraient le fameux habit de Saint-Simon. L'étoffe était de soie, mais *on ne la voyait pas !*

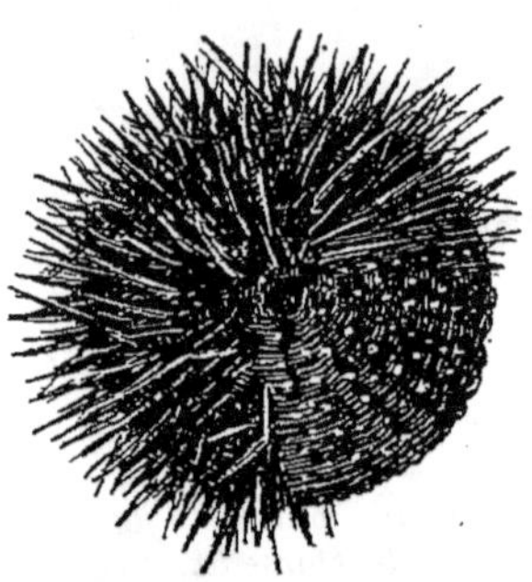

Fig. 93. — Oursin commun : à droite, on l'a un peu dépouillé de ses piquants pour montrer sa carapace.

Les piquants des oursins offrent à la base une petite tête lisse, séparée par un étranglement[2]. La face inférieure de cette tête est creusée d'une facette concave[3] qui s'articule avec un tubercule de la coque. Chaque piquant est mis en mouvement par un appareil spécial.

Ces épines présentent une structure poreuse[4]. Elles sont souvent sillonnées[5] longitudinalement ou formées de lamelles rayonnantes[6] partant de leurs axes[7], toutes criblées de trous et réunies entre elles par des prolongements transverses[8] ; de telle sorte qu'on ne voit à l'extérieur que les bords de ces lames revêtues d'une membrane.

Les dimensions et les formes des piquants sont extrêmement variables. Des oursins ont des épines trois ou quatre fois plus

1. Nom latin de l'oursin.
2. Une région rétrécie.
3. Présentant un léger creux.
4. Une substance criblée de trous.
5. C'est-à-dire marquées de sillons

en long.
6. Disposées comme les rayons d'une roue.
7. La ligne médiane du piquant.
8. En travers.

longues que le diamètre de leur carapace, tandis que d'autres en ont de trois ou quatre fois plus courtes. Dans quelques-uns, ces organes sont réduits à de petites soies couchées sur la coque protectrice.

Les appendices dont il s'agit paraissent ordinairement pointus ou obtus. Certaines espèces en offrent d'aplatis, même de tranchants sur les bords.

Chez une espèce qui vit à la Nouvelle-Hollande, M. Hupé a trouvé un mollusque gastéropode du genre *stylifer*, enfermé dans un de ses piquants, creusé et profondément modifié, quant à sa forme et quant à sa structure, par la présence du petit parasite !

De tous les tableaux que nous offre la nature, il en est peu qui aient plus de charmes que ceux dans lesquels nous voyons les créatures se donner les unes aux autres abri, nourriture et protection..... volontairement ou involontairement. L'instinct du *stylifer* n'est-il pas merveilleux ? La nature protège un animal en hérissant son corps d'une armure de poignards. Arrive un autre animal qui *se met en sûreté dans un de ces poignards !*

Quand les piquants sont tombés, les oursins de nos côtes prennent la physionomie de petits fruits globuleux ornés de côtes et de tubercules symétriquement distribués. Leur forme arrondie, et plus encore leur substance calcaire [1], leur ont fait donner, dans certaines localités, le nom d'*œufs de mer*.

Les espèces déprimées ou tout à fait aplaties ressemblent beaucoup plus à des galettes qu'à des œufs.

Les filaments tentaculaires [2] des oursins sont tubuleux [3], très extensibles [4] et terminés par une petite ampoule [5]. Ils peuvent se gonfler et se raidir ; ils dépassent alors la longueur des piquants et vont se fixer aux corps étrangers.

---

1. En carbonate de calcium, comme la coquille des œufs.

2. En forme de tentacules, c'est-à-dire creux.

3. En tubes.

4. Pouvant s'étendre et se raccourcir à volonté.

5. Ou plutôt une petite ventouse aplatie.

Ces organes sont très nombreux dans l'oursin ordinaire, il y en a au moins 1 400 et dans l'oursin melon environ 4 300.

Les oursins se meuvent avec leurs filaments et leurs épines. Edward Forbes en a vu *grimper* sur les parois verticales d'un vase très lisse.

Pour comprendre la manière dont ces animaux se servent de leurs organes, supposons un individu au repos. Tous ses piquants sont immobiles et tous ses filaments retirés dans la coque. Quelques-uns de ces derniers commencent à sortir, ils s'allongent et tâtent le terrain tout autour ; d'autres les suivent. L'animal les fixe solidement[1]. S'il veut changer de place, les filaments antérieurs[2] se contractent, pendant que ceux de derrière lâchent prise, et la coquille est portée en avant. L'oursin marche ainsi avec aisance, et même avec rapidité. Pendant sa progression, les suçoirs[3] ne sont que très faiblement aidés par les piquants ; ceux-ci ne servent que de points d'appui sur lesquels roule l'animal.

Les oursins peuvent voyager sur le dos comme sur le ventre. Quelle que soit leur posture, il y a toujours un certain nombre de piquants qui les portent et de suçoirs qui les fixent. Dans certaines circonstances, l'animal marche en tournant sur lui-même, comme une roue en mouvement.

Plusieurs oursins ne se trouvant pas suffisamment protégés et par leur coque calcaire, et par leurs piquants pointus, se taillent une demeure dans les roches les plus dures, dans les grès et le granit : cette demeure semble faite avec un emporte-pièce. L'animal s'y loge et s'y retranche[4] merveilleusement. Il en défend l'entrée avec une partie de ses épines.

Des observations très suivies et très intéressantes ont été publiées par MM. Caillaud, Robert et Lory, sur la propriété perforante[5] des oursins. Les jeunes individus, alors qu'ils sont à peine gros comme des pois, creusent des trous en rapport avec

---

1. Par simple adhérence.
2. De devant.
3. Les filaments tentaculaires étaient autrefois appelés ainsi parce que l'on supposait qu'ils « suçaient »

la nourriture. En réalité, ils en sont incapables et ne servent qu'à la locomotion.

4. S'y met à l'abri de ses ennemis.
5. Propriété de faire un trou.

leur taille. Ils se fixent d'abord aux corps solides à l'aide de leurs filaments tentaculaires, entament ce corps avec les cinq dents qui entourent la bouche et le rongent peu à peu. Ils enlèvent au fur et à mesure, avec leurs épines, les détritus [1] qu'ils ont ainsi détachés.

Pauvres petits piqueurs de pierres ! passer une partie de leur vie à travailler le granit avec les dents !

Alfred FRÉDOL [2].

Les cœlentérés.

La galère.

C'est dans l'embranchement des cœlentérés que se montre avec le plus de netteté la tendance des organismes à former des colonies, c'est-à-dire des individus qui se reproduisent par bourgeonnement et restent unis entre eux. Les individus ainsi nés restent quelquefois semblables à celui dont ils proviennent, mais, bien souvent aussi, ils se différencient de diverses façons : les uns se consacrent à la digestion des aliments, les autres à la défense de la colonie, etc. Cette différenciation atteint chez les siphonophores un tel degré de perfectionnement que, en les examinant, on ne sait si l'on a affaire à une colonie de nombreux individus très différents les uns des autres ou à un seul individu possédant de nombreux organes. Ces animaux, du reste, sont des êtres admirables dans leur architecture, transparents comme le plus pur diamant, souvent pourvus de taches colorées, qui en font de vrais bijoux. Empruntons à M. Edmond Perrier, le savant directeur du Muséum d'histoire naturelle de Paris, une page relative à ces animaux, page où, comme dans toute son œuvre, se trouvent ce style brillant et cette documentation de premier ordre qui en font le charme et la valeur.

Bien peu d'animaux marins excitent l'étonnement au même

---

1. Débris inutiles.　　　　　|　　2. *Le Monde de la Mer*. Paris, 1881.

degré que les siphonophores ; bien peu offrent des formes aussi
capricieuses, aussi variées, aussi inattendues. Qu'on imagine de
véritables lustres vivants, laissant flotter nonchalamment leurs
mille pendeloques [1] au gré des molles ondulations d'une mer
tranquille, repliant sur eux-mêmes leurs trésors de pur cristal,
de rubis, de saphirs, d'émeraudes, ou les égrenant de toutes
parts comme s'ils laissaient tomber de leur sein une pluie de
pierres précieuses, chatoyant des innombrables reflets de l'arc-
en-ciel, montrant en un instant à l'œil ébloui les aspects les plus
divers ; tels sont ces êtres merveilleux, bijoux animés que l'on
croirait fraîchement sortis de l'écrin de quelque reine de l'Océan.
L'aspect ne saurait rêver rien de plus riche, et c'est précisément
pourquoi la froide analyse des naturalistes est demeurée longtemps confondue en présence d'organismes qui ne semblaient
relever que de la fantaisie d'un divin joaillier.

Les siphonophores sont bien connus des navigateurs, qui désignent l'un d'entre eux, la physalie (*fig.* 94) sous le nom de galère [2].
C'est surtout dans les mers chaudes et tempérées qu'ils abondent.
Par les temps calmes, ils viennent à la surface et se laissent aller à
la dérive [3], emportés par les courants ; mais ils savent aussi très
bien se soustraire à la poursuite de leurs ennemis : après avoir
suivi plus ou moins longtemps la même route, on les voit tout à
coup changer d'allure. L'extrême complexité de leur corps, fait
pour flotter et non pour nager, n'est pas un embarras pour eux :
toutes ses parties se mettent admirablement au service de la volonté directrice ; leurs mouvements se coordonnent [4] de la façon
la plus précise.

Rien n'égale cependant la multiplicité et la variété des parties
qui doivent obéir ainsi.

Les galères ou physalies montrent tout d'abord une sorte de
ballon allongé, aux reflets d'un violet brillant, qui peut atteindre

---

1. Morceaux de cristal taillé attachés à un lustre.
2. Par comparaison avec les anciens navires qui portaient ce nom.

3. Se laissent emporter sans faire
de mouvements par eux-mêmes.
4. S'enchaînent.

la grosseur d'une outre de cornemuse [1], flotte à la surface de l'eau et présente à l'action du vent une large crête membraneuse, vivement colorée, lui servant de voile. A l'une des extrémités de son grand axe [2] le ballon est effilé et se trouve percé à sa partie

Fig. 94. — Physalie ou galère : cet être étrange, transparent comme du cristal, pique cruellement la main qui veut le saisir.

supérieure d'un orifice par lequel l'air peut s'échapper tandis qu'un bouquet de tentacules orne sa partie inférieure ; l'autre extrémité est plus large, et sur toute la portion qui plonge habituellement dans l'eau, on voit naître une forêt de filaments qui

1. Instrument de musique champêtre composé de deux tuyaux percés de trous et d'un sac de cuir servant de réservoir d'air.

2. De sa plus grande longueur.

peuvent, à la volonté de l'animal, ou s'étendre démesurément, ou se rétracter au contraire jusqu'à venir se perdre dans le fouillis d'organes suspendus comme eux à la coque de ce petit navire gonflé d'air.

Parmi ces organes, on distingue surtout de grands tubes pourvus d'une ouverture à leur extrémité libre et portant chacun un des filaments dont il vient d'être question. Ce sont les *siphons*, dont l'existence très générale chez les animaux qui nous occupent leur a valu le nom de siphonophores [1]. D'autres siphons plus petits portent des filaments moins longs et sont disposés d'une façon assez irrégulière sur de longs rameaux charnus, divisés de mille façons, qui naissent du ballon, à la base des grands siphons. Ces rameaux portent encore des bouquets de tubes sans ouverture, qui semblent sécréter un suc digestif particulier et que M. de Quatrefages [2] a nommés, pour cette raison, tubes hépatiques [3]. Ces tubes sont entremêlés de grappes d'organes reproducteurs. Un même rameau peut porter un nombre indéfini de branches secondaires, présentant une constitution identique à la sienne. La cavité interne des siphons et celle de tous les autres appendices communiquent directement avec un canal qui occupe la cavité centrale de chaque rameau ; tous ces rameaux viennent enfin se réunir en un réseau qui rampe dans l'épaisseur des parois de la vessie aérienne.

Les galères sont extraordinairement urticantes [4]. Les longs filaments adossés à leurs siphons sont garnis d'une multitude innombrable de volumineux nématocystes [5] qui en font de puis-

---

1. C'est-à-dire « qui porte des siphons ».

2. Célèbre naturaliste français, dont nous avons donné plus haut un passage relatif aux termites.

3. Hépatique se dit en anatomie de tout ce qui a rapport au foie. Tubes hépatiques veulent donc dire : tubes du foie.

4. Elles piquent comme des orties. Voir à ce sujet : Henri Coupin, *Les animaux excentriques*, Paris, 1904.

5. Les nématocystes sont des cellules microscopiques renfermant un filament qui, pour tenir à leur intérieur, est obligé de s'enrouler sur lui-même. Lorsqu'on vient à toucher les cellules, le filament sort brusquement, plonge comme une flèche dans l'objet qui en a provoqué la sortie et cause une douleur d'autant plus cuisante qu'il semble imbibé d'un liquide vénéneux.

sants instruments de défense. Ce sont pour les physalies de précieux instruments de chasse, s'étendant de toutes parts, comme un filet vivant, autour de l'animal, explorant sans cesse les eaux environnantes, attirant même par leur apparence inoffensive les poissons et les crustacés nageurs en quête d'un gibier facile, ils déchargent au moindre contact leurs mille flèches subtiles et empoisonnées sur toute proie qui vient à les toucher, la paralysent, l'enveloppent de leur inextricable écheveau et méritent ainsi leur nom de *filaments pêcheurs*; ils sont capables chez les grandes physalies de s'emparer d'animaux d'ordre élevé [1] et de taille relativement considérable.

Dès qu'une proie a été capturée, il se passe un phénomène curieux : un certain nombre de filaments pêcheurs concourent à la maintenir d'abord et à la porter ensuite au contact de tubes hépatiques qui dégorgent sur elle leur suc corrosif. Le tissu de l'animal et jusqu'à ses os et ses écailles, s'il s'agit d'un poisson, sont transformés peu à peu en une épaisse bouillie ; le liquide des tubes hépatiques, sans qu'il soit besoin d'un estomac, d'une cavité spéciale, a opéré une véritable digestion extérieure. La proie est maintenant à point ; les siphons grands et petits s'appliquent sur cette sorte de chyme [2], l'absorbent, et la masse nutritive, après avoir séjourné quelque temps dans leur cavité, passe dans les canaux qui la répartissent entre toutes les régions du corps.

Dans tous les actes qui composent cette singulière digestion, la physalie n'a cessé de se comporter en individu parfaitement autonome [3]. Entre sa façon de faire et la façon de faire d'une méduse en pareil cas, on ne pourrait signaler que de bien faibles différences.

Edmond Perrier [4].

---

1. Des poissons par exemple.

2. Le chyme est le liquide qui passe de l'estomac dans l'intestin au fur et à mesure que les aliments sont digérés.

3. Agissant en même temps dans toutes ses parties pour le but à atteindre.

4. *Les Colonies animales et la formation des organismes*. Paris, 1881.

Les spongiaires.

La récolte des éponges.

*La véritable nature des éponges (fig. 95) a été longtemps inconnue ;
les uns les regardaient comme des végétaux, les autres comme des animaux. C'est à cette dernière théorie que les recherches des savants ont
amené tout le monde à se ranger. Au point de vue scientifique, ce sont
des êtres très intéressants par la structure bien spéciale de leur corps.
Au point de vue commercial leur importance n'est pas moindre ; aujour-
d'hui on les recueille surtout à l'aide du scaphandre (fig. 96), mais il
y a bien d'autres modes de récoltes.*

A première vue, on distingue dans l'éponge vivante, au moment
où elle vient d'être retirée de l'eau (je parle seulement de l'éponge
employée en économie domestique), deux substances bien différentes.

La première est une sorte de mucosité [1] recouvrant le tout; la
seconde, enveloppée par la précédente, est un tissu fibreux et
feutré, percé d'une multitude de pores [2], et contenant de petits
corps, tantôt siliceux, tantôt calcaires, de formes variées, qu'on
nomme spicules [3].

L'éponge, préparée pour les usages domestiques, a été débarrassée de la mucosité qui l'enveloppait et des particules siliceuses
ou calcaires qu'elle contenait, et se trouve réduite à ce tissu
fibreux dont je viens de parler.

La première substance est la partie animée [4] de l'éponge. C'est
une agrégation [5] d'animaux [6], mais d'animaux d'une simplicité
extrême ; ni tentacules au dehors, ni tube digestif en dedans ; un

---

1. Une sorte de colle.
2. De petits trous.
3. On ne les voit généralement
qu'au microscope.

4. Vivante.
5. Un assemblage.
6. L'auteur dit, à tort, de « polypiers ».

simple estomac creusé à même le parenchyme. Il se nourrit des molécules organisées [1] en suspension dans le liquide ambiant [2].

Ces animaux élémentaires ont deux modes de multiplication : par des germes ciliés et mobiles et par des espèces de spores comparables à celles des végétaux cryptogames [3].

Toutes les éponges sont aquatiques, les unes marines, les autres d'eau douce; celles-ci, nommées *spongilles*, sont sans usage. Les premières vivent fixées à des corps sous-marins à des profondeurs de 5 à 25 brasses [4], où la mer est toujours tranquille. Leurs formes sont très variables, et quelques-uns de leurs noms vulgaires, *gant de Neptune, trompette de mer, manchons* et *cierges*, en donnent une idée. Elles diffèrent également par la taille; les unes restent toujours fort petites, d'autres atteignent une hauteur de près de 2 mètres.

Fig. 95. — Une éponge de forme exceptionnelle.

Les éponges utiles se trouvent dans l'Atlantique, dans le golfe du Mexique, dans la Méditerranée, dans la mer des Indes, dans les mers australes, dans les mers du Nord. Elles sont communes, grossières et de grande taille dans les eaux chaudes (golfe du Mexique, mer Rouge), moins abondantes, plus petites, mais de qualité bien supérieure dans les régions tempérées, et surtout dans la Méditerranée. Elles manquent entièrement dans les contrées glaciales.

Les éponges de commerce sont classées en deux catégories. La première comprend les sortes communes, à formes arrondies, ou planes, ou convexes [5] en dessous, d'un tissu mou, grossièrement

1. Vivantes.
2. Qui entoure l'animal.
3. Les algues et les champignons.

4. La brasse est une mesure de profondeur qui équivaut à $1^m,62$.
5. Bombées.

poreux. On en compte vingt-deux espèces. La seconde comprend les éponges fines, à formes convexes ou évasées, à pores très fins à l'intérieur, avec des oscules [1] déliés comme des poils ; on en compte trente-quatre espèces.

La pêche dans le Levant, depuis Beyrouth jusqu'à Alexandrette, est exploitée par les Syriens et les Grecs. Elle commence en mai et juin pour les Syriens jusqu'à la fin de septembre, tandis qu'elle finit en août pour les Grecs, désireux de rentrer chez eux avant la mauvaise saison.

Ceux-ci arrivent à Seyda (Sidon), à Beyrouth, à Tripoli, à Tortosa, à Latagnié et d'autres ports de la Syrie, dans des embarcations nommées sarcolèves, montées habituellement par quinze à vingt hommes. Aussitôt arrivés, ils désarment [2] et louent aux habitants du pays des barques de pêche. Chacune de celles-ci porte quatre ou cinq hommes qui plongent à tour de rôle, chacun d'eux est armé d'un couteau à forte lame, à l'aide duquel il sépare du rocher l'éponge qui y adhère.

Ceux de Morée, et particulièrement les Hydriotes, procèdent autrement. Ils ne plongent pas, ils draguent [3]. Leur drague est un trident [4] à lames tranchantes et recourbées et garni d'un filet. Les lames arrachent, le sac reçoit. Il faut une mer calme ; des poignées de sable trempé dans l'huile étant répandues autour de la barque, l'huile s'étend et, neutralisant l'action de l'air, empêche l'eau de se rider. Alors les pêcheurs voient distinctement les éponges au fond de la mer. Ce procédé ménage les hommes, mais il a l'inconvénient de détériorer les éponges, souvent déchirées : aussi se vendent-elles 30 pour 100 de moins que les éponges dites plongées.

On plonge dans la mer Rouge, et les Arabes vendent le produit de leur pêche aux Anglais d'Aden ou l'envoient en Égypte.

C'est encore par des plongeurs que cette pêche est pratiquée

---

1. Nom que l'on donne aux orifices les plus larges que l'on remarque à la surface de l'éponge.

2. Ils vident leurs embarcations du matériel de pêche qu'ils ont apporté.

3. Ils râclent en quelque sorte le fond.

4. Sorte de lance à trois dents.

dans le golfe du Mexique, sur les bancs de Bahama. Ces plongeurs sont Espagnols, Américains, Anglais, et comme en cet endroit les éponges croissent à de faibles profondeurs, les hommes

Fig. 96. — La pêche des éponges à l'aide du scaphandre.

n'ont qu'à se laisser glisser le long d'une perche amarrée [1] au bateau, travail bien plus facile que celui qui se fait dans la Méditerranée.

---

1. Attachée.

Immédiatement après la pêche, on presse les éponges, on les foule même aux pieds, on les lave un grand nombre de fois dans l'eau de mer et dans l'eau douce fréquemment renouvelée, jusqu'à l'entière disparition du mucus gélatineux ; on les passe ensuite à l'eau chaude dans le but de les débarrasser autant que possible d'une odeur de chlore qui leur est particulière et que leur communique la matière animale renfermée dans le tissu fibreux.

Victor MEUNIER [1].

---

1. *Les grandes pêches.* Paris, 1890.

XII

LES PROTOZOAIRES

Les infusoires.

Une trompette microscopique.

A cause de leur extrême petitesse, les protozoaires sont à peu près inconnus du grand public, et beaucoup de zoologistes même n'en ont étudié que rarement, bien que ces animalcules soient fort communs. Pour pouvoir les distinguer, il faut employer le microscope et, même avec cet instrument, leur structure est peu facile à observer, parce qu'ils se déplacent sans cesse et souvent avec une rapidité extrême. Quelques espèces cependant sont « fixées » par un point de leur corps et ne présentent alors que de faibles mouvements, ce qui facilite leur observation. C'est ce qui arrive pour les espèces suivantes — remarquables d'ailleurs par leur taille relativement grande (le stentor a jusqu'à trois millimètres de longueur) — et dont M. Fabre-Domergue décrit l'existence d'une manière fort pittoresque.

Lorsqu'il n'est pas inquiété, le stentor (*fig.* 97) a la forme d'un long cornet terminé à sa partie supérieure par un plateau entouré de cils très forts et au bord duquel se trouve la bouche. Attaché aux débris végétaux par son extrémité inférieure, il se balance lentement de gauche à droite, attirant à lui les corpuscules [1] flottants dont il se nourrit. On en trouve par-

---

1. Petites particules.

fois dans les mares de véritables petites prairies fixées côte à côte sur une vieille feuille morte, sur un fragment d'écorce. Un poisson, une daphnie [1] viennent-ils à effleurer en passant la famille des stentors, vite les voilà contractés [2] en forme de poire, les cils buccaux [3] sont ramenés en dedans et l'être si élégant de tout à l'heure présente la forme d'un petit fragment inerte. Mais la colonie est vite remise de son émoi, elle s'épanouit de nouveau

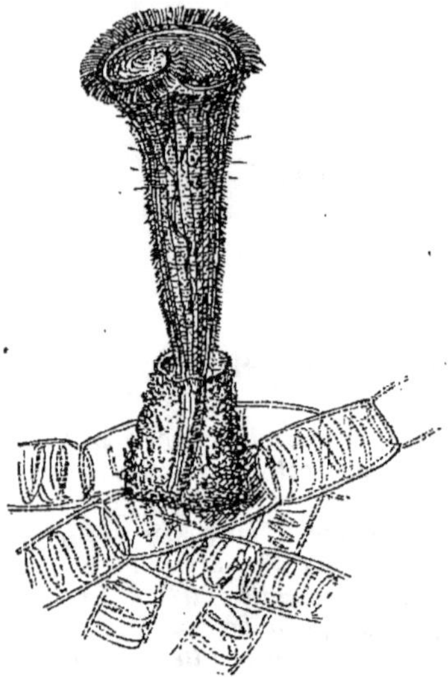

Fig. 97. — Stentor (vu à un très fort grossissement).

pour tâcher de rattraper le temps perdu, car ce sont de gros mangeurs que les stentors.

Soudain qu'une pierre malencontreuse [4] vienne jeter l'émoi dans la colonie, la feuille qui portait la petite famille, soulevée par le flot et le remous, flotte à l'aventure et revient lentement tomber sur le fond, mais hélas ! le malencontreux hasard a voulu que la face garnie de stentors, celle qui regardait la lumière et qui recevait le bienfaisant contact de l'eau pure, repose maintenant sur la vase. Les malheureux sont enterrés, ils ont beau agiter leurs cils, se trémousser en tous sens, vains efforts ; il faut déménager ou mourir. L'alarme est donnée ; un premier habitant, le plus gêné ou le plus hardi, prend son parti ; il se détache de son support et part en nageant, un autre le suit, puis un autre et

---

1. Petit crustacé des eaux douces.
2. Leur taille brusquement diminuée.

3. Les cils qui entourent la bouche.
4. Arrivant mal à propos pour troubler la paix des stentors.

bientôt tous les membres de la petite colonie jadis si florissante voguent [1] à l'aventure semblables aux Troyens [2] dispersés par la ruine de leurs foyers dévastés. Ils vont où le courant les mène, désorientés et dépaysés, mais le découragement est court. Chacun d'eux n'a-t-il pas reçu de la nature le pouvoir de se for-

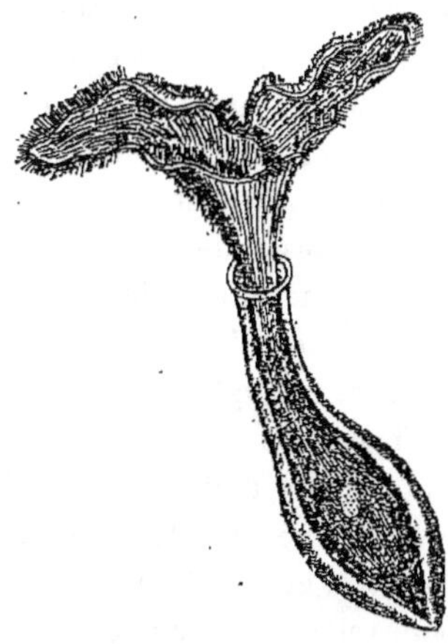

FIG. 98. — Freya (à un très fort grossissement).

mer une nouvelle famille, un nouveau pays presque ? Une, deux, trois divisions [3] se produisent et en quelques heures l'ancienne colonie dispersée en a formé autant d'autres qu'elle possédait de membres. Et là, pas d'organisation, pas de lois, chacun se place à son rang à côté de son voisin qui est en même temps son père et sa mère, puisque c'est par division de sa propre substance qu'il lui donne naissance et vit pour soi jusqu'à ce qu'une nouvelle catastrophe, trop fréquente, hélas ! dans ce petit monde aquatique, vienne encore jeter la dispersion et la désunion dans la famille si bien unie un instant auparavant.

Le plus commun des stentors est le « polymorphe », qui présente d'habitude une belle couleur verte, mais il en est d'autres encore dont la teinte est bleu d'azur ou bleu foncé. Ils forment alors sur les objets qu'ils revêtent des couches d'une belle couleur indigo à laquelle un œil exercé [4] ne se laisse pas tromper. Le naturaliste qui a la bonne fortune [5] de rencontrer une colonie ainsi

---

1. Nagent.

2. Les habitants de l'ancienne ville de Troie.

3. Le stentor se coupe lui-même en deux, trois, quatre parties et chacune de celles-ci se complète en grandissant de manière à donner autant de stentors. C'est ce qu'on appelle la reproduction par division ou par scissiparité.

4. Un œil habitué à observer la nature.

5. La chance.

constituée sur une feuille ou une tigelle[1] morte peut les emporter dans son cabinet de travail et là, en entretenant en bon état de pureté l'eau qui les entoure, les conserver pendant des semaines et des mois pour les étudier à loisir.

L'on trouve dans la mer, sur les vieilles coquilles et en particulier sur les algues calcaires appelées corallines, des colonies d'une autre espèce voisine, mais pourvue par la nature d'un étui protecteur. Les *freya* (*fig.* 98) — ainsi se nomment les habitants de ces étuis — sont mieux protégées que les stentors, mais sont aussi plus sédentaires[2] ; on n'abandonne pas avant de mûres réflexions une bonne maison que l'on a construite à grand'peine et avec ses propres matériaux ; aussi est-il rare qu'un de ces infusoires quitte sa petite demeure sans qu'une raison absolument majeure[3] ne l'y contraigne. Force lui est cependant de le faire lorsque, devenu assez replet, il se divise en deux pour donner à la colonie un nouvel habitant. L'un des deux doit s'en aller. Là s'agite une question délicate ; lequel doit bénéficier de la bonne et solide demeure qui a déjà fait ses preuves, et lequel doit au contraire aller courir les risques d'une nouvelle construction en butte aux attaques sans cesse renouvelées d'ennemis insatiables[4] ? Ici l'âge ne peut être invoqué ; la freya s'est divisée en deux parties égales ; les deux enfants ont le même âge. Que se passe-t-il alors entre eux? Nous l'ignorons. Toujours est-il que l'un des deux déménage et va jeter ailleurs les fondations de sa maisonnette.

Le couleur de la coque des freya varie beaucoup selon l'âge de l'individu, selon l'époque à laquelle elle a été construite et souvent même selon les localités. Parfois absolument transparente, d'autres fois vert d'eau, elle acquiert souvent aussi quand elle est ancienne une couleur vert foncé qui dérobe absolument aux yeux l'habitant qui se trouve à l'intérieur. Comme celui-ci aussi est plus ou moins verdâtre, on est souvent tenté de prendre pour des tubes vides ceux qui contiennent les plus beaux échantillons.

---

1. Petite tige.
2. Restant au même endroit.
3. Une cause à laquelle on ne peut se soustraire.
4. Jamais satisfaits et recommençant sans cesse leurs attaques.

Leur forme excessivement gracieuse représente le plus souvent une amphore[1] ovoïde couchée sur le côté et surmontée d'un long col sillonné de petites annelures transversales.

FABRE-DOMERGUE [2].

Les animaux marins phosphorescents.

Plusieurs animaux terrestres sont doués de la très curieuse propriété d'émettre de la lumière : le plus connu est le ver luisant. Dans la mer, les animaux lumineux sont plus communs et augmentent en nombre à mesure que l'on y descend plus profondément. Ils appartiennent un peu à tous les groupes du règne animal ; les cœlentérés et les protozoaires en comptent un bon nombre et c'est pour cela que nous plaçons ici une étude sur la phosphorescence des animaux marins en général.

Un grand nombre d'animaux émettent sans cesse, soit par toute la surface de leur corps, soit par des organes spéciaux une lumière assez vive pour impressionner fortement notre organe visuel et par conséquent celui d'animaux qui peuvent être plus sensibles que nous.

Au large, le prince de Monaco, voyant la mer phosphorescente, a pêché des masses de crustacés lumineux qui couvraient la surface des flots. Vers le matin, ces myriades d'êtres disparurent et s'enfoncèrent dans les profondeurs. Or leur luminosité[3] n'avait pas cessé pour cela, et ceux qui avaient illuminé la surface des flots éclairaient maintenant d'une lueur égale les parties plus profondes. Puisque dans la nuit la plus obscure ce fourmillement d'êtres lumineux nous suffit parfois à nous diriger sur la surface de l'Océan, puisqu'il est assez fort pour nous permettre d'apercevoir une épave[4] d'assez loin, pourquoi, au fond, ne servirait-il pas aux êtres qui vivent là, à percevoir de loin les obstacles ou les animaux qui les menacent ?

---

1. Vase antique.
2. *Les Invisibles.* Paris, 1887.
3. Leur propriété de luire.

4. Débris rejeté par la mer après un naufrage.

Celui qui a assisté à l'embrasement intense que produisent les milliards de noctiluques[1] (*fig.* 99) dans le phénomène dit phosphorescence de la mer, comprendra facilement que si cet éclairage se fait dans les fonds (et il s'y fait), il doit y régner une lueur bien plus intense qu'on ne croirait au premier abord.

De récentes expériences faites dans l'Océan semblent reculer le point où pénètre la lumière solaire. Je ne serais pas étonné que les plaques photographiques immergées dans ces profondeurs y soient impressionnées par ce monde phosphorescent.

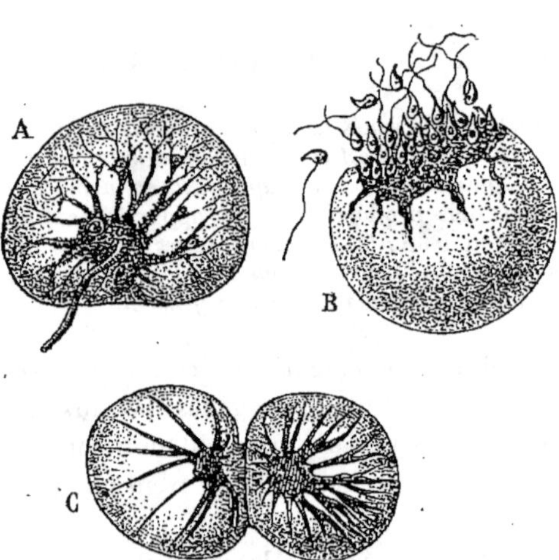

Fig. 99. — Noctiluques, très grossies et à divers états de développement (A, B, C) : c'est à elles qu'est dû le merveilleux spectacle de la mer phosphorescente.

Bien plus, nous savons aujourd'hui, à n'en plus douter, que des êtres très petits, très simples, mais encore plus innombrables que le sable de la mer, les bactéries[2], peuvent émettre une lumière intense (*Bacterium lucens*, *Bacillus phosphoreus*). Ces organismes vivent dans la mer et peuvent même s'attacher au corps des animaux morts ou vivants. Chez ces derniers leur vie parasitaire finit par constituer une véritable infection, sur laquelle M. Giard[3] a longuement insisté ; quoi qu'il en soit ces bactéries flottent dans l'eau, recouvrent les fonds d'une couche uniforme,

---

1. Ce sont des protozoaires.
2. Ainsi appelés de leur forme en bâtonnets.

3. Savant zoologiste français contemporain.

les transforment peut-être en une nappe de lumière flamboyante et les points que nous croyons demeurer dans une profonde obscurité sont peut-être plus éclairés que ceux qui sont moins loin de la surface. En sorte que les êtres des abîmes[1] recevraient de la surface de la terre la lumière que le ciel ne peut plus leur faire parvenir.

Je ne m'enthousiasme pas pour cette idée au point d'oublier qu'elle est une simple vue de l'esprit ; mais peut-être sera-t-elle confirmée quelque jour par une expérience directe.

Et, d'ailleurs, si le jour ne règne pas dans les abîmes de la mer, il doit y faire au moins aussi clair qu'il fait sur notre globe par une belle nuit étoilée ; car des êtres, répandant par des points brillants une lumière éclatante, sillonnent sans cesse les eaux.

Les méduses lumineuses s'avancent lentement. Enfoncées dans la vase, comme des végétaux, les pennatules (*fig.* 100) phosphorescentes éclairent l'espace autour d'elles. Les grands polypiers forment de véritables forêts

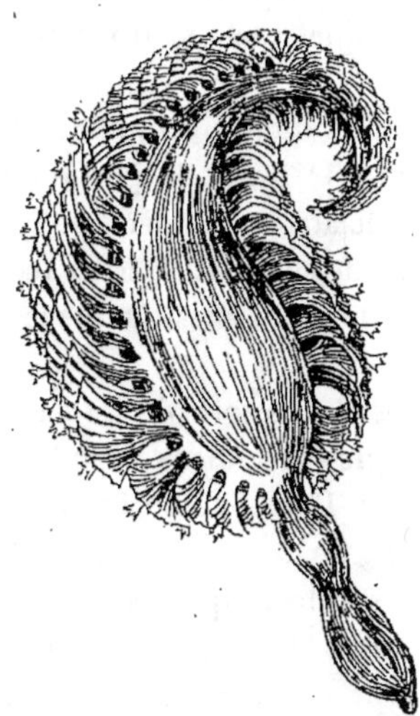

Fig. 100. — Pennatule : c'est en réalité une colonie d'animaux qui, parfois, brillent d'un vif éclat.

éclatantes de lumière. Et ne croyez pas que mon admiration exagère la vérité. Écoutez le marquis de Folin[2] qui nous fait part de la surprise intense qu'il éprouva le jour où, pour la première fois, le chalut[3] ramena ces merveilles à ses yeux.

« Un soir, dit-il, le chalut avait été mouillé[4] assez tard par une

1. Les profondeurs de la mer.
2. Zoologiste qui accompagna l'exploration du navire appelé *Travailleur*, et destinée à étudier les animaux des grands fonds marins.

3. Sorte de filet en forme de poche que l'on traîne au fond de l'eau pour y recueillir les animaux qui s'y trouvent.
4. Mis à l'eau.

assez grande profondeur ; comme il ne pouvait rentrer à bord que le lendemain matin de bonne heure, chacun était allé dans son lit en attendant le retour de l'instrument. Il eut lieu vers trois heures, par un temps fort obscur ; remonté sur le pont assez à temps pour le voir paraître à la surface de l'eau, il nous fut facile de reconnaître qu'il montrait de nombreuses lueurs ; cette particularité n'inspira d'abord que peu d'intérêt, la mer présentant souvent les mêmes effets, lorsque quelque frottement ou quelque choc l'agitent.

Mais combien la surprise fut grande quand on put retirer du filet un grand nombre de gorgonidés [1] ayant le port d'un arbuste, et que ceux-ci jetèrent des éclats de lumière qui firent pâlir les vingt fanaux de combat qui devaient éclairer les recherches et avaient pour ainsi dire cessé de luire aussitôt que les polypiers se trouvèrent en leur présence !

Cet effet inattendu produisit d'abord une sorte de stupéfaction qui fut générale, puis on porta quelques spécimens dans le laboratoire où les lumières furent éteintes. Dans l'obscurité profonde de cette pièce, ce fut pour un instant de la magie. Nous eûmes sous les yeux le plus merveilleux spectacle qu'il soit donné à l'homme d'admirer. De tous les points des tiges principales et des branches du polypier s'élançaient par jets des faisceaux de feux dont les éclats s'atténuaient puis se ravivaient pour passer du violet au pourpre, du rouge à l'orange, du bleuâtre à différents tons de vert, parfois au blanc du fer surchauffé. Cependant la couleur bien dominante était sensiblement la verte ; les autres n'apparaissaient que par éclairs et se fondaient rapidement avec elle. Si, pour aider à se rendre quelque peu compte de ce qui nous charmait, je dis que tout ceci était bien autrement beau que les plus belles pièces d'artifice, on n'aura encore qu'une bien faible idée de l'effet produit, et pourtant je ne puis rien trouver d'autre pour comparer le phénomène. Pour nous, il n'eut pas une longue durée !

---

1. Sorte de polypiers.

La vie s'éteignait peu à peu chez ces animaux, la vivacité des éclats diminuait à chaque minute, les feux s'en allaient mourant avec l'organisme. Au bout d'un quart d'heure, leur pâleur dernière disparaissait elle-même pour ne laisser au polypier que l'aspect morne et sombre d'une branche desséchée.

Si l'on examine un petit fragment de ce gorgonidé, on voit, en effet, que son axe calcaire est bien peu de chose et que le sarcosome [1] qui le revêt et projette la lumière ne peut avoir une grande épaisseur. Et cependant, il était assez puissamment organisé pour jouer à la lumière électrique, aux feux d'artifice, je serais presque tenté de le dire, au soleil. Pour faire juger de cette intensité, nous dirons que d'une extrémité à l'autre du laboratoire, à une distance de plus de 6 mètres, nous pouvions lire comme en plein jour, les caractères les plus fins d'un journal. »

Au pied de ces végétations radieuses serpentent les grandes étoiles de mer lumineuses. Qui ne connaît la brisingua qui vit à 1 500 mètres et dont la surface tantôt grésille [2] d'étincelles et tantôt émet un belle lueur fixe d'un bleu verdâtre ? Des ophiures éclatantes rampent au milieu des brindilles des polypiers en feu et des vers lumineux se glissent entre leurs troncs.

Paul Regnard [3].

---

1. La chair qui entoure l'axe calcaire.

2. Est parsemé de mille points lumineux.

3. *La vie dans les eaux.* Paris, 1891.

INDEX ALPHABÉTIQUE [1]

(1) Les noms qui se trouvent dans l'index alphabétique en petites capitales (Acloque, A.) sont les noms des auteurs des différentes lectures du volume.

Noctiluque, 284.
Nymphe d'abeille, 221.
Nymphe de hanneton, 200.

O

Œuf, 95, 113.
 » de criquet, 208.
 » de hanneton, 201.
 » de mer, 267
 » de morue, 181.
 » de tortue, 173.
Oie, 154, 173.
Oiseaux, 95.
 » de Junon, 125.
 » de mer, 111.
 » de proie, 38.
 » maçons, 100.
 » mineurs, 100.
 » -mouches, 98.
 » tailleurs. 101.
 » tisserands, 101.
Ophiure, 287.
Opossum, 89.
Orang-outan, 9.
Oreillard, 29.
Oriale, 102.
Ornithorhynque, 112.
Orthoptè es, 203.
Oscule, 276.
Ouistiti, 19.
Ours, 54.
Oursins, 265.
Ouvrière (abeille), 221.

P

Pain de hanneton, 199.
Palémon, 248, 250.
Palmipèdes, 105.
Panthère, 44.
Paon, 125.
Papagay, 133.
Papillon, 196.

Papillon diurne, 212.
 » du ver à soie, 225.
Parasite, 17.
Paresseux, 67.
Passereaux, 134.
Pavillon (de l'oreille), 30.
Pêches, 181, 248.
Pennatule, 285.
Perdreaux, 154.
Perdrix, 58, 89.
PERRIER (Ed.), 269.
Perroquet, 132, 147.
Pétoncle, 262.
Pétrel, 111.
Phalène, 213.
Phylloxéra, 234.
Phoque, 63.
Physalie, 270.
Pic, 103.
Pierrot, 127.
Pigeon, 131, 154.
Pigeonneau, 131.
Pingouin, 111.
Pinson, 134.
Pipement, 98.
Piquants, 33, 265.
Piqûre, 219.
Plantigrade, 58.
Plastron, 174.
Plongeur, 276.
Poissons, 61, 95, 171, 179, 280.
Polydesme, 242.
Polymorphe, 281.
Polypiers, 285.
Polyzonium, 243.
Porc, 69.
Porcins, 69.
Poulaillers, 89.
Poule, 127.
Pousse-pied, 260
Poussin, 96, 129.
Proboscidiens, 79.
Propithèques, 25.
Protozoaires, 279.
Puffin, 111.
Pygargue leucocéphale, 151.
Python, 164.

Q

QUATREFAGES (de), 208.

R

Rabassier, 71.
Rabouillères, 58.
Rapaces, 150.
Rat, 34, 50, 164.
 » d'eau, 61.
RÉAUMUR, 237.
Reine (abeille), 221.
Renard, 38, 54, 57, 60.
Renne, 63.
Renouvelain, 258.
Reptiles, 161.
Républicains, 103.
Requin, 171, 191.
Ret, 251.
ROCHÉ (G.), 257.
Roque, 181.
Roitelet, 103, 127.
Rongeurs, 33, 35.
RUE (A. de la), 63.
Rugissement, 4, 66.
Ruminants, 72, 103.

S

Safranci, 263.
Salangane, 101.
Samairi, 20
Sansonnet, 101.
Sarcelle, 152.
Sardine, 181.
Sarigue, 89.
Saumon, 180.
Sauriens, 161.
Sauterelle, 58, 203, 248.
SAUVAGE (H. E.), 186, 248.
Scaphandre, 274.
Scarabée, 147.
Sélaciens, 191.

TABLE

Librairie VUIBERT et NONY

63, Boulevard Saint-Germain, Paris, 5ᵉ

Promenade scientifique
au pays des Frivolités

par Henri COUPIN
Docteur ès sciences, lauréat de l'Institut.

*Un volume 28*cm*×19*cm*, illustré de 238 jolies gravures et d'une aquarelle :*
Broché. . . . . **4 fr.** »
Avec reliure genre amateur, tête dorée, dos et coins percaline . . . . **6 fr.** »
Avec reliure d'amateur, coins, tête dorée . . . . **10 fr.** »

Il serait difficile d'imaginer un livre plus varié et plus intéressant que celui que M. Henri Coupin offre cette année à ses jeunes lecteurs. Ce n'est pas une simple « promenade » comme il le dit modestement, mais tout un voyage qu'il leur fait faire — sans les déranger. Sa plume, d'une documentation toujours sûre et éclectique, aidée du crayon d'habiles dessinateurs, les transporte tour à tour un peu dans tous les mondes et dans toutes les sciences. Et l'on voit ainsi comment les trois règnes de la nature alimentent une quantité invraisemblable de travailleurs et d'artistes, depuis le producteur de fleurs jusqu'au pêcheur de perles, du chimiste qui distille les parfums les plus subtils jusqu'au sertisseur de l'éblouissant diamant ; comment, en un mot, la Nature nous fournit les mille et une frivolités qui constituent nôtre superflu, cette « chose si nécessaire » comme l'appelait un aimable philosophe.

SOMMAIRE. — Jeux de lumière, éblouissement des yeux. — Gouttes de rosée solidifiées. — Une frivolité de modeste extraction. — Pierre, fleur ou animal. — Une fortune dans une dent. — L'illusion de la richesse. — Un objet de luxe tiré d'une vilaine bête. — Une frivolité indestructible. — L'art d'utiliser les cailloux. — La plume de l'oiseau, parure de la femme. — Les fleurs de luxe, joie de la maison. — Parfums discrets, parfums légers, odeurs sublimes.

Du même Auteur, dans la même collection :

Du même Auteur, dans la même collection :

Les Bizarreries des Races humaines

SOMMAIRE. — Les mangeurs de terre. — Les gourmands d'insectes et autres bestioles peu sympathiques. — Les voraces. — Les anthropophages. — Le feu sans allumettes. — Au pays de Lilliput. — Les sports chez les sauvages. — Téléphones rustiques. — Cheveux de toute sorte. — Musique nègre. — Fêtes joyeuses et fêtes sanglantes. — Amateurs de combats de bêtes. — Mariages et cérémonies nuptiales. — Ces chers petits. — Comment comptent les sauvages. — Corps déformés artificiellement. — Le tatouage. — La coquetterie ne perd jamais ses droits. — Armes pour se défendre et armes pour attaquer. — Croyances singulières. — De la belle étoile à la maison de 3o étages. — Bonjour! Bonsoir! — Les fantaisies de la dernière heure.

Les Plantes Originales (2ᵉ ÉDITION)

SOMMAIRE. — Les plantes vampires. — Végétaux pique-assiette. — Plantes sacrées, rivales des dieux. — Arbres nains, orgueil des Japonais. — Arbres gigantesques, colosses des siècles passés. — Les échelles de singes. — Plantes hydropiques, monstres végétaux. — Par le fer et par le poison. — Les amies des fourmis. — Plantes qui remuent. — Fleurs agitées. — Les jolies parfumeuses. — Fleurs truquées. — La palette des fleurs. — Fleurs et légumes symboliques. — Fruits explosifs et graines qui volent. — Feuilles curieuses. — Toujours plus haut. — Les plantes de la soif. — Les arbres à lait. — Les résiniers. — La flore des camelots. — Les plantes que l'on suce. — Les arbres à beurre. — Un intéressant farinier. — Plantes à tout faire. — Champignons fantasques. — La truffe, énigme de la terre. — Les algues, fleurs de la mer. — De la feuille à la feuille. — Ce que font les végétaux en hiver. — Les plantes funéraires.

Les Animaux Excentriques (2ᵉ ÉDITION)

SOMMAIRE. — Les animaux pique-assiette. — Les excentricités de l'appendice caudal. — Les bêtes à l'attitude bizarre. — Chauves-souris, reines des nuits. — Les monstres marins. — La faune d'une goutte d'eau de mer. — Les êtres étranges du fond des mers. — Les chanteurs. — Les musiciens. — La toilette chez les animaux. — Poissons singuliers. — Les électriciens. — La vengeance chez les bêtes. — La verdure animale. — Une bête dont on fait tout ce qu'on veut. — Les comédiens de la nature. — Les animaux qui changent de couleur. — Lézards curieux. — Les bêtes bien emmitouflées. — Grenouilles fantasques. — Les bêtes gélatineuses. — Les joujoux des bêtes. — Les pieuvres, terreur des matelots. — Les serpents de mer. — Chevaliers du Moyen âge. — Concombres qui marchent. — Des bêtes qui ont mille bouches. — Les oiseaux qui mangent des serpents. — Leur galerie de portraits. — Les bêtes amies des tempêtes. — Les mammifères à la physionomie bizarre. — Les bêtes qui pleurent. — Les bêtes qui ont la vie dure. — Les bêtes qui ont conscience de la mort. — Les monstres disparus.

Les Arts et Métiers chez les Animaux

3ᵉ ÉDITION

SOMMAIRE. — Les maçons. — Les potiers. — Les tisserands. — Les fabricants de papier et de carton. — Les manufacturiers en coton. — Les constructeurs de tumuli. — Les couturiers. — Les ingénieurs des ponts et chaussées. — Les mouleurs de cire. — Les résiniers. — Les tapissiers. — Les terrassiers et les mineurs. — Les vanniers. — Les constructeurs de radeaux. — Les confectionneurs de bourriches. — Les incrusteurs. — Les architectes de maisons sphériques. — Les fabricants de hamacs. — Les fabricants de pièges. — Les exploiteurs de leur salive. — Les fabricants d'habits. — *Les filateurs* : fabricants de filets, la cloche à plongeur, araignées aéronautes, fabricants de ceintures, fabricants d'appareils de gymnastique, fabricants de tentes. — Les fabricants de cigares. — Les architectes de maisons de plaisance. — Les charpentiers. — Les fabricants de huttes. — Les constructeurs de digues. — Les taraudeurs de pierres. — Les phalanstériens. — Les bousiers. Les approvisionneurs. — Les fossoyeurs.

Chacun de ces volumes, orné d'une aquarelle, broché . . . . 4 fr. »
Reliure genre amateur, tête dorée, dos et coins percaline . . . . 6 fr. »
Reliure d'amateur, coins, tête dorée . . . . 8 fr. »

Flocons de Neige
Récits pour les Enfants

Par Mᵐᵉ **Angelina BROCCA,** *Traduit de l'italien par E. La Barre.*

Un volume 23×15ᶜᵐ, illustré et orné d'une aquarelle, par **François COURBOIN.**

Édition ordinaire, broché. . . . . 1 fr. 50
— *cart., tranches jaspées.* . . . . 1 fr. 60
— *cartonné, tranches dorées* . . . . 1 fr. 90
— *relié toile, tête dorée* . . . . 2 fr. 50
Édition de luxe (sur papier d'Arches à la forme), br. 4 fr. ; *relié toile* . . . 6 fr. »

Ce sont, sous ce titre, huit nouvelles charmantes écrites pour les enfants, huit scènes de la vie de tous les jours, saisies autour de soi, chez des humbles ou des malheureux, présentées sans invention ni décors d'aucune sorte, simplement vraies. Et il se dégage à leur lecture tel un parfum de vertu qu'on en est tout ému. Combien plus qu'une froide leçon de morale ne toucheront-elles pas l'âme délicate et sensible de l'enfant, lui enseignant aimablement la bonté, la charité !

Le style est vivant, gracieux, facile, bien à la portée des enfants et fait pour leur plaire, comme celui des contes.

Et le plaisir se mêle ici à une haute moralité propre à frapper le jeune lecteur au bon endroit, à lui apprendre à réfléchir, et, au besoin, à se corriger.